Cuaderno Práctico de Linux.
Sistemas Operativos Monopuestos.
Ciclo Formativo de Grado Medio

Baldomero Sánchez Pérez

© 2015 Autor Baldomero Sánchez Pérez. All rights reserved.
ISBN 978-1-326-16603-8

Baldomero Sánchez Pérez
Profesor Técnico de Formación Profesional.
Sistemas y Aplicaciones Informáticas

Ingeniero en Informática.
Grado en Informática.
Ingeniero Técnico en Informática de Gestión.
Diplomado en Informática de Sistemas.
(Universidad Pontificia de Salamanca)

Este libro está dedicado a los alumnos, que con su tesón y ganas de aprender han conseguido titular en el ciclo formativo de grado medio como Técnico en Sistemas Microinformáticos y Redes.

A todos los compañeros docentes que con su esfuerzo personal y ahínco consiguen modelar el futuro profesional de la juventud para su integración como profesionales en la sociedad actual.

Y sobre todo a mi familia, que con su apoyo e ilusión permiten que desarrolle mejor mi trabajo.

*"Hay dos grandes productos que salieron de Berkeley:
LSD y UNIX. No creemos que esto sea una coincidencia"*
Jeremy S. Anderson

INDICE

PREFACIO 11

1. Introducción 12
    1.2. EL DESARROLLO CURRICULAR 12

2. Objetivos 13
    2.1. OBJETIVOS GENERALES 13
    2.2. COMPETENCIA GENERAL 13
    2.3. CUALIFICACIONES Y UNIDADES DE COMPETENCIA 13

3. Contenidos 14

4. Procedimientos 15

5. Temporización 16

UNIDAD DE TRABAJO I: Instalación de Sistemas Operativos Linux. 17
    PRÁCTICA 1: INTRODUCCIÓN A LAS DISTRIBUCIONES LINUX. CONFIGURACIÓN BÁSICA E INSTALACIÓN LUBUNTU LTS 14.04 . 19
    PRÁCTICA 2: INSTALAR UBUNTU 14.04 23
    PRÁCTICA 3: CONFIGURAR LA INSTALACIÓN LUBUNTU 27
    PRÁCTICA 4: INSTALAR SLACKWARE 14.0 29
    PRÁCTICA 5: INSTALAR ANDROID 4.4 42
    PRÁCTICA 6: INSTALACIÓN DE FEDORA 20 48
    PRÁCTICA 7: INSTALACIÓN DE DEBIAN 7.0 54
    PRÁCTICA 8: INSTALAR LINUX MINT 10 60

UNIDAD DE TRABAJO II: Sistemas operativos monopuesto. Introducción a Linux 69
    PRÁCTICA 9: CONOCER EL SISTEMA OPERATIVO DE LINUX SLACKWARE 71
    PRÁCTICA 10: ¿QUÉ ES UNA MINI-DISTRIBUCIÓN LINUX? 73
    PRÁCTICA 11: ¿QUÉ SON Y PARA QUÉ SIRVEN LOS REPOSITORIOS? 75
    PRÁCTICA 12: IDENTIFICAR LOS PAQUETES DE LOS DIFERENTES SO 78
    PRÁCTICA 13: CONOCER LA EXISTENCIA DE PAQUETES Y PACKAGE MANAGERS NO OFICIALES PARA SLACKWARE 80

UNIDAD DE TRABAJO III: Introducción al almacenamiento de los sistemas operativos monopuesto 85
    PRÁCTICA 14: ACCEDER A UN SISTEMA DE FICHEROS NTFS DESDE WINDOWS 87
    PRÁCTICA 15: ACCEDER A LOS SISTEMAS DE FICHEROS WINDOWS DESDE LINUX UBUNTU Y REPARARA DATOS 89

UNIDAD DE TRABAJO IV: Directorios en Linux 95
    PRÁCTICA 16: FICHEROS DE CLAVES DE USUARIOS Y GRUPOS 97
    PRÁCTICA 17: MANEJAR LOS DIFERENTES SHELL. 100
    PRÁCTICA 18: MANEJAR LOS DIRECTORIOS EN LINUX. 103
    PRÁCTICA 19: MANEJAR LOS COMANDOS COMUNES 106

UNIDAD DE TRABAJO V: Archivos en Linux 109
    PRÁCTICA 20: MANEJAR LOS EDITORES DE TEXTO 111
    PRÁCTICA 21: TIPOS DE FICHEROS 114
    PRÁCTICA 22: CAMBIAR O ESTABLECER PERMISOS Y PROPIEDADES 117
    PRÁCTICA 23: MANEJAR FICHEROS DE TEXTO EN LINUX. 120
    PRÁCTICA 24: BÚSQUEDA DE FICHEROS. 123
    PRÁCTICA 25: CREAR Y MANEJAR DISPOSITIVOS. 127

PRÁCTICA 26: Mostrar ficheros que existen en una estructura de Linux 129
PRÁCTICA 27: Tratamiento de ficheros en Linux 131
PRÁCTICA 28: Crear accesos o enlaces blandos y duros en Linux. 135
PRÁCTICA 29: Acceder a la definición de Entorno en Linux 137

UNIDAD DE TRABAJO VI: Operaciones generales sobre sistemas operativos Linux. 141

PRÁCTICA 30: Arranque y parada de Linux. 143
PRÁCTICA 31: Niveles de Arranque, runlevel en Linux 147
PRÁCTICA 32: Configurar la red en Linux 149
PRÁCTICA 33: Agregar aplicaciones o repositorios en Linux en Debian o Ubuntu 150
PRÁCTICA 34: Configurar los datos básicos de un servidor UBUNTU 152

UNIDAD DE TRABAJO VII: Administración del sistema I. Configuración de red. Administración de usuarios y grupos 155

PRÁCTICA 35: Administrar grupos en Linux 157
PRÁCTICA 36: Administrar usuarios en Linux 159

UNIDAD DE TRABAJO VIII: Administración del sistema II. Ajustes del sistema 165

PRÁCTICA 37: Información de dispositivos en Linux 167
PRÁCTICA 38: Procesos y operativa 170
PRÁCTICA 39: Requisitos para instalar SAMBA en Linux 176
PRÁCTICA 40: Configurar SAMBA 177
PRÁCTICA 41: Revisar configuración SAMBA y Servicios en Linux 178

UNIDAD DE TRABAJO IX: Administración de otros sistemas operativos, Android. 179

PRÁCTICA 42: Manejar el sistema operativo Android 4.4 181
PRÁCTICA 43: Backup y restore de la carpeta EFS - IMEI corrupt (ROM 4.0.4) 187

ANEXOS 191

Resumen de comandos y archivos de administración de usuarios en Linux. 193
El Proceso de Arranque en Linux. 194
PRUEBA FINAL DE ADQUISICIÓN DE CONOCIMIENTOS. 198
Refencias Web 199
Recopilación de algunos de los comandos LINUX más usados. 200

PREFACIO.

Este libro, se le denomina cuaderno práctico, porque en él se recogen los conceptos de programación didáctica, de las unidades de trabajo que forman los bloques modulares que abarca (Máquinas Virtuales, Teoría de sistemas operativos Linux y el Sistema Operativo Linux y Android). Se han recogido las unidades de trabajo organizadas en una secuencia de prácticas.

Cada práctica se encuentra organizada, con un objetivo a conseguir, la descripción de los conocimientos para el desarrollo de la práctica, los requisitos necesarios para la instalación, manejo y los pasos que se deben seguir para su desarrollo, (escuetos o amplias). Las prácticas recogen ilustraciones o resultados obtenidos, en base a una versión concreta realizada en una máquina Virtual Box.

Las prácticas contienen complementos aclaratorios, de su realización o conocimientos previos, relacionados con su desarrollo a nivel práctico o teórico. Se encuentran acompañados por viñetas o aclaración de su desarrollo, reflejadas en diferentes colores: Azul nota aclaratoria, Verde claro requisitos previos, Naranja notas importantes o precauciones.

La metodología que se emplea en el desarrollo de las prácticas es una metodología Constructivista, que parte de "De lo concreto a lo Abstracto", "De lo conocido a lo desconocido", "De lo general a lo particular". Se pretende el aprendizaje inicial "conductivista" de estructuras básicas, para posteriormente el alumno ha de ser capaz de aprender y deducir a partir de sus propias experiencias guiadas por el docente (profesor) en lo imprescindible. Aunque puede utilizarse en formación a distancia, como en la enseñanza a personas autodidactas

Los aspectos metodológicos que se pretenden aplicar en la programación se basan en la idea de que el alumno se considere parte activa de la actividad docente, fomentando el autoaprendizaje y mejorando el conocimiento en sí mismo.

Se pretende involucrar al alumno en el proceso de asimilación de nuevos conceptos y adquisición de capacidades, para preparar al alumno como miembro activo de la sociedad actual.

1. Introducción.

Este cuaderno práctico está enfocado al ciclo de grado medio, de Técnico en Sistemas Microinformáticos y Redes, y abarca una parte considerable del módulo de Sistemas Operativos Monopuesto de 231 horas se encuadra en el primer curso del ciclo formativo de grado medio correspondiente al título de Técnico en Sistemas Microinformáticos y Redes.

1.2. El desarrollo curricular.

El desarrollo curricular de este módulo tiene como referencias de partida:
- **Real Decreto 1538/2006, de 15 de diciembre, por el que se establece la ordenación general de la formación profesional del sistema educativo.**
- Real Decreto 1691/2007, 14 de diciembre, que establece el título de Técnico en Sistemas Microinformáticos y Redes, las correspondientes enseñanzas mínimas.
- Orden EDU/2187/2009, de 3 de julio, por la que se establece el currículo del ciclo formativo de Grado Medio correspondiente al título de Técnico en Sistemas Microinformáticos y Redes.
- Decreto 59/2009, 3 de septiembre, que completa el desarrollo normativo del currículo del ciclo formativo de Técnico en Sistemas Microinformáticos y Redes.

El módulo de Sistemas Operativos Monopuesto es fundamental en los estudios de Informática de Gestión, ya que si el Ciclo en sí pretende formar técnicos informáticos en el más amplio sentido de la palabra, éstos, en forma más particular y en este módulo, deben ser capaces de manejar y optimizar los recursos de que se dispongan tanto a nivel de hardware como de software. Para efectuar esta tarea de manejo se precisan unos pasos previos.

La aplicación práctica de los conocimientos que se abarcan sobre sistemas operativos serán parte fundamental del módulo para ello se realizarán prácticas sobre un Sistema Operativo Monousuario sobre un entorno gráfico (instalación) y de entorno de texto (manejo y administración), sobre diferentes distribuciones de Sistema Multiusuario en LINUX.

Este desarrollo y estructura práctica, se intenta enseñar gran parte del abanico de posibilidades que tiene el alumno cuando se enfrente a la vida real, en el manejo de sistemas LINUX.

El desarrollo de las prácticas está apoyado en un sistema anfitrión que soporta el manejo de Sistemas Operativos en Máquina Virtual, se elige la Máquina Virtual; Virtual Box.

1.3. Otros desarrollos curriculares.

Se puede abarcar parte de los contenidos que desarrolla:
- El Real Decreto 1629/2009, de 30 de octubre, establece el título de Técnico Superior en Administración de Sistemas Informáticos en Red.
- Orden EDU/392/2010, de 20 de enero, por la que se establece el currículo del ciclo formativo de Grado Superior correspondiente al título de Técnico Superior en Administración de Sistemas Informáticos en Red.

2. Objetivos.

2.1. Objetivos generales.

Los objetivos generales son:
- Reconocer las características de los sistemas de archivo, describiendo sus tipos y aplicaciones.
- Instalar sistemas operativos, relacionando sus características con el hardware del equipo y el software de aplicación.
- Realizar tareas básicas de configuración de sistemas operativos, interpretando requerimientos y describiendo los procedimientos seguidos.
- Realizar operaciones básicas de administración de sistemas operativos, interpretando requerimientos y optimizando el sistema para su uso.
- Crea máquinas virtuales identificando su campo de aplicación e instalando software específico.

2.2. Competencia general.

Instalar, configurar y mantener sistemas microinformáticos, aislados o en red, así como redes locales en pequeños entornos, asegurando su funcionalidad y aplicando los protocolos de calidad, seguridad y respeto al medio ambiente establecidos.

2.3. Cualificaciones y unidades de competencia.

Las cualificaciones y unidades de competencia que cumple a nivel de familia profesional, son:
- UC0219_2: Instalar y configurar el software base en sistemas microinformáticos.
- UC0958_2: Ejecutar procedimientos de administración y mantenimiento en el software base y de aplicación de clientes.

2. Contenidos.

Los contenidos que se desarrollan en las prácticas son:
- Instalación de Máquinas Virtuales.
- Configuración de la máquina Virtual.
- Administración de periféricos.
- Administración de varios sistemas integrados
- Hardware de un sistema Linux.
- Introducción al sistema monopuesto Linux.
- El sistema Linux.
- El sistema Android.
- Procedimientos de conexión y desconexión.
- Características del intérprete de comandos.
- Procedimientos iniciales.
- Directorios y ficheros.
- Seguridad en Linux.
- Shell.
- Procesos y utilidades para la detección de la configuración actual del sistema.
- Instalación de diferentes sistemas operativo Linux.
- Reconfiguración e instalación del Kernel.
- Problemas básicos de seguridad.
- Gestión de usuarios y contraseñas.
- Gestión de grupos locales y contraseñas.
- Usuarios especiales.
- Permisos especiales a usuarios.
- Contabilidad de recursos.
- Gestión de discos y sistemas de ficheros.
- Gestión de copias de seguridad.
- Gestión de los procesos del sistema y de usuario.
- Rendimiento del sistema. Seguimiento de la actividad del sistema.
- Activación y desactivación de servicios.
- Procesos del sistema operativo. Estados de los procesos. Prioridad.
- Procedimientos de chequeo y reparación del sistema de ficheros.
- Criterios para la creación y organización del sistema de ficheros.
- Unificación de los diferentes conceptos y procedimientos de uso e instalación de los diferentes sistemas operativos.
- Síntesis y organización de información adquirida en documentos, en la web u otros medios.
- Capacidad de discernir en por similitud de la igualdad y diferencia entre los sistemas operativos.
- Adquirir una visión amplia de la existencia de los sistemas operativos y el manejo en diferentes características de software y hardware.
- Compresión/Descompresión.
- Actualización del sistema operativo.
- Agregar / eliminar / actualizar software del sistema operativo.
- Arranque y parada del sistema. Sesiones.
- Aplicaciones típicas de las máquinas virtuales.

3. Procedimientos.

Los procedimientos que se emplean para conseguir cumplir los contenidos anteriores son:
- Manejo de los sistemas en máquinas virtuales y máquinas reales.
- Manejo de la documentación de usuario de Linux.
- Operación básica:
    - Conexión/Desconexión.
    - Operaciones sobre directorios y ficheros.
- Operaciones sobre:
- Interfaz de usuario.
- Ficheros y directorios.
- Procedimientos de arranque/parada del sistema.
- Manejo de la documentación de administrador del sistema LINUX.
- Detección de la configuración actual del sistema multiusuario.
- Configuración de terminales.
- Configuración e instalación del hardware en general.
- Otras configuraciones según distintos requerimientos.
- Instalación del sistema operativo.
- Manejo de la documentación de administración de LINUX.
- Detectar la configuración del sistema en cuanto: cuentas de usuario, niveles de seguridad y contabilidad.
- Altas, bajas y modificaciones de nuevos usuarios.
- Activación y desactivación de la contabilidad del usuario.
- Planificación de esquemas de seguridad.
- Manejo de la documentación de usuario y administrador de LINUX.
- Detección de los sistemas de ficheros instalados.
- Creación, instalación y desinstalación del sistema de ficheros.
- Copia y restauración de datos.
- Planificación de las copias de seguridad.
- Manejo de la documentación del administrador de diferentes Sistemas Operativos.
- Extraer la información y documentar un sistema operativo en base a los conocimientos adquiridos.

5. Temporización.

La impartición sería propia de un ciclo formativo de grado medio (Sistemas Microinformáticos y Redes), en el módulo "Sistemas Operativos Monopuesto". Las prácticas desarrolladas tiene una tiempo de desarrollo y asimilación que puede variar entre 115 horas y 145 horas, repartidas a 7 horas semanales entre 17 y 21 semanas, se pueden adaptar al nivel de conocimientos iniciales y completar con las actividades complementarias adjuntas.

Las prácticas más complejas de Linux con Slackware, se pueden omitir por su dificultad, serían propias de un ciclo formativo de grado superior (Administración de Sistemas Operativos en Red), impartido en el módulo de sistemas operativo "Administración de sistemas operativos". El número total de horas a impartir serían entorno a 80 horas.

UNIDAD DE TRABAJO I: Instalación de Sistemas Operativos Linux.

PRÁCTICA 1: Introducción a las distribuciones Linux. Configuración básica e Instalación Lubuntu LTS 14.04.
PRÁCTICA 2: Instalar Ubuntu 14.04.
PRÁCTICA 3: Instalar y configurar Lubuntu.
PRÁCTICA 4: Instalar Slackware 14.0.
PRÁCTICA 5: Instalar Android 4.4.
PRÁCTICA 6: Instalación de Fedora 20.
PRÁCTICA 7: Instalación de Debian 7.0.
PRÁCTICA 8: Instalar Linux Mint 10.

Contenidos
- **Introducción a las distribuciones Linux.**
- **Instalación de Máquinas Virtuales.**
- **Configuración de la máquina Virtual.**
- **Administración de periféricos.**
- **Administración de varios sistemas integrados.**
- **Secuencia de arranque.**
- **Particiones y sistemas de ficheros.**
- **Selección de opciones de instalación.**
- **Comprobar la instalación y el correcto funcionamiento.**

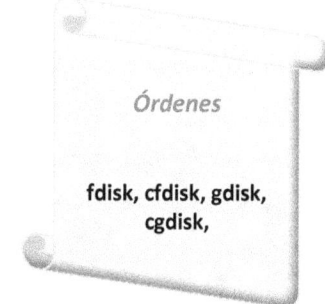

Órdenes

fdisk, cfdisk, gdisk, cgdisk,

PRÁCTICA 1: Introducción a las distribuciones Linux. Configuración básica e instalación Lubuntu LTS 14.04

DESCRIPCIÓN:

Si realizamos una búsqueda de distribuciones Linux, y utilizamos google, consultamos distribuciones Linux según Wikipedia, nos da un enlace:

http://es.wikipedia.org/wiki/Distribuci%C3%B3n_Linux

Y nos aparece la evolución de Linux a partir de tres distribuciones principales y se tiene una visión muy amplia de la clasificación y evolución de las diferentes distribuciones de Linux y su raíz.

Clasificación de Linux

Distribuciones raíz del resto de los Linux, partimos de las tres importantes que son:

- Debian
- RedHat
- Slackware.

REQUISITOS DE SOFTWARE:

Datos mínimos que debe tener el disco duro:

Disco 10 Gbytes, aconsejables 20 Gbytes.

Se realizarán 2 particiones, una partición Linux dónde se establecerá el Punto de montaje / (directorio raíz) boot, con un sistema de ficheros ext3 que se establecer en el proceso de instalación a asociada al punto de montaje / de la partición LINUX (código 83).

La segunda partición es la partición de área de intercambio o Swap, cuya partición se identifica como partición SWAP (código 82). La Swap no tiene punto de montaje, la activa el sistema en el proceso de instalación y es Sistema quién maneja esa partición.

REQUISITOS: Para crear una máquina virtual

La máquina VirtualBox, debe tener la siguiente configuración:

General
    Crear una máquina Virtual en VirtualBox.
        Nombre: Lubuntu AMD 64.
        Tipo: Linux.
        Versión: Ubuntu x6.
        Tamaño RAM: 1024 MB.
        Crear disco Virtual: VDI, con Reserva Dinámica.
        Tamaño del disco: 20 Gigabytes. (Disco Dinámico).
    Avanzado:
        Carpeta instantáneas: C:\Users\baldo\VirtualBox VMs\Linux\Lubuntu AMD 64\Snapshots.
        Compartir portapapeles: bidireccional.
        Arrastrar y soltar: bidireccional.
        Medios extraíbles:
            ✓ Recodar cambios en ejecución.
        Mini Barra de herramientas:
            ✓ Mostrar a pantalla completa/fluido.

Sistema
    Configuración de la placa Base.
        Memoria base: 1024 MB.
        Orden de Arranque: Disquete, CD/DVD, Disco Duro.
        ChipSet: PIIX3.
        Dispositivo Apuntador: Tableta USB.
        Características extendidas:
            ✓ Habilitar I/O APIC.
            ✓ Reloj hardware en tiempo UTC.
    Procesador:
        Procesador(es): 1
        Límite de ejecución: 100%
        Características extendidas.
            ✓ Habilitar PAE/NX.
    Aceleración del sistema.
        Hardware de virtualización:
            ✓ Habilitar VT-x/AMD-V.
            ✓ Habilitar paginación anidada.

Pantalla
    Vídeo
        Memoria de Vídeo: 128 MB (máximo).
        Número de monitores: 1.
        Funcionalidades extendidas:
            ✓ Habilitar aceleración 3D.

- Inicio de instalación.
- El acceso a pantalla remota se realiza por RDP, por el puerto 3389 (ej. mstsc, escritorio remoto de Microsoft).

Pantalla remota
- Habilitar Servidor.
  - Puerto servidor: 3380.
  - Método de autenticación: nulo.
  - Tiempo de espera de autenticación 5000.
  - Funcionalidades extendidas.
    - Permitir múltiples conexiones.

Almacenamiento.
- Árbol de almacenamiento.
  - Lubuntu AMD 64.vdi.
    - Atributos: IDE primario maestro.
      - Botón derecho sobre el icono CD/DVD.
        - Selección un archivo de disco virtual.
  - Controladora SATA.
- Elegir en el icono CD/DVD ubicado en la parte superior izquierda de la unidad.
  - Seleccionar un archivo en la unidad CD/DVD.
    - Elegir una de estas do ISOs.

Red
- Adaptador 1
  - Habilitar adaptador de red.
    - Conectado a: Adaptador puente.
    - Nombre: (e.g.: Realteck PCIe PE Ready Controller).
  - Opciones avanzadas, las que estén por defecto.

PASO 1: Instalar Lubuntu Máquina Virtual

En la secuencia de arranque seleccionamos la ISOs a instalar de 32/64 bits.

lubuntu-14.04-desktop-amd64	08/07/2014 19:07	Archivos de imagen	710.656 KB
lubuntu-14.04-desktop-i386	21/05/2014 19:53	Archivos de imagen	699.392 KB

Da comienzo a la carga del sistema operativo en memoria y nos aparece la primera pantalla de configuración:

Seleccionamos el lenguaje: español.

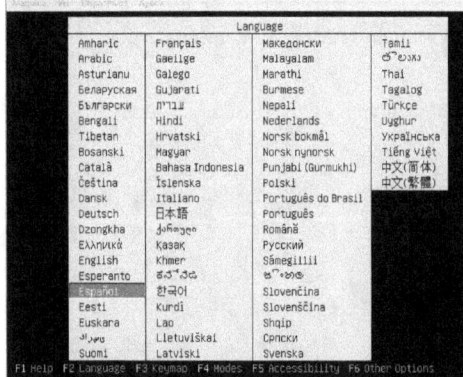 

Se puede probar el S.O. sin instalar, pero seleccionamos la opción: Instalar Lubuntu.

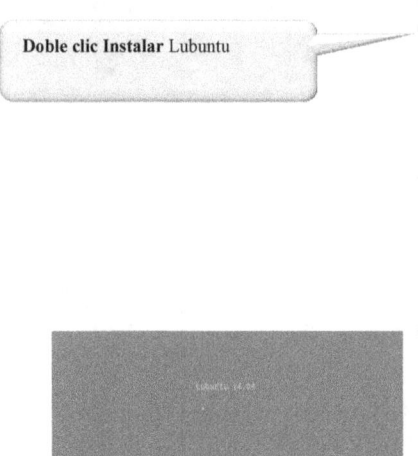 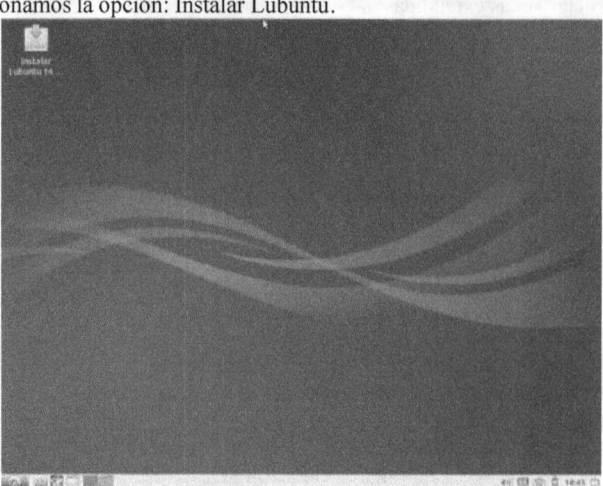

Doble clic **Instalar** Lubuntu

Español
> Continuar
>> No seleccionar "*Descargar actualizaciones mientras se instala*" ni "*Instalar este software de terceros*".
>>> Continuar

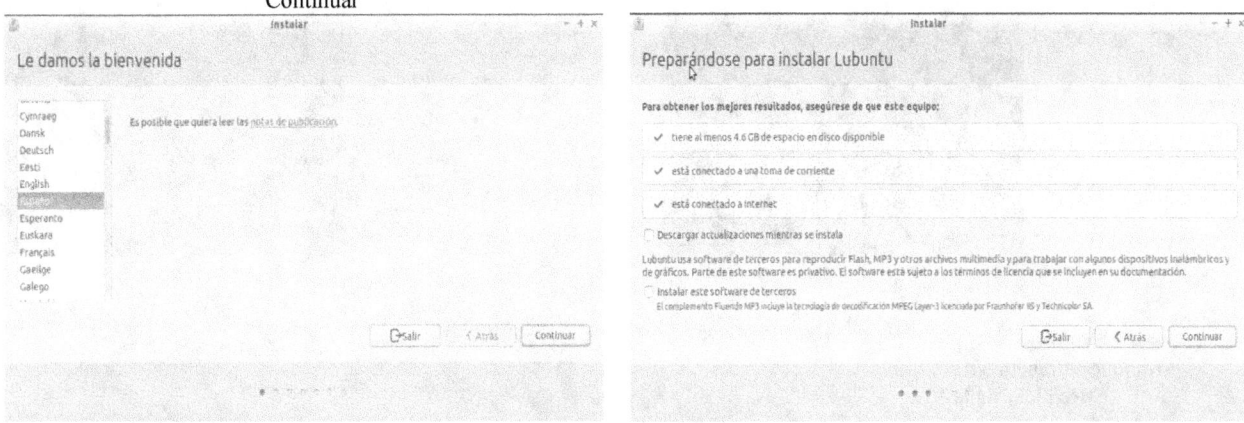

Nueva tabla de particiones
> Añadir particiones o bien **Instalar ahora**
>> Ciudad Madrid

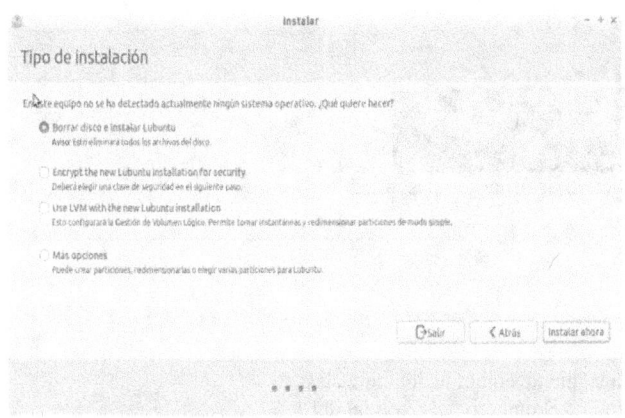
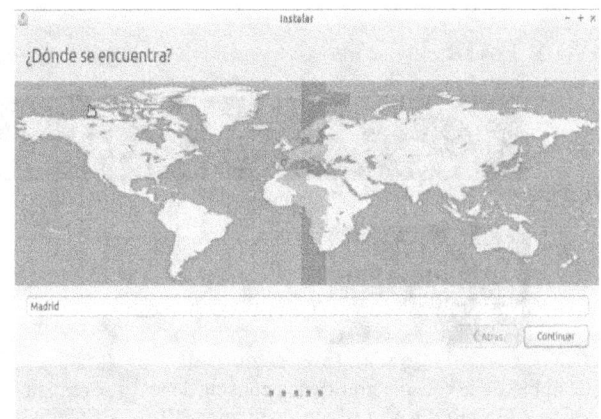

> Nombre: alumno
> Nombre equipo: alumnoUbuntu
> Usuario: alumno
> Password: Practica2014*

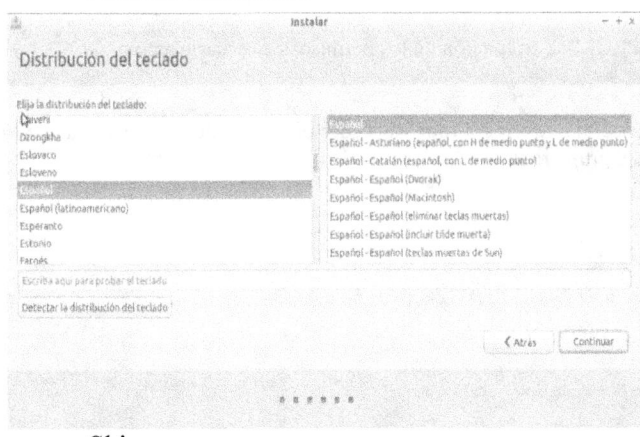
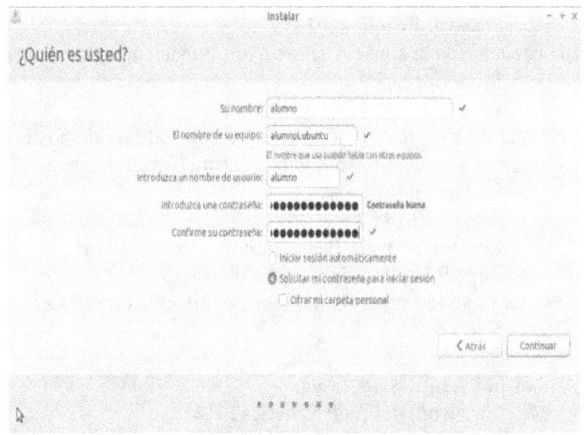

> Skip

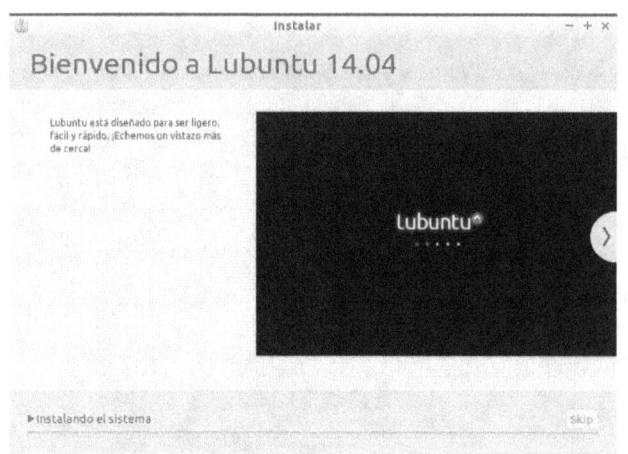 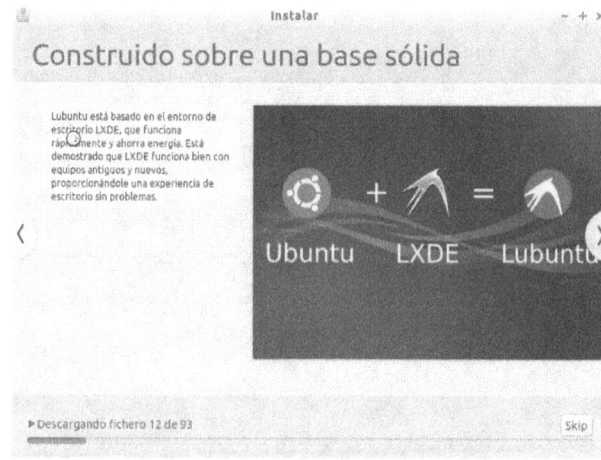

Arranque automático/....
Reinicia ahora

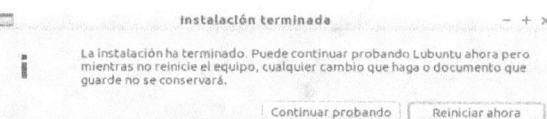

PASO 2: Los sistemas operativos LINUX…
Montar y desmontar.

Da comienzo la secuencia de arranque, hasta llegar a la ventana de solicitud de usuario y password.

PASO 3: Cambio de trabajo o de consola

El cambio de la consola gráfica a la consola de texto se realiza con la siguiente combinación de teclas:
  CONTROL+ALT+Tecla de función (F1..F7) CONSOLA (Indica el número del terminal del 1..7).
  ALT+F7   Entorno gráfico.
  F1..F6: permiten acceder a las 6 consolas tty.
  F7: Consola de entorno gráfico.
  Login: **alumno**
  Passwd: **Practica2014***

Si accedemos a la consola de texto nos pueden aparecer diferentes PROMPT en función de los permisos del usuario activo.
  $ --> usuario
  # --> root ("administrador")

En lugar de trabajar en modo consola con sudo, podemos establecer el password del root y acceder directamente como usuario root o crear un usuario con el mismo id que el root (id=0) y que pertenezca al grupo root.
  $ sudo passwd root
  Practica2014*
  Contraseña Unix (usuario root): Practica2014*
  Repetir la clave de nuevo: Practica2014*

Acceder en modo supervisor o root, se utiliza la orden **su** (*substitute user | superuser*), cambiar de usuario.
  $ su
  $ su root

Ambos piden la clave del root.
   Password del root: **Practica2014***

Se puede acceder en modo de root sin previamente cambiar la clave.
  $ su -i
  #

Cambiar el prompt en función del Shell que se encuentra activo.
  root@smr-profesor: /home/alumno
  exit
  hostname
  ifconfig
  halt -p

PRÁCTICA 2: Instalar Ubuntu 14.04
DESCRIPCIÓN:
¿Qué es la distribución de Linux Ubuntu?

Ubuntu es una filosofía sudafricana vinculada a la lealtad y la solidaridad. El término proviene de las lenguas zulú y puede traducirse como "humanidad hacia otros" o "soy porque nosotros somos".

La verdad, la reconciliación o la solidaridad son otros de los valores y principios que se encuentran íntimamente relacionados con esta filosofía de África. Una "doctrina" esta que se ha convertido en el pilar fundamental de la nueva república de Sudáfrica pues se considera vital para poder llevarse a cabo lo que se le ha dado en llamar renacimiento africano.

Esta noción se hizo popular en el ámbito de la tecnología ya que Ubuntu es el nombre elegido por la compañía británica Canonical Ltd. para denominar a una distribución GNU/Linux que se basa en Debian GNU/Linux.

En este sentido, Ubuntu es un sistema operativo enfocado a la facilidad de uso e instalación, pensado para el usuario promedio. Por eso su lema es "Ubuntu: Linux para seres humanos".

Ubuntu está compuesto por diversos paquetes de software que, en su mayoría, son distribuidos bajo código abierto y licencia libre. Este sistema operativo no tiene fines lucrativos (se consigue de manera gratuita) y aprovecha las capacidades de los desarrolladores de la comunidad para mejorar sus prestaciones.

Su facilidad de uso es una de las razones que han llevado a que Ubuntu cada vez se haya convertido en una presencia más constante dentro del mercado tecnológico. No obstante, tampoco hay que olvidar que otro de estos motivos es el conjunto de aplicaciones que lleva incorporadas para satisfacción de sus usuarios.

Concretamente tendríamos que resaltar que dispone de un reproductor de música, un navegador web, grabador de discos, una suite ofimática, reproductor multimedia, cliente de mensajería de tipo instantáneo, editor de texto, lector de documentos, gestor y editor de fotografías, administrador de archivos y un cliente de correo.

Elementos todos ellos que hacen de Ubuntu una alternativa muy completa. Y a ello contribuye, de igual modo, el hecho de que se presente con unos altos estándares tanto de seguridad como de accesibilidad.

El éxito conseguido con este sistema operativo a nivel informático ha sido el que ha propiciado que su compañía Canonical se haya animado a realizar versiones para otra serie de dispositivos tecnológicos. De esta manera, ahora se cuenta con Ubuntu Phone para los Smartphone, Ubuntu TV para la televisión o Ubuntu Tablet para las tabletas, entre otros.

El sistema se financia a través de la venta de soporte técnico y de otros servicios vinculados al sistema operativo. Ubuntu tiene nuevas versiones cada seis meses, que cuentan con el soporte de Canonical.

El aspecto colaborativo de Ubuntu se refleja en la posibilidad disponible para cualquier usuario de realizar sugerencias y presentar ideas para futuras versiones del sistema operativo. Para esto simplemente hay que ingresar a la página web oficial de la comunidad y publicar las propuestas o votar otras realizadas por el resto de los usuarios.

Ubuntu tiene versiones en más de 130 idiomas, incluyendo el español. Puede descargarse de Internet o instalarse a través de un CD/DVD.

REQUISITOS: Para crear la máquina Virtual de Ubuntu 14.04

Nueva Máquina Virtual, y creamos con las siguientes características:

General
- Crear una máquina Virtual en VirtualBox.
  - Nombre: Ubuntu 14.04 desktop 64-amd-i386.
  - Tipo: Linux.
  - Versión: Ubuntu (64 bits).
  - Tamaño RAM: 1284 MB.
  - Crear disco Virtual: VDI, con Reserva Dinámica.
  - Tamaño del disco: 20 Gigabytes. (Disco Dinámico).
- Avanzado:
  - Carpeta instantáneas: C:\Users\baldo\VirtualBox VMs\Linux\Lubuntu AMD 64\Snapshots.
  - Compartir portapapeles: bidireccional.
  - Arrastrar y soltar: bidireccional.
  - Medios extraíbles:
    - ✓ Recodar cambios en ejecución.
  - Mini Barra de herramientas:
    - ✓ Mostrar a pantalla completa/fluido.

Sistema
- Configuración de la placa Base
  - Memoria base: 1284 MB
  - Orden de Arranque: Disquete, CD/DVD, Disco Duro.
  - ChipSet: PIIX3
  - Dispositivo Apuntador: Tableta USB
  - Características extendidas:
    - ✓ Habilitar I/O APIC.
    - ✓ Reloj hardware en tiempo UTC.
- Procesador:
  - Procesador(es): 1
  - Límite de ejecución: 100%
  - Características extendidas.

- ✓ Habilitar PAE/NX.
- Aceleración del sistema.
  - Hardware de virtualización:
    - ✓ Habilitar VT-x/AMD-V
    - ✓ Habilitar paginación anidada
- Pantalla
  - Vídeo
    - Memoria de Vídeo: 128 MB (máximo)
    - Número de monitores: 1
    - Funcionalidades extendidas:
      - ✓ Habilitar aceleración 3D.
      - ✓ Inicio de instalación.
      - ✓ El acceso a pantalla remota se realiza por RDP, por el puerto 3389 (ej. mstsc, escritorio remoto de Microsoft).
  - Pantalla remota
    - ✓ Habilitar Servidor.
    - Puerto servidor: 3380
    - Método de autenticación: nulo.
    - Tiempo de espera de autenticación 5000.
    - Funcionalidades extendidas
      - ✓ Permitir múltiples conexiones.
- Almacenamiento
  - Árbol de almacenamiento.
    - Ubuntu 14.04 desktop 64-amd-i386.vdi.
    - Atributos: IDE primario maestro.
      - Botón derecho sobre el icono CD/DVD
        - Selección un archivo de disco virtual.
    - Controladora SATA.
  - Elegir en el icono CD/DVD ubicado en la parte superior izquierda de la unidad.
    - Seleccionar un archivo en la unidad CD/DVD.
      - Elegir una de estas do ISOs.
- Red
  - Adaptador 1
    - Habilitar adaptador de red
      - Conectado a: Adaptador puente.
      - Nombre: (e.g.: Realteck PCIe PE Ready Controller).
    - Opciones avanzadas, las que estén por defecto.

PASO 1: Instalar la ISO en la MV

En la secuencia de arranque seleccionamos la ISOs a instalar de 32/64 bits.

ubuntu-14.04-desktop-amd64	06/05/2014 0:35	Archivos de imagen	987.136 KB
ubuntu-14.04-desktop-i386	20/05/2014 19:44	Archivos de imagen	993.280 KB

Iniciar la máquina Virtual en proceso de instalación.

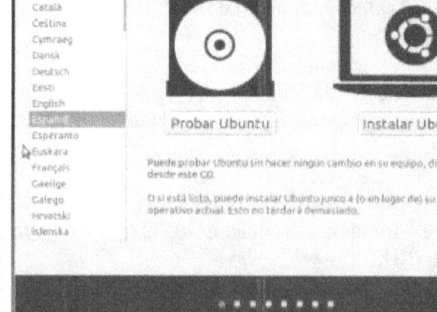

Instalar Ubuntu.

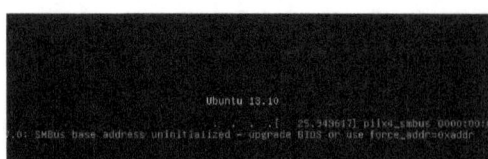

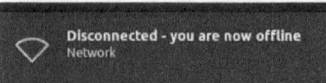

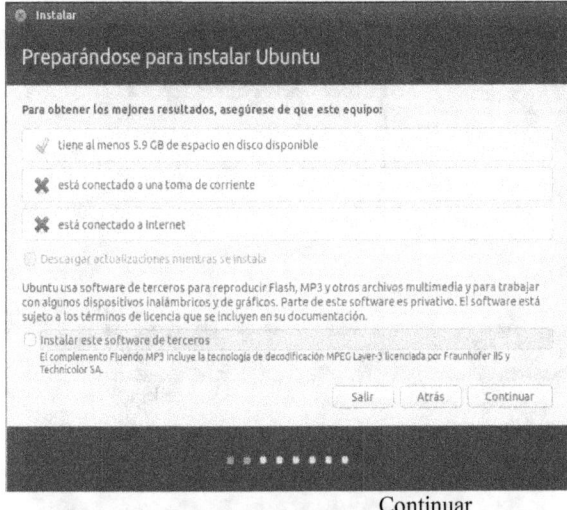
Continuar

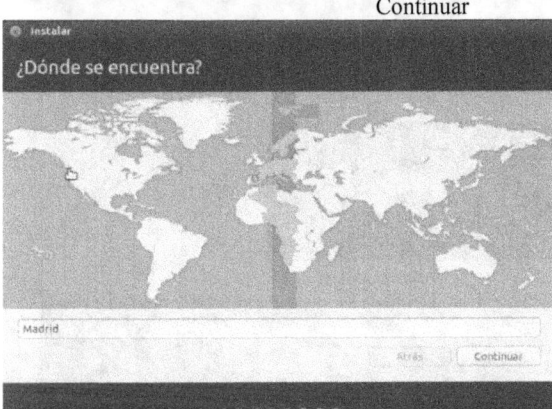
Continuar

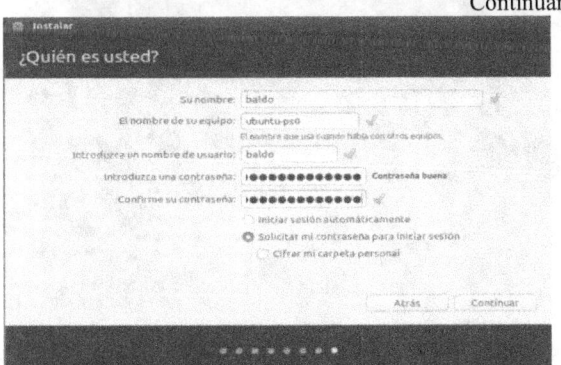
Continuar

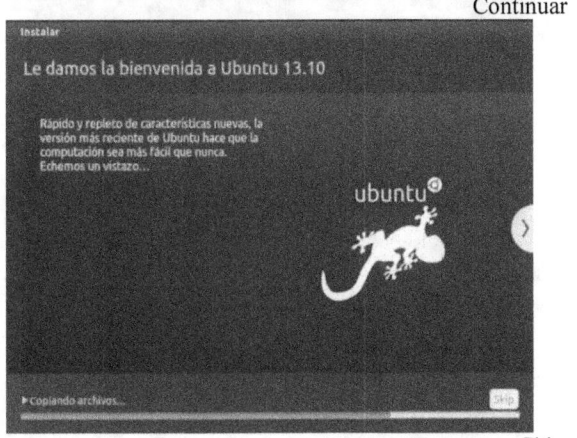
Skip

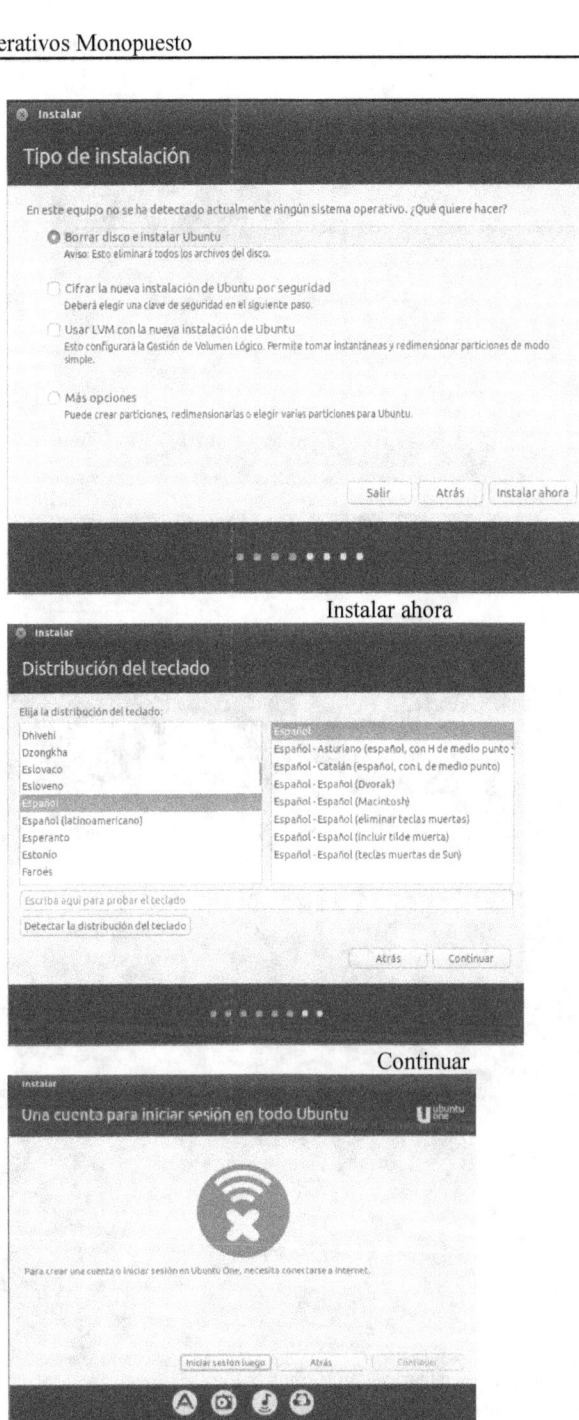
Instalar ahora

Continuar

Iniciar luego

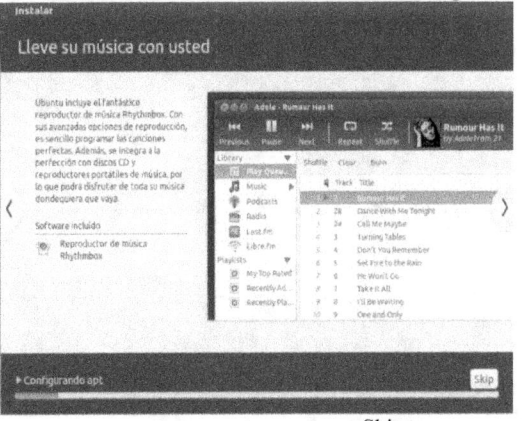
Skip

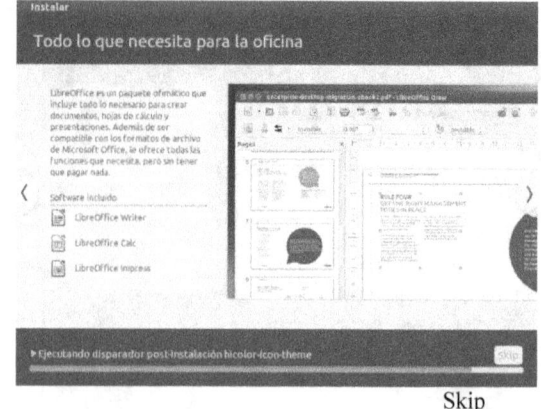

Skip   Skip

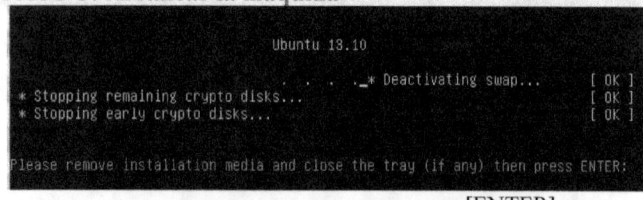

Una vez realizada se Reinicia ahora.

PASO 3: Arrancar la máquina

[ENTER]   Proceso de arranque

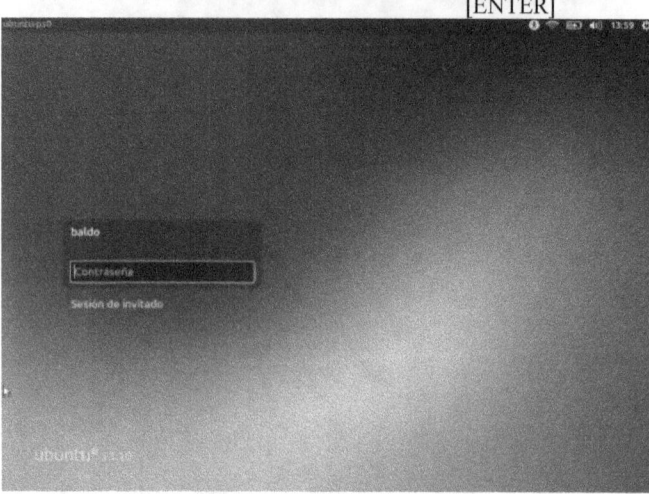
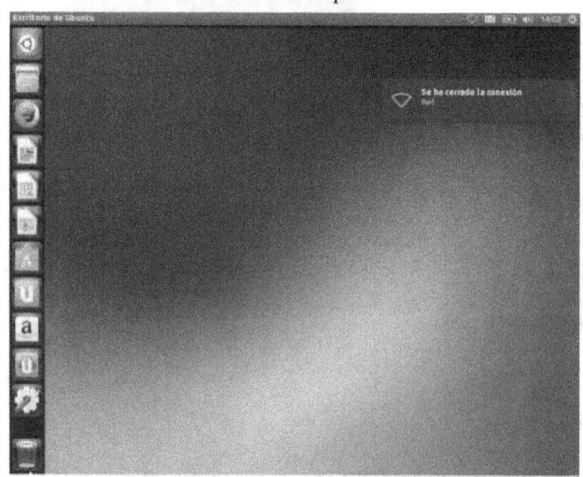

Seleccionamos el usuario y tecleamos la clave.
Una vez se abrió el escritorio, si no hay conexión a la red, por cable o wifi, se comunica que no existe conexión de red.

PRÁCTICA 3: Configurar la instalación Lubuntu

DESCRIPCIÓN:

Descripción de dos versiones, que parten del proyecto de Ubuntu entre otras muchas: Lubuntu, Xubuntu.

¿Qué es Lubuntu 14.04?

Lubuntu es una distribución oficial del proyecto Ubuntu que tiene por lema "menos recursos y más eficiencia energética", usando el gestor de escritorio LXDE.1 2 3 El nombre Lubuntu es una combinación entre LXDE y Ubuntu.

El gestor LXDE usa el administrador de ventanas Openbox e intenta ser un sistema operativo que demande pocos recursos de RAM, CPU y otros componentes, especialmente ideados para equipos portátiles de recursos limitados como netbooks, dispositivos móviles y computadores antiguos.

Los requerimientos de hardware de Lubuntu/LXDE:
- Un viejo CPU Pentium II o III entre 400-500 MHz es suficiente.
- Con memoria RAM mínimo entre 192-256 MB o más.

¿Qué es Xubuntu 14.04?

Xubuntu es una distribución Linux basada en Ubuntu. Está mantenida por la comunidad y es un derivado de Ubuntu oficialmente reconocido por Canonical, usando el entorno de escritorio Xfce.

Xubuntu está diseñado para usuarios con computadores que poseen recursos limitados de sistema, o para usuarios que buscan un entorno de escritorio altamente eficiente.

Requisitos mínimos:
- 800 MHz procesador.
- 384 MB de memoria (RAM).
- Al menos 4 GB de disco.

Requisitos Recomendados:
- 1.5 GHz procesador.
- 512 MB o más de memoria (RAM).
- 6 GB de disco.

REQUISITOS DE CONFIGURACIÓN

Accedemos a la configuración del VirtualBox.
> Archivos
>> Preferencias
>>> Pantalla
>>>> - Tamaño máximo de pantalla de invitado: Sugerencia.
>>>> - Altura: 1024
>>>> - Anchura: 768

Tamaño para configurar el entorno gráfico por defecto (1024x768).

PASO 1: Crear una máquina Virtual

Acceso a la máquina desde una ventana de consola:
   CTRL+ALT+F1

Se debe realizar primero la opción a) y posteriormente accedemos en modo root, como se indica a continuación.
   Login: root
   Password: Practica2014*

a) Cambiar/Establecer clave al root.
   ...$ sudo passwd root
   Pide password/clave del usuario actual: Practica2014*
   Pide clave del root (repetición): Practica2014*
   (repetir): Practica2014*

```
alumno@profesor:~$ sudo passwd root
[sudo] password for alumno:
Introduzca la nueva contraseña de UNIX:
Vuelva a escribir la nueva contraseña de UNIX:
passwd: contraseña actualizada correctamente
```

b) Acceder como root.
   su nombre_usuario
   su (sin nombre asume que es root)
   clave: **Practica2014***

```
alumno@profesor:~$ su
Contraseña:
root@profesor:/home/alumno#
```

PASO 2: Configurar la tarjeta de red.

a) Acceder al entorno gráfico.
   CTRL+ALT+F7
   Icono inferior derecho (inicio).
   Herramientas de Sistema.

Red

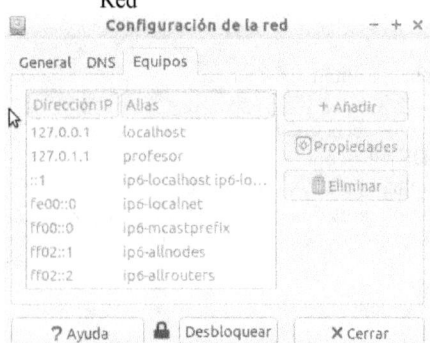

Desbloquear
> Pide la clave del usuario

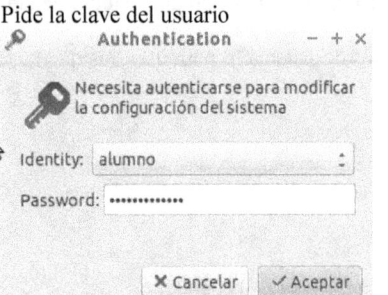

Aceptar
> Aparecen los datos e iconos sin difuminar.

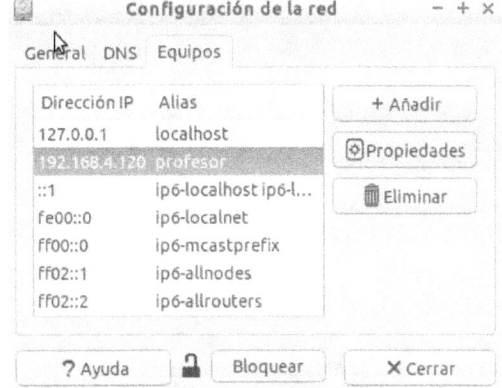 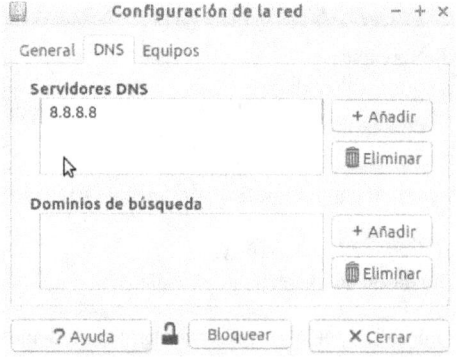

Una vez configurado Cerrar y Reiniciar.
> Ej..: init 6

PRÁCTICA 4: Instalar Slackware 14.0
DESCRIPCIÓN:
El Slackware es un sistema operativo, cuya interfaz de instalación es de texto, siguiendo los sistemas antiguos de instalación por defecto se debe crear una partición un gestor de arranque antiguo es el LILO, aunque puede manejar el GRUB.

¿Qué es Slackware?
Slackware Linux es la distribución Linux más antigua que tiene vigencia. En su versión 14.00, Slackware incluye la versión del núcleo Linux 3.2.29 y Glibc 2.15 Contiene un programa de instalación sencillo de utilizar aunque puede ser complejo para los nuevos en sistemas Linux, extensa documentación aunque poca en español, y un sistema de gestión de paquetes basado en menús.

Patrick Volkerding, el creador de esta distribución, lo describe como un avanzado sistema operativo GNU/Linux, diseñado con dos objetivos: facilidad para usar y estabilidad como meta prioritaria.

Incluye el software popular más reciente mientras guarda un sentido de tradición proporcionando simplicidad y facilidad de uso junto a la potencia y la flexibilidad.

GNU/Linux ahora se beneficia de la contribución de millones de usuarios y desarrolladores de todo el mundo. Slackware Linux proporciona tanto a los usuarios nuevos como a los experimentados un sistema con todas las ventajas, equipado para servidores, puestos de trabajo y máquinas de escritorio, con compatibilidad de procesadores desde Intel 386 en adelante. Web, ftp, mail están listos para usarse nada más instalar, así como una selección de los entornos de escritorio más populares. Una larga lista de herramientas para programación, editores, así como de bibliotecas actuales que están incluidas para aquellos usuarios que quieren desarrollar o compilar software adicional.

PASO 1: Crear máquina Virtual
Existen diferentes formas de crear una máquina Virtual nueva en VirtualBox, en principio son tres:
a) Icono.
   Nueva
b) Menú opción Máquina.
   CTRL+N

Se establece el nombre de la máquina: Slackware 14.
   Se establece el tipo de SO que se desea instalar:
      Sistema Operativo: Linux
      Versión: Otro Linux (diferentes a las versiones tipo prestablecidas)
Tamaño de la memoria RAM: 512 MB
Crear un Disco Duro Virtual opción: Crear disco virtual nuevo
Se accede al asiste de creación de disco virtual y el tipo de archivo, con el que se va almacenar la máquina virtual es .VDI (esto indica que le agregará la extensión .VDI).
Una vez creado la unidad de almacenamiento, el asistente nos indicará la localización y tamaño del archivo de disco virtual.
   C:\.....\
En la ruta que aparece por defecto nos va a crear una carpeta, con el mismo nombre de la máquina virtual. Podemos comprobar la unidad y ruta seleccionando el icono a la derecha del campo de localización, una vez comprobado le damos crear y volvemos a la pantalla de localización y establecemos el tamaño como 12 MB, al darle a siguiente él nos mostrará un resumen de los datos correspondientes a la máquina a crear y seleccionaremos crear.

PASO 2: Vincular al fichero de ISO.
Se puede realizar de dos formas:
   a) Sobre la propia ventana de la máquina virtual, accedemos a la opción del menú Dispositivos.
   b) Sobre la máquina virtual Activa, doble clic seleccionamos Almacenamiento.
      Controlador: IDE.
         IDE secundario maestro: [CD/DVD] Vacío.
      Controlador: SATA.
         Puerto SATA 0:   Slackware 14.vdi
Nos aparece una ventana diálogo, con la parte izquierda activa almacenamiento.
Seleccionamos En el árbol de almacenamiento el CD/DVD.
   En la parte derecha en el bloque Atributos, accedemos con un clic sobre el icono CD/DVD.
Nos aparece un desplegable y seleccionamos la primera opción: Seleccionar un archivo de disco virtual de CD/DVD, a continuación nos aparece la ventana de diálogo estándar abrir ficheros de Windows.

| slackware64-14.0-install-dvd | 18/02/2013 1:20 | Archivos de imagen | 2.354.032 KB |

Una vez seleccionado el fichero ISO a realizar la instalación comenzamos el arranque desde la ISO.

[Captura de pantalla del arranque de ISOLINUX / Slackware 14.0]

Enter --> comienza a carga el sistema en memoria RAM.

[Capturas de pantalla del proceso de arranque del kernel y detección de hardware]

Pulsar 1 para seleccionar el teclado.

[Capturas de pantalla de KEYBOARD MAP SELECTION]

Seleccionar querty/es.map, utilizando las teclas de desplazamiento (flecha arriba, flecha abajo, Av Pag., Rep Pag.), pulsando la inicial del teclado q (qwerty), se puede llegar a la opción:

    a.) Desplazacimiento teclas de edición.
    b.) Pulsar 3 veces la tecla q.

```
OK, the new map is now installed. You may now test it by typing
anything you want. To quit testing the keyboard, enter 1 on a
line by itself to accept the map and go on, or 2 on a line by
itself to reject the current keyboard map and select a new one.

_
```

Pulsar 1 [Enter].

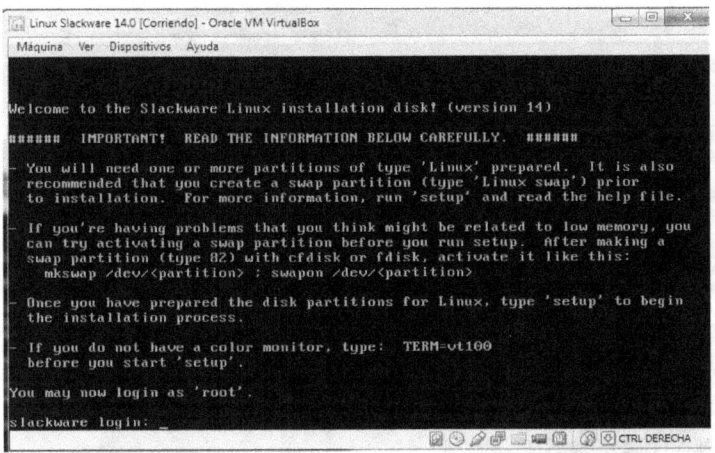

Login: [Enter]   entramos en 'root', dentro del sistema ubicado en memoria Virtual.
          Aparece el PROMPT #

PASO 3: Realizar las particiones
Visualizar las particiones.
          fdisk   -l

- Para particionar disco utilizamos: cfdisk, fdisk.
- Utilizando los sistemas de particionamiento GPT instalado en MBR, utilizamos: cgdisk, gdisk.
- Para comenzar la instalación después de realizar la partición utilizamos en el prompt.
          # setup

a) Particionar un sistema de ficheros   /dev/sda.
          /dev/hda   --> discos IDE
          /dev/sda   --> discos SATA.
  HD   --> DISCO IDE   letra (a, b, c, d,…) corresponde al número de disco(a=primer disco, b=segundo disco, c=tercer disco,…).
          /dev/hda1   --> 1 partición (primera partición) de un disco IDE.
          /dev/hda2   --> 2 partición (segunda partición) de un disco IDE.
          /dev/hda3   --> 3 partición (tercera partición) de un disco IDE.
          /dev/sda1   --> 1 partición de un disco SATA.
fdisk   /dev/sda   (solo el disco,…) aplicación   para particionar en Linux.

m --> Ayuda.

p --> Visualizar particiones.
n --> Nueva partición.

```
Command (m for help): n
Partition type:
   p   primary (0 primary, 0 extended, 4 free)
   e   extended
Select (default p): p
Partition number (1-4, default 1):
Using default value 1
First sector (2048-16777215, default 2048):
Using default value 2048
Last sector, +sectors or +size{K,M,G} (2048-16777215, default 16777215): +7G
Partition 1 of type Linux and of size 7 GiB is set
```

Visualizar la partición creada de 7 GiB.

```
Command (m for help): p

Disk /dev/sda: 8589 MB, 8589934592 bytes
255 heads, 63 sectors/track, 1044 cylinders, total 16777216 sectors
Units = sectors of 1 * 512 = 512 bytes
Sector size (logical/physical): 512 bytes / 512 bytes
I/O size (minimum/optimal): 512 bytes / 512 bytes
Disk identifier: 0x5b1aefc8

   Device Boot      Start         End      Blocks   Id  System
/dev/sda1            2048    14682111     7340032   83  Linux
```

> Por defecto toda partición nueva realizada en linux, establece como sistema de ficheros por defecto linux: id 83, con System Linux.

Se crea una nueva partición de 1GiB, para el sistema de ficheros swap.

n --> nueva partición

```
Command (m for help): n
Partition type:
   p   primary (1 primary, 0 extended, 3 free)
   e   extended
Select (default p): p
Partition number (1-4, default 2):
Using default value 2
First sector (14682112-16777215, default 14682112):
Using default value 14682112
Last sector, +sectors or +size{K,M,G} (14682112-16777215, default 16777215):
Using default value 16777215
Partition 2 of type Linux and of size 1023 MiB is set

Command (m for help):
```

t --> Cambiar el tipo de sistema de ficheros.
    l --> Visualizar los tipos que puedo asignar.

```
Disk /dev/sda: 8589 MB, 8589934592 bytes
255 heads, 63 sectors/track, 1044 cylinders, total 16777216 sectors
Units = sectors of 1 * 512 = 512 bytes
Sector size (logical/physical): 512 bytes / 512 bytes
I/O size (minimum/optimal): 512 bytes / 512 bytes
Disk identifier: 0x5b1aefc8

   Device Boot      Start         End      Blocks   Id  System
/dev/sda1            2048    14682111     7340032   83  Linux
/dev/sda2        14682112    16777215     1047552   82  Linux swap
```

Escribe en hexadecimal el código del sistema de ficheros. Los tipos de los códigos aparecen en pantalla si pulsas L.

```
 2  XENIX root      39  Plan 9          83  Linux           c4  DRDOS/sec (FAT-
 3  XENIX usr       3c  PartitionMagic  84  OS/2 hidden C:  c6  DRDOS/sec (FAT-
 4  FAT16 <32M      40  Venix 80286     85  Linux extended  c7  Syrinx
 5  Extended        41  PPC PReP Boot   86  NTFS volume set da  Non-FS data
 6  FAT16           42  SFS             87  NTFS volume set db  CP/M / CTOS /..
 7  HPFS/NTFS/exFAT 4d  QNX4.x          88  Linux plaintext de  Dell Utility
 8  AIX             4e  QNX4.x 2nd part 8e  Linux LVM       df  BootIt
 9  AIX bootable    4f  QNX4.x 3rd part 93  Amoeba          e1  DOS access
 a  OS/2 Boot Manag 50  OnTrack DM      94  Amoeba BBT      e3  DOS R/O
 b  W95 FAT32       51  OnTrack DM6 Aux 9f  BSD/OS          e4  SpeedStor
 c  W95 FAT32 (LBA) 52  CP/M            a0  IBM Thinkpad hi eb  BeOS fs
 e  W95 FAT16 (LBA) 53  OnTrack DM6 Aux a5  FreeBSD         ee  GPT
 f  W95 Ext'd (LBA) 54  OnTrackDM6      a6  OpenBSD         ef  EFI (FAT-12/16/
10  OPUS            55  EZ-Drive        a7  NeXTSTEP        f0  Linux/PA-RISC b
11  Hidden FAT12    56  Golden Bow      a8  Darwin UFS      f1  SpeedStor
12  Compaq diagnost 5c  Priam Edisk     a9  NetBSD          f4  SpeedStor
14  Hidden FAT16 <3 61  SpeedStor       ab  Darwin boot     f2  DOS secondary
16  Hidden FAT16    63  GNU HURD or Sys af  HFS / HFS+      fb  VMware VMFS
17  Hidden HPFS/NTF 64  Novell Netware  b7  BSDI fs         fc  VMware VMKCORE
18  AST SmartSleep  65  Novell Netware  b8  BSDI swap       fd  Linux raid auto
1b  Hidden W95 FAT3 70  DiskSecure Mult bb  Boot Wizard hid fe  LANstep
1c  Hidden W95 FAT3 75  PC/IX           be  Solaris boot    ff  BBT
1e  Hidden W95 FAT1 80  Old Minix

Command (m for help):
```

> Se observan 4 columnas, el primer valor es el código identificativo del tipo de partición.
> El código viene expresado en 8 bits, con lo que podemos representar un máximo de 256 tipos diferentes de particiones:
> - 83 Partición LINUX.
> - 82 Partición SWAP (el sistema de ficheros, es también es swap, se suele activa directamente con la instalación, no es necesario formatear esta partición.

Tipo de partición: 82

```
Command (m for help): w
The partition table has been altered!

Calling ioctl() to re-read partition table.
Syncing disks.
root@slackware:/#
```

Guardar w --> write
        q --> salir
Ver las particiones.
        fdisk /dev/sda

q   (quit)   salir sin particionar
fdisk   -l
Activar una partición.
fdisk /dev/sda
a --> Activar la partición de arranque **/dev/sda1**
Los dispositivos:
IDE */dev/hda* hasta */dev/hdd*.
SATA y SCSI se representan por *sd* SATA ej.: */dev/sda2*.
Uso de *fdisk* o *cfdisk. fdisk*.
fdisk   /dev/hda
fdisk   /dev/sda

```
Command (m for help): m
Command action
   a   toggle a bootable flag
   b   edit bsd disklabel
   c   toggle the dos compatibility flag
   d   delete a partition
   l   list known partition types
   m   print this menu
   n   add a new partition
   o   create a new empty DOS partition table
   p   print the partition table
   q   quit without saving changes
   s   create a new empty Sun disklabel
   t   change a partition's system id
   u   change display/entry units
   v   verify the partition table
   w   write table to disk and exit
   x   extra functionality (experts only)
```

Visualizar las particiones que tiene el disco seleccionado: p+[ENTER]

```
Command (m for help): p
```

Visualizar la identificación del disco /dev/sda, el tamaño del disco 20 GB, el número total de bytes que forman el tamaño del disco.
La segunda línea muestra la identificación del disco (CHS),16 cabezas, 63 sectores por track, el número total de cilindros 59649.
Unidad de asignación es igual al número de cilindros 1008 * 512 bytes = 516096 bytes.
A continuación se refleja en columnas lo siguiente:

```
Disk /dev/hda: 20.4 GB, 20462960640 bytes
16 heads, 63 sectors/track, 39649 cylinders
Units = cylinders of 1008 * 512 = 516096 bytes

   Device Boot      Start         End      Blocks   Id  System
Command (m for help):
```

> Las partición que se indican en el MBR, se indica con los números 1 al 4, que corresponden a las cuatro primeras entradas en el MBR, la particiones lógicas se crean a partir de la partición número 5 en adelante, corresponden a las entradas en EMBR.

Crear una nueva partición n+[ENTER]

```
Command (m for help): n
```

Pregunta por el tipo de partición: primaria o extendida.

```
Command action
   e   extended
   p   primary partition (1-4)
p
```

Seleccionamos p+[Enter]
Nos pide el número identificativo de la partición por defecto la primera es la 1 y pulsamos [ENTER].

```
Partition number (1-4): 1
```

Después nos pide el primer cilindro de inicio de la partición. Por defecto deberemos de pulsar [ENTER], para no crear huecos de cilindros vacíos entre particiones y particiones.

```
First cylinder (1-26639, default 1): 1
```

El tamaño debe comenzar por el símbolo +, seguido del tamaño a establecer, y se agrega una letra indicativa del tipo de tamaño que se establecerá G, M, K (G=Gigabyte, M= Megabyte, K=Kilobyte)
Tamaño: +*512M [Enter]*
Tamaño: +11000M [Enter]

```
Last cylinder or +size or +sizeM or +sizeK (1-39649, default 39649): +512M
```

Cambiar el tipo de identificación de la partición.

```
Command (m for help): t
```

Preguntará por el número de la partición a cambiar.
Pulsamos L para ver la lista de los códigos de identificación de la partición.

```
Hex code (type L to list codes): l
```

Ejemplo de 3 tipos de identificaciones de sistemas de ficheros 81, 82, 83 y sus descripciones correlativas.

```
81  Minix / old
82  Linux swap
83  Linux
```

Escribimos el código de partición tipo SWAP

```
Hex code (type L to list codes): 82
```

fdisk notifica el cambio realizado en el tipo de partición 1 se ha cambiado por un código de identificación de LINUX SWAP.

```
Changed system type of partition 1 to 82 (Linux swap)
```
Crearemos una segunda partición: n+[ENTER]   (n: partición nueva)
```
Command (m for help): n
```
Partición primaria.
```
Command action
   e   extended
   p   primary partition (1-4)
p
```
El número de la partición es la 2.
```
Partition number (1-4): 2
```

> **DEVICE:** el tipo de dispositivo que identifica la partición.
> **BOOT:** bootable aparecerá en esta columna un asterisco (solo puede existir un asterisco, que debe ser independiente del número de particiones que existan), corresponde con la partición activa o de arranque del disco.
> **START:** Es el cilindro inicial de la partición.
> **END:** Es el cilindro final de la partición.
> **BLOCKS:** corresponde con el número total de bloque que existe en la partición.
> **ID:** código identificativo del tipo de partición se encuentra ligado con la descripción reflejada en System.
> **SYSTEM:** es la descripción del tipo de Sistema de ficheros identificado en ID.

Se específica el cilindro de inicio y el cilindro de finalización, o bien, solo se especifica en la finalización el tamaño en (M, K, G).
```
First cylinder (994-39649, default 994):
Using default value 994
Last cylinder or +size or +sizeM or +sizeK (994-39649, default 39
Using default value 39649
```
Primer cilindro: 994

Pulsamos [ENTER] e indicamos que el último cilindro de la partición del disco corresponde al último cilindro de finalización del disco, a partir de aquí se calcula el número de bloques totales.
```
Command (m for help): p

Disk /dev/hda: 20.4 GB, 20462960640 bytes
16 heads, 63 sectors/track, 39649 cylinders
Units = cylinders of 1008 * 512 = 516096 bytes

   Device Boot      Start         End      Blocks   Id  System
/dev/hda1               1         993      500440+  82  Linux swap
/dev/hda2             994       39649    19482624   83  Linux
```
Seleccionamos la partición activa: a+[ENTER]
La siguiente línea indicamos el número de la partición que deseamos que se la que está activo (solo puede existir una por disco).
```
Command (m for help): a
Partition number (1-4): 2
```
Visualizamos el estado del disco con sus particiones: p+[ENTER]
```
Command (m for help): p

Disk /dev/hda: 20.4 GB, 20462960640 bytes
16 heads, 63 sectors/track, 39649 cylinders
Units = cylinders of 1008 * 512 = 516096 bytes

   Device Boot      Start         End      Blocks   Id  System
/dev/hda1               1         993      500440+  82  Linux swap
/dev/hda2   *         994       39649    19482624   83  Linux
```
Grabamos la tabla MBR: w+[ENTER]
```
Command (m for help): w
The partition table has been altered!

Calling ioctl() to re-read partition table.
Syncing disks.
```
Guarda las entradas en el MBR y sincroniza los discos, a continuación sale de la aplicación fdisk, indicando el nombre del usuario@máquina: y la ubicación / (directorio raíz) # (indicativo del tipo de usuario que es root).

PASO 5: Instalar Slackware utilizando otro tipo de particiones
a) Establecer una partición de sistema y una swap, para instalar el sistema operativo.
   Para particionar puedes usar las siguientes órdenes.
a.1) Particiones normales MBR, EMBR, PCDOS, etc...
   Se deben utilizar:
      cfdisk --> Menú en la parte inferior.
      fdisk --> Aplicación de particiones.
a.2) Particiones para 64 bits.
      cgdisk --> Menú en la parte inferior.
      gdisk --> Aplicación de particiones estándar.
   Se pueden crear particiones: MBR, APM, BSD, GPT,...
b.1) Listar los dispositivos Linux (unidades de almacenamiento).
      fdisk   -l

fdisk	
Sintaxis:	**fdisk [opciones]**
-l	Enlista las tablas de partición para los devies especificados y sale.
-u	Cuando enlista tablas de partición, muestra tamaños en sectores en vez de cilindros.
-s	El tamaño de la partición se muestra en el salida estándar.
-b	Especifica el tamaño de sector del disco.
-C	Especifica el número de cilindros del disco.
-H	Especifica el número de cabezas del disco.
-S	Especifica el número de sectores por pista del disco.

```
root@slackware:/# fdisk -l
Disk /dev/sda: 26.8 GB, 26843545600 bytes
255 heads, 63 sectors/track, 3263 cylinders, total 52428800 sectors
Units = sectors of 1 * 512 = 512 bytes
Sector size (logical/physical): 512 bytes / 512 bytes
I/O size (minimum/optimal): 512 bytes / 512 bytes
root@slackware:/#
```

El disco es un sistema de ficheros /dev/sda.

d) Acceder al dispositivo, para particionar.

    gdisk /dev/sda

Visualizar la ayuda.

    ?   -->help

```
Command (? for help): ?
b       back up GPT data to a file
c       change a partition's name
d       delete a partition
i       show detailed information on a partition
l       list known partition types
n       add a new partition
o       create a new empty GUID partition table (GPT)
p       print the partition table
q       quit without saving changes
r       recovery and transformation options (experts only)
s       sort partitions
t       change a partition's type code
v       verify disk
w       write table to disk and exit
x       extra functionality (experts only)
?       print this menu
Command (? for help): _
```

Cualquier letra que esté en el menú de ayuda, implica visualizar la ayuda.

    h

f) Crear una partición.

    n --> Nueva partición.

```
Command (? for help): n
Partition number (1-128, default 1):
First sector (34-52428766, default = 2048) or (+-)size(KMGTP):
Last sector (2048-52428766, default = 52428766) or (+-)size(KMGTP): +24G
Current type is 'Linux filesystem'
Hex code or GUID (L to show codes, Enter = 8300): _
```

Se aumenta el número de particiones de 4 a 128.

Se aumenta el tamaño de los discos para Perabyte.

Cambiar la codificación de los sistemas de ficheros de 8 bits a 16 bits.

    83 --> Partición de Linux   8300 (hexadecimal).

```
Hex code or GUID (L to show codes, Enter = 8300): l
0700 Microsoft basic data   0c01 Microsoft reserved   2700 Windows RE
4200 Windows LDM data       4201 Windows LDM metadata 7501 IBM GPFS
7f00 ChromeOS kernel        7f01 ChromeOS root        7f02 ChromeOS reserved
8200 Linux swap             8300 Linux filesystem     8301 Linux reserved
8400 Intel Rapid Start      8e00 Linux LVM            a500 FreeBSD disklabel
a501 FreeBSD boot           a502 FreeBSD swap         a503 FreeBSD UFS
a504 FreeBSD ZFS            a505 FreeBSD Vinum/RAID   a580 Midnight BSD data
a581 Midnight BSD boot      a582 Midnight BSD swap    a583 Midnight BSD UFS
a584 Midnight BSD ZFS       a585 Midnight BSD Vinum   a800 Apple UFS
a901 NetBSD swap            a902 NetBSD FFS           a903 NetBSD LFS
a904 NetBSD concatenated    a905 NetBSD encrypted     a906 NetBSD RAID
ab00 Apple boot             af00 Apple HFS/HFS+       af01 Apple RAID
af02 Apple RAID offline     af03 Apple label          af04 AppleTV recovery
af05 Apple Core Storage     be00 Solaris boot         bf00 Solaris root
bf01 Solaris /usr & Mac Z   bf02 Solaris swap         bf03 Solaris backup
bf04 Solaris /var           bf05 Solaris /home        bf06 Solaris alternate se
bf07 Solaris Reserved 1     bf08 Solaris Reserved 2   bf09 Solaris Reserved 3
bf0a Solaris Reserved 4     bf0b Solaris Reserved 5   c001 HP-UX data
c002 HP-UX service          ea00 Freedesktop $BOOT    eb00 Haiku BFS
ed00 Sony system partitio   ef00 EFI System           ef01 MBR partition scheme
ef02 BIOS boot partition    fb00 VMWare VMFS          fb01 VMWare reserved
fc00 VMWare kcore crash p   fd00 Linux RAID
Hex code or GUID (L to show codes, Enter = 8300): _
```

g) Visualizar las particiones creadas.

    p

```
Command (? for help): p
Disk /dev/sda: 52428800 sectors, 25.0 GiB
Logical sector size: 512 bytes
Disk identifier (GUID): 875D1205-D5FD-41FA-AD8F-50FA59C1A1C6
Partition table holds up to 128 entries
First usable sector is 34, last usable sector is 52428766
Partitions will be aligned on 2048-sector boundaries
Total free space is 2097805 sectors (1024.0 MiB)

Number  Start (sector)    End (sector)  Size       Code  Name
   1              2048        50333695  24.0 GiB   8300  Linux filesystem
```

h) Cambiar el nombre de la partición.

    c

```
Number  Start (sector)    End (sector)  Size       Code  Name
   1              2048        50333695  24.0 GiB   8300  Sistema slackware
```

i) Crear una partición SWAP.

n --> Nueva partición
2   Número de la partición por defecto [ENTER]

```
Command (? for help): n
Partition number (2-128, default 2):
First sector (34-52428766, default = 50333696) or (+-)size(KMGTP):
Last sector (50333696-52428766, default = 52428766) or (+-)size(KMGTP): +1024M
Last sector (50333696-52428766, default = 52428766) or (+-)size(KMGTP):
Current type is 'Linux filesystem'
Hex code or GUID (L to show codes, Enter = 8300): 8200
Changed type of partition to 'Linux swap'
```

p --> Visualizo

```
    2       50333696        52428766        1023.0 MiB    8200   Linux swap
```

Ninguna partición como partición activa de arranque.

j) Guardar la configuración.

    ?   Para obtener la ayuda
    w   Escribir las modificaciones y salir

```
Command (? for help): w

Final checks complete. About to write GPT data. THIS WILL OVERWRITE EXISTING
PARTITIONS!!

Do you want to proceed? (Y/N): Y
OK; writing new GUID partition table (GPT) to /dev/sda.
The operation has completed successfully.
```

PASO 6: Instalar Slackware en las particiones creadas

Tecleamos la aplicación de instalación: setup+[ENTER]

```
root@slackware:/# setup_
```

A partir de este momento nos aparecen las ventanas gráficas de texto.

Primero seleccionamos el tipo de teclado e idioma que seleccionamos a continuación seleccionamos las particiones partición SWAP.

```
┌─────── Slackware Linux Setup (version 12.0) ───────┐
│ Welcome to Slackware Linux Setup.                  │
│ Select an option below using the UP/DOWN keys and SPACE or ENTER. │
│ Alternate keys may also be used: '+', '-', and TAB.│
│                                                    │
│   HELP      Read the Slackware Setup HELP file     │
│   KEYMAP    Remap your keyboard if you're not using a US one │
│   ADDSWAP   Set up your swap partition(s)          │
│   TARGET    Set up your target partitions          │
│   SOURCE    Select source media                    │
│   SELECT    Select categories of software to install │
│   INSTALL   Install selected software              │
│   CONFIGURE Reconfigure your Linux system          │
│   EXIT      Exit Slackware Linux Setup             │
│                                                    │
│         < OK >              <Cancel>               │
└────────────────────────────────────────────────────┘
```

Las opciones se seleccionan *[*] con la barra SPACEBAR*+[ENTER], que corresponde a la opción < OK > de la parte inferior izquierda.

```
┌─────── SWAP SPACE DETECTED ───────┐
│ Slackware Setup has detected one or more swap partitions │
│ on your system. These partitions have been preselected │
│ to be set up as swap space. If there are any swap │
│ partitions that you do not wish to use with this │
│ installation, please unselect them with the up and down │
│ arrows and spacebar. If you wish to use all of them │
│ (this is recommended), simply hit the ENTER key. │
│                                   │
│   [*] /dev/hda1  Linux swap partition, 500440KB │
│                                   │
│         < OK >        <Cancel>    │
└───────────────────────────────────┘
```

Nos muestra el mensaje identificativo de la SWAP, nos pide si deseamos chequear los bloques que forman la swap, la ejecución del comando mkswap. Si pulsamos [ENTER], corresponde a la opción No chequear < OK >.

```
┌── CHECK SWAP PARTITIONS FOR BAD BLOCKS? ──┐
│ Slackware Setup will now prepare your system's swap │
│ space. When formatting swap partitions with mkswap you │
│ may also check them for bad blocks. This is not the │
│ default since nearly all modern hard drives check │
│ themselves for bad blocks anyway. Would you like to │
│ check for bad blocks while running mkswap? │
│                                           │
│        < Yes >          < No >            │
└───────────────────────────────────────────┘
```

Aparece la configuración de la partición SWAP, se configura en el fichero /etc/fstab.

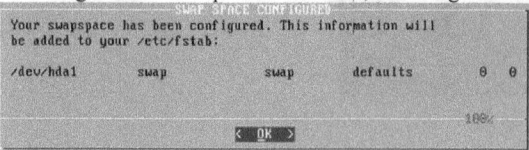

En la siguiente ventana nos aparece la partición o particiones que contiene el disco o discos identificados como particiones LINUX (82).

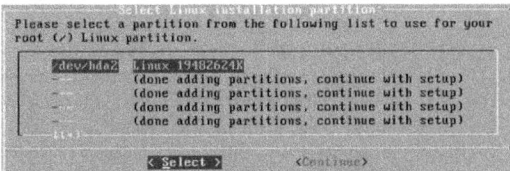

Seleccionamos la partición en la parte superior, con tabulador seleccionamos la opción < Select >.

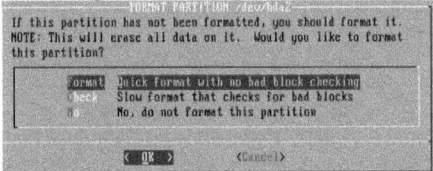

Por defecto aparece Formatear los bloques de la partición seleccionada anteriormente y a continuación nos aparece una ventana, para seleccionar le tipo de sistema de ficheros que deseamos establecer en la partición ext3 o ext4.

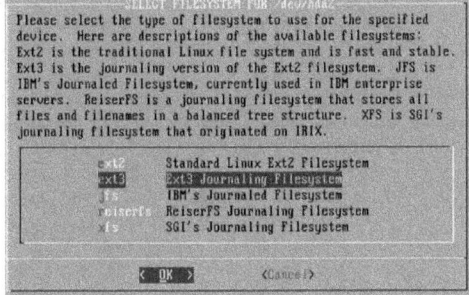

	Serie de paquetes de instalación
A	El sistema base de slackware Linux.
AP	Varias aplicaciones que no requieren el sistema X-windows.
D	Herramientas para el desarrollo de programas. Compiladores, debuggers, intérpretes y todas las páginas del man se encuentran allí.
E	GNU Emacs.
F	FAQs, HOWTOs, y otras documentaciones misceláneas.
GNOME	El entorno gráfico Gnome.
K	El codigo fuente del Kernel.
KDE	El entorno gráfico de KDE. Un ambiente de trabajo similar al de Windows.
KDEi	Una serie de paquetes intenacionalizados de KDE.
L	Una serie de librerías.
N	Diferentes programas de red. Daemons, telnet, mail, grupos de noticias, etc.
T	TeX, un sistema de formato de documentos.
TCL	Lenguaje de Herramientas de Comando. Tk, TclX, y TkDesk.
X	El entorno gráfico básico o mejor conocido como sistema X-Window.
XAP	Diferentes aplicaciones para trabajar comodamente en X-Window.
Y	Una serie de paquetes que contienen juegos BSD.

Una vez formateado, nos parece la entrada correspondiente a esta partición formateada y la línea identificativa en /etc/fstab.

Si existen más de una partición con diferentes sistemas de ficheros tipo NTFS o FAT, la identificaremos, en el fichero /etc/fstab, previamente lo seleccionamos para su identificación.

Seleccionamos la partición NTFS.

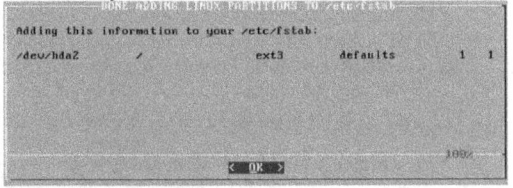

Enter para realizar la instalación desde un CD o DVD:

Seleccionamos, la opción auto para que el sistema detecte automáticamente el tipo de dispositivo, estándar, para realizar la instalación.

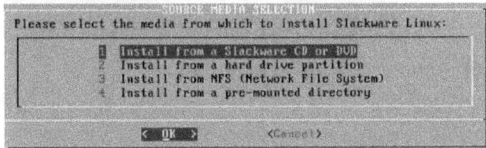

Seleccionamos la serie de paquetes a instalar.

Y seleccionamos el tipo de instalación que deseamos que instalar.
Full: Completa.
Menú: Seleccionamos los componentes de cada uno de los paquetes.

Da comienzo de la instalación de paquetes.

En la ventana aparece en la parte superior en amarillos el paquete que está instalando.
Una vez terminada la instalación, pregunta el tipo de dispositivo dónde se realizará el sistema de ficheros instalado.

Por defecto SKIP, y continuar.

Nos sale un menú, preguntando sobre la identificación del tipo de modem, el puerto y dispositivo asociado.

kde: KDE (K Desktop Environment) es un entorno de escritorio gráfico e infraestructura de desarrollo para sistemas Unix y en particular Linux. La 'K' originariamente representaba la palabra "Kool", pero su significado fue abandonado más tarde. Actualmente significa simplemente 'K', la letra inmediatamente anterior a la 'L' (inicial de Linux) en el alfabeto. Actualmente KDE es distribuido junto a muchas distribuciones Linux. KDE imitó a CDE (Common Desktop Environment) en sus inicios. CDE es un entorno de escritorio utilizado por varios Unix.

De acuerdo con el sitio de KDE: "KDE es un entorno gráfico contemporáneo para estaciones de trabajo Unix. KDE llena la necesidad de un escritorio amigable para estaciones de trabajo Unix, similar a los escritorios de MacOS o Windows".

xfce: es un entorno de escritorio ligero para sistemas tipo Unix como GNU/Linux, BSD, Solaris y derivados.
Su creador, Olivier Fourdan.
Xfce originalmente provenía de XForms Common Enviroment, pero debido a los grandes cambios en el código, ya no usa el kit de herramientas de XForms, ya no se indica como XFce sino Xfc.

X Free: Choresterol Environment (entorno X libre de colesterol) en referencia al poco consumo de memoria que realiza y a la velocidad con que se ejecuta

xinitrc.fluxbox: En el mundo Unix, Fluxbox es un administrador de ventanas rápido y ligero para el sistema X Window System basado en Blackbox 0.61.1. y compatible con él. Tiene soporte para las aplicaciones KDE y Gnome. Característica es el soporte de Fluxbox de las aplicaciones empotrables (docking).

blackbox: es un gestor de ventanas minimalista para sistemas de tipo UNIX, escrito completamente de cero por Brad Hughes bajo el lenguaje de programación C++.
Con bajo recursos de Hardware y poco requisito de memoria.

wmaker: WMaker (Window Maker) es un gestor de ventanas caracterizado por su fácilidad de configuración y uso, además de su destacado bajo consumo de recursos.

WMaker es un entorno de escritorio bastante amigable y elegante, con grandes antecesores y que en cierta emula el look and feel de NeXTSTEP, derivado de AfterStep el cual es uno de los numerosos entornos derivados originalmente de Fvwm (F Virtual Window Manager), evolución evolución de Vtwm (Virtual Twm) y versión mejorada de Twm (Tab Window Manager).

fvwm2: gestor de ventanas estándar Twm, FVWM ha evolucionado a un entorno potente y altamente configurable para sistemas UNIX y similares.
Muchos de los más populares gestores de ventana utilizados hoy en día están relacionados con FVWM: AfterStep, Xfce, Enlightenment, Metisse.

twm: twm (Tab Window Manager) es un gestor de ventanas para el sistema X Window. El software ha sido renombrado Tab Window Manager por el Consorcio X cuando lo adoptaron en 1989. twm es un gestor de ventanas re-parenting que proporciona barras de título, ventanas con formas y gestión de iconos. Es altamente configurable y extensible, fue un logro innovador en su tiempo 1987.

Elegimos el tipo de instalación del gestor LILO que seamos realizar, si seleccionamos SIMPLE, se buscarán las diferentes particiones con diferentes sistemas operativos y se realizará una entrada automática en el menú de la secuencia de arranque, si seleccionamos en modo experto, nos preguntara para indicar el nombre de entrada en el menú y los parámetros del dispositivo identificativo a cada una de ellas.

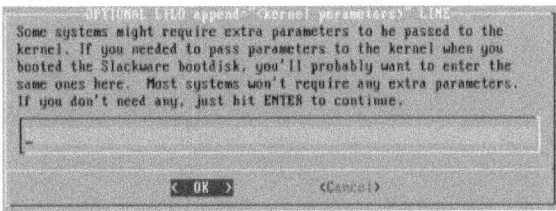

[Enter] para instalar *LILO* y establecer la entrada correspondiente en el *Master Boot Record*.

Posteriormente seleccionamos el destino de almacenamiento del lilo, lo normal es fijarlo en la partición en la tabla de MBR, indicando cual es la partición identificativa del lilo.

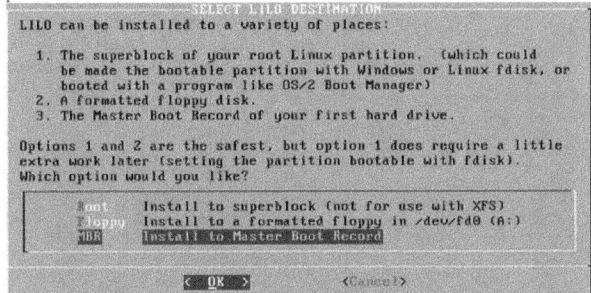

La siguiente ventana, nos aparece la configuración por defecto del dispositivo correspondiente al ratón YES.

Nos pregunta si deseamos configurar por defecto la RED.

Seleccionamos **YES**.

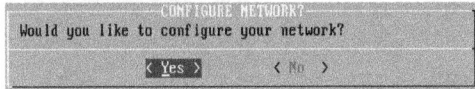

Lo primero que pide es el nombre del Equipo, (HOSTNAME): **slackware14**

Nos pide el nombre del dominio al que pertenece el equipo, sino forma parte de ningún dominio, pulsamos [ENTER], dejando el campo en blanco.

El siguiente PASO es establecer qué tipo de IP, vamos a establecer, FIJA o Dinámica (DHCP).

Si es una IP ESTATICA nos pide la IP en una ventana y en la siguiente ventana la máscara.
Si es una IP DINÁMICA nos pide la IP del servidor de DCHP.

Una vez finalizado, nos muestra la configuración de la RED.

Gestores de arranque de Linux, en 4 categorías:
- **GRUB (GNU GRand Unified Bootloader)** es un gestor de arranque múltiple, desarrollado por el proyecto GNU que se usa comúnmente para iniciar uno, dos o más sistemas operativos instalados en un mismo equipo.
Se usa principalmente en sistemas operativos GNU/Linux.
Técnicamente, un gestor de arranque múltiple es aquel que puede cargar cualquier archivo ejecutable y que contiene un archivo de cabecera en los primeros 8 KB del archivo. Tal cabecera consiste en 32 bits de un número "mágico", 32 de indicadores (flags), otros 32 de un número "mágico", seguidos de información sobre la imagen ejecutable.
Los gestores de arranque convencionales tienen una tabla de bloques en el disco duro, GRUB es capaz de examinar el sistema de ficheros.
- **Lilo ("Linux Loader")** es un gestor de arranque que permite elegir, entre sistemas operativos Linux y otras plataformas, con cual se ha de trabajar al momento de iniciar un equipo con más de un sistema operativo disponible. Fue desarrollado inicialmente por Werner Almesberger, actualmente está a cargo de John Coffman.
LILO funciona en una variedad de sistemas de archivos y puede arrancar un sistema operativo desde el disco duro o desde un disco flexible externo. LILO permite seleccionar entre 16 imágenes en el arranque. LILO puede instalarse también en el master boot record (MBR).
Al iniciar el sistema LILO solamente puede acceder a los drivers de la BIOS para acceder al disco duro. Por esta razón en BIOS antiguas el área de acceso está limitada a los cilindros numerados de 0 a 1023 de los dos primeros discos duros. En BIOS posteriores LILO puede utilizar sistemas de acceso de 32 bits permitiéndole acceder a toda el área del disco duro.
- **Nonfb:** es una abreviatura que significa "sin framebuffer" (del inglés non framebuffer). Aparece en gestores de arranque para Linux como Lilo. Cuando se emplea esta opción de inicio del sistema no aparecen gráficos durante el arranque; aparece sólo texto en esta fase. Al finalizar el arranque se tiene un uso completo de los gráficos (de igual forma que si se hubiera arrancado desde la opción predeterminada -de manera normal.
- **SILO (boot loader):** SILO (SPARC Improved bootLOader) es el cargador de arranque utilizado por el Sistema Operativo GNU/Linux para cargar el kernel Linux en sistemas basados en SPARC (32-bit) y UltraSPARC (64-bit). También puede ser utilizado por el Sistema Operativo Solaris en lugar de su cargador de arranque estándar.

A continuación nos aparecen los servicios que podemos fijar o establecer en la secuencia de arranque, seleccionamos con la barra espaciadora, ([*] seleccionado/ [ ] no seleccionado), en la parte inferior nos aparece la leyenda identificativa del tipo de servicio que se ejecutará.

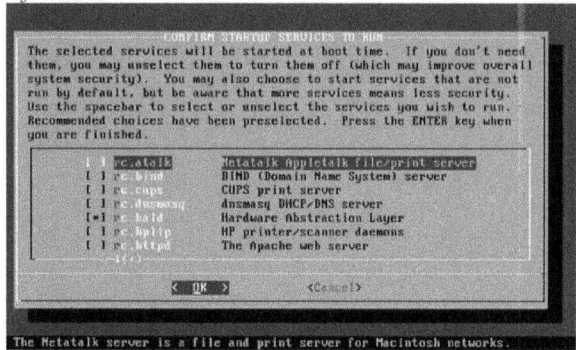

Configuración de las fuentes.

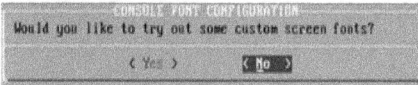

La sincronización de la hora con el hardware a nivel local o con equipos UTC: si no es un servidor importante, no tenemos sincronización.

La siguiente ventana nos pide la configuración de la ZONA HORARIA.

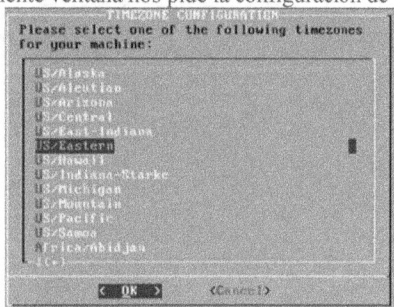

xwmconfig
Nos aparece una lista de los diferentes administradores de ventanas gráficas tipo X Windows.
Seleccionar **KDE** y pulsar [ENTER].

Introducir el password: **Practica2014***
Press *Enter* to set a *root* password: **Practica014***

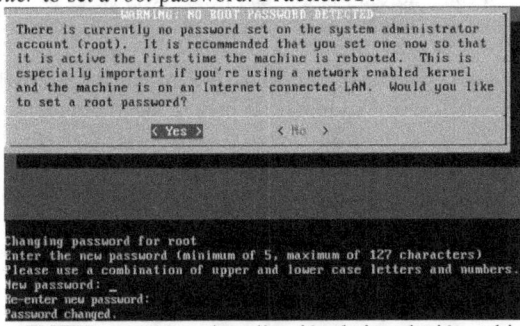

Pulsamos ENTER y retorna a la aplicación de instalación, o bien pulsamos CTRL+ALT+SUP.

Sino salimos de la aplicación LINUX.

Salimos a la línea de comandos.

Una vez reiniciado el equipo nos aparece la ventana del menú de lilo, y el arranque.

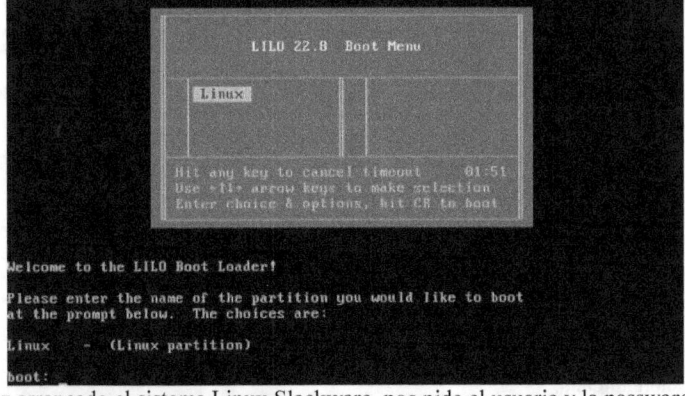

Una vez arrancado el sistema Linux Slackware, nos pide el usuario y la password.

PRÁCTICA 5: Instalar Android 4.4
DESCRIPCIÓN:
¿Qué es Android?

Hace unos años, Google decidió que debía expandir su negocio hacia los móviles y que mejor estrategia que crear un sistema operativo móvil propio, gratis y con varios de los más grandes fabricantes de teléfonos móviles, como respaldo. Así nace Android, un *sistema operativo móvil open source*, basado en Linux, que revolucionó el mercado de los Smartphone e inició una carrera tecnológica, que continúa hoy día.

Android es un sistema operativo que puede ser adoptado por cualquier fabricante de teléfonos móviles – aunque existe un consorcio de los fabricantes más importantes – y permite realizar tareas que se asemejan a una PC, como navegar la web, leer emails, descargar aplicaciones, etc.

Además, Android cuenta con aplicaciones Google, que permiten acceso a Google Maps, YouTube, Gmail, Google Talk y muchas más aplicaciones oficiales con solo ingresar una cuenta Google. También, cuenta con Android Market, una tienda con más de 300.000 aplicaciones entre pagas y gratis para descargar, con categorías que van desde juegos a productividad, pasado por estilo de vida, utilidades y mucho más.

Rockstar es propiedad de Apple, Microsoft, Blackberry, Ericsson y Sony, al tiempo que los móviles de Samsung, Huawei y HTC funcionan con el sistema operativo Android (Google), que compite ferozmente con Apple y los productos móviles de Microsoft.

¿Cómo puedo tener Android en mi teléfono o Tablet?

La manera más rápida y fácil es comprando un Smartphone o Tablet Android. Varios fabricantes de teléfonos móviles han lanzado equipos Android, desde muy caros hasta relativamente baratos y varias operadoras ofrecen equipos Android, y hoy, Android es una de las plataformas más populares en el mundo.

Existe una comunidad muy grande de programadores y hackers detrás de Android que, gracias a su código abierto, han podido adaptar el sistema operativo en otros celulares que originalmente corrían otro OS.

Descargar Android para PCs (x86)

Descargamos de la Web: *http://www.android-x86.org/download*

- Android-x86-4.4
  - ✓ android-x86-4.4-RC1.iso — Android-x86 4.4-RC1 live & installation iso
  - ✓ android-x86-4.4-RC2.iso — Android-x86 4.4-RC2 live & installation iso

Una vez descargadas tenemos las ISOS.

android-x86-4.4-RC1	08/08/2014 4:20	Archivos de imagen	301.056 KB
android-x86-4.4-RC2	08/08/2014 4:21	Archivos de imagen	339.968 KB

Primero se instala el CD RC1 y después se selecciona la otra ISO y se repite el proceso.

PASO 1: Configuración de la máquina Virtual x86

General
    Crear una máquina Virtual en VirtualBox.
        Nombre: Android 4.0
        Tipo: Linux
        Versión: Other Linux.
        Tamaño del disco: 8 Gigabytes. (Disco Dinámico).

Sistema
    Configuración de la placa Base.
        Memoria base: 1024 MB
        Orden de Arranque: Disquete, CD/DVD, Disco Duro.
        ChipSet: PIIX3
        Dispositivo Apuntador: Tableta USB.
        Características extendidas:
            ✓ Habilitar I/O APIC.
            ✓ Reloj hardware en tiempo UTC.
    Procesador:
        Procesador(es): 1
        Límite de ejecución: 100%
        Características extendidas
            ✓ Habilitar PAE/NX.
    Aceleración del sistema
        Hardware de virtualización:
            ✓ Habilitar VT-x/AMD-V.
            ✓ Habilitar paginación anidada.

Pantalla
    Vídeo
        Memoria de Vídeo: 128 MB (máximo)
        Número de monitores: 1
        Funcionalidades extendidas:

- ✓ Habilitar aceleración 3D.
- Almacenamiento
  - Árbol de almacenamiento.
    - Android 4.0.vdi
      - Atributos: IDE primario maestro.
        - Botón derecho sobre el icono CD/DVD.
          - Selección un archivo de disco virtual.
    - Controladora SATA
- Elegir en el icono CD/DVD ubicado en la parte superior izquierda de la unidad.
  - Seleccionar un archivo en la unidad CD/DVD.
    - Elegir una de estas do ISOs.

> android-x86-4.4-RC1 08/08/2014 4:20 Archivos de imagen 301.056 KB
> android-x86-4.4-RC2 08/08/2014 4:21 Archivos de imagen 339.968 KB

- Red
  - Adaptador 1
    - ✓ Habilitar adaptador de red
      - Conectado a: Adaptador puente
      - Nombre: (e.g.: Realteck PCIe PE Ready Controller)
    - Opciones avanzadas, las que estén por defecto.

PASO 2: Arrancar la máquina Virtual

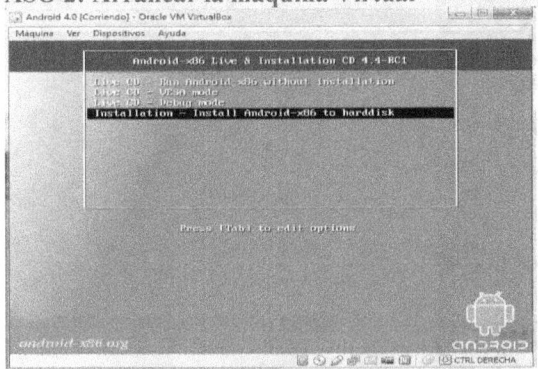
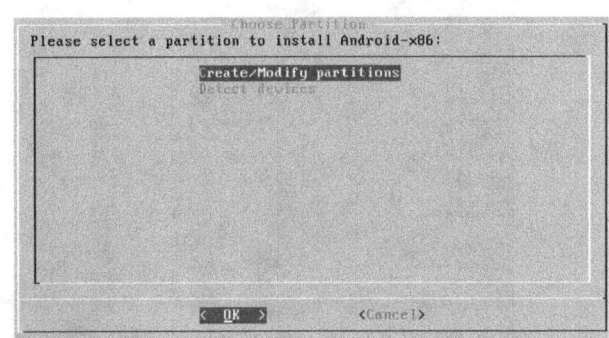

Crear las particiones con **cfdisk**.

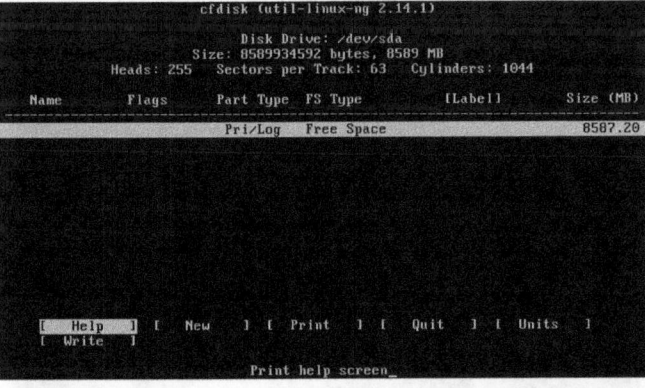

New

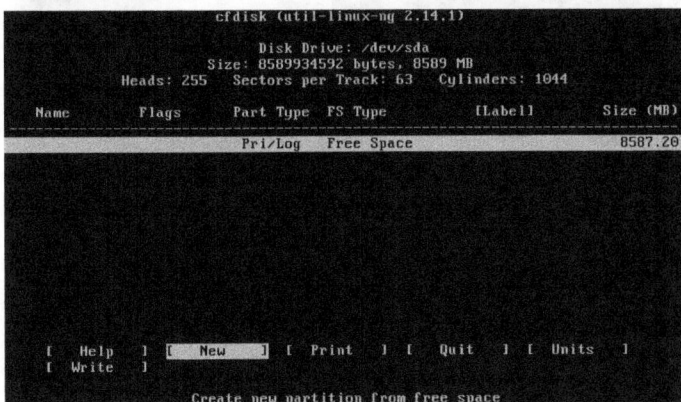

> Utilizar las flechas de movimiento arriba, abajo, derecha, izquierda y ENTER aceptar la opción.

`[Primary] [Logical] [Cancel ]`

Creamos una partición primaria, aparece el tamaño disponible.

`Size (in MB): 8587.19`

Escribimos 7500 MB (Al escribir desaparece la cantidad anterior).

`[Beginning] [ End ] [ Cancel ]`

Inicializamos.

`[ Bootable ] [ Delete ] [ Help ] [ Maximize ] [ Print ]`
`[ Quit ] [ Type ] [ Units ] [ Write ]`

Como el tipo de partición 83 Linux y la marcamos como bootable.

Type

`[ Bootable ] [ Delete ] [ Help ] [ Maximize ] [ Print ]`
`[ Quit ] [ Type ] [ Units ] [ Write ]`
`Change the filesystem type (DOS, Linux, OS/2 and so on)`

Lista completa de las posibles particiones que se puede asignar, en Android.

```
01 FAT12              4F QNX4.x 3rd part     A8 Darwin UFS
02 XENIX root         50 OnTrack DM          A9 NetBSD
03 XENIX usr          51 OnTrack DM6 Aux1    AB Darwin boot
04 FAT16 <32M         52 CP/M                B7 BSDI fs
05 Extended           53 OnTrack DM6 Aux3    B8 BSDI swap
06 FAT16              54 OnTrackDM6          BB Boot Wizard hidden
07 HPFS/NTFS          55 EZ-Drive            BE Solaris boot
08 AIX                56 Golden Bow          BF Solaris
09 AIX bootable       5C Priam Edisk         C1 DRDOS/sec (FAT-12)
0A OS/2 Boot Manager  61 SpeedStor           C4 DRDOS/sec (FAT-16 <
0B W95 FAT32          63 GNU HURD or SysV    C6 DRDOS/sec (FAT-16)
0C W95 FAT32 (LBA)    64 Novell Netware 286  C7 Syrinx
0E W95 FAT16 (LBA)    65 Novell Netware 386  DA Non-FS data
0F W95 Ext'd (LBA)    70 DiskSecure Multi-Boo DB CP/M / CTOS / ...
10 OPUS               75 PC/IX               DE Dell Utility
11 Hidden FAT12       80 Old Minix           DF BootIt
12 Compaq diagnostics 81 Minix / old Linux   E1 DOS access
14 Hidden FAT16 <32M  82 Linux swap / Solaris E3 DOS R/O
16 Hidden FAT16       83 Linux               E4 SpeedStor
17 Hidden HPFS/NTFS   84 OS/2 hidden C: drive EB BeOS fs
18 AST SmartSleep     85 Linux extended      EE GPT
1B Hidden W95 FAT32   86 NTFS volume set     EF EFI (FAT-12/16/32)
1C Hidden W95 FAT32 (LB 87 NTFS volume set   F0 Linux/PA-RISC boot
1E Hidden W95 FAT16 (LB 88 Linux plaintext   F1 SpeedStor
24 NEC DOS            8E Linux LVM           F4 SpeedStor
39 Plan 9             93 Amoeba              F2 DOS secondary
3C PartitionMagic recov 94 Amoeba BBT        FB VMware VMFS
40 Venix 80286        9F BSD/OS              FC VMware VMKCORE
41 PPC PReP Boot      A0 IBM Thinkpad hiberna FD Linux raid autodetec
42 SFS                A5 FreeBSD             FE LANstep
4D QNX4.x             A6 OpenBSD             FF BBT
4E QNX4.x 2nd part    A7 NeXTSTEP
```

Elegir el tipo de particiones:

`Enter filesystem type: 82`

Creamos una unidad de intercambio una SWAP.

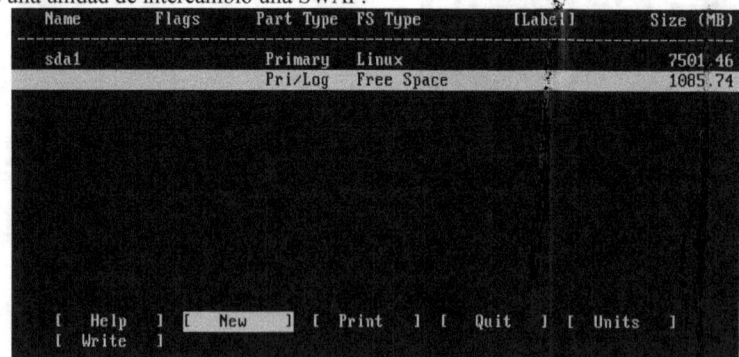

Elegimos con la flechas de desplazamiento vertical, y en desplazamiento horizontal nos situamos en la opción [New] y pulsamos [ENTER].

Seleccionamos: la partición Primaria y el tamaño restante.

`Size (in MB): 1085.74`

Nos ubicamos con las flechas de movimiento vertical en la primera partición sda1 y pulsamos [ENTER], sobre la opción Bootable y parece en la segunda columna FLAGS como bootable.

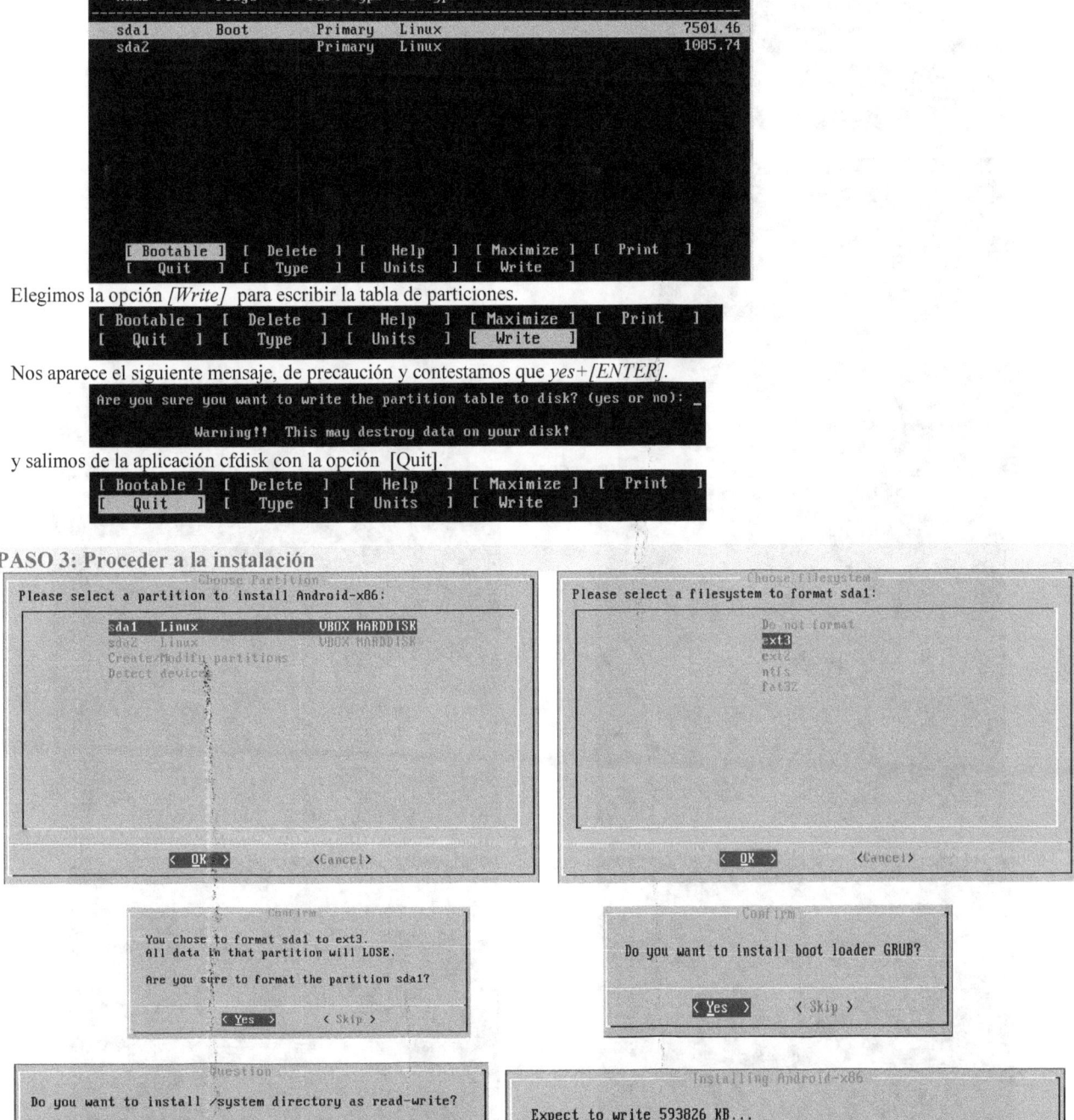

Elegimos la opción *[Write]* para escribir la tabla de particiones.

Nos aparece el siguiente mensaje, de precaución y contestamos que *yes+[ENTER]*.

y salimos de la aplicación cfdisk con la opción [Quit].

PASO 3: Proceder a la instalación

Seleccionamos Reboot, y desactivamos la ISO como unidad de arranque principal.

Elegimos el idioma

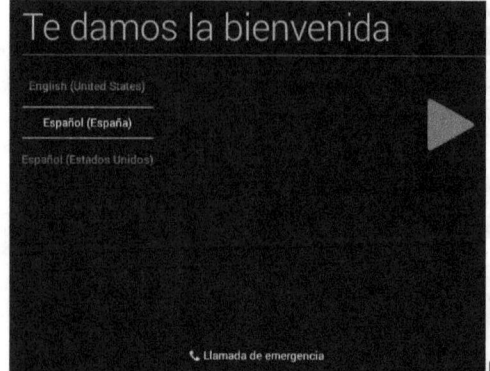

[ENTER]

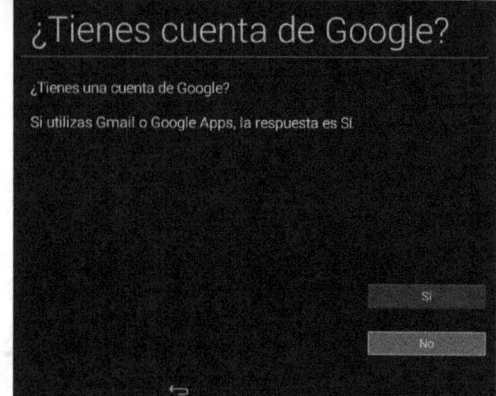

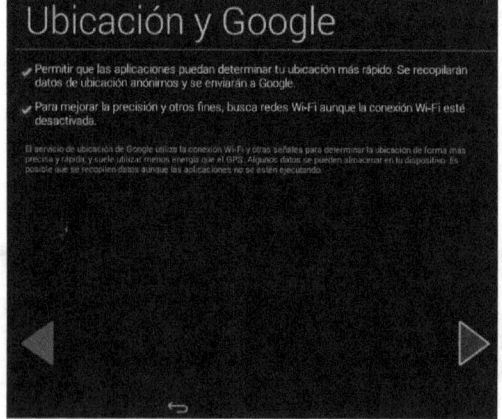
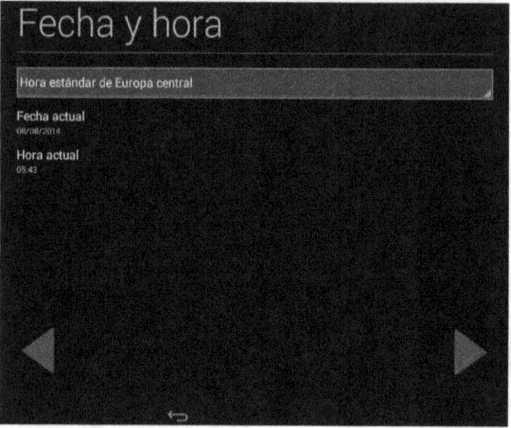

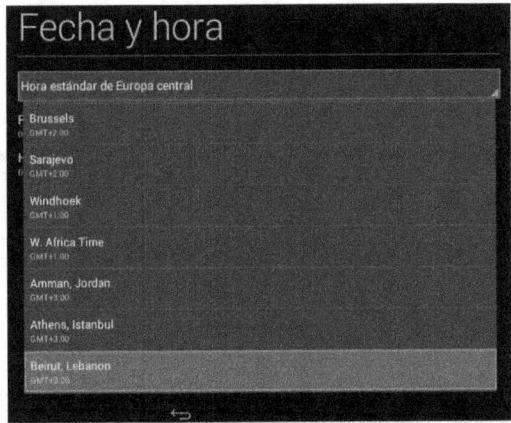
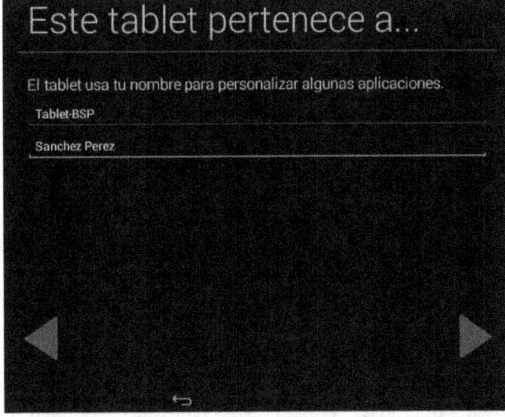
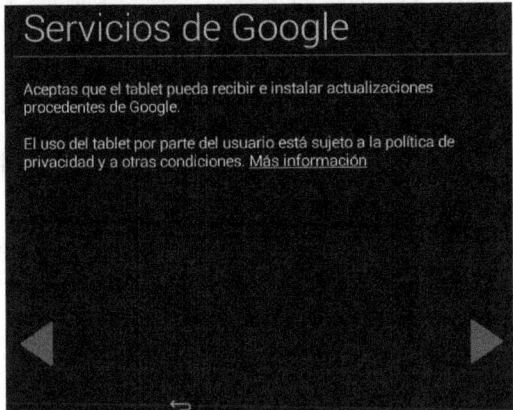

Seleccionar la activación del dispositivo del ratón, para poder manejar la máquina virtual Android.

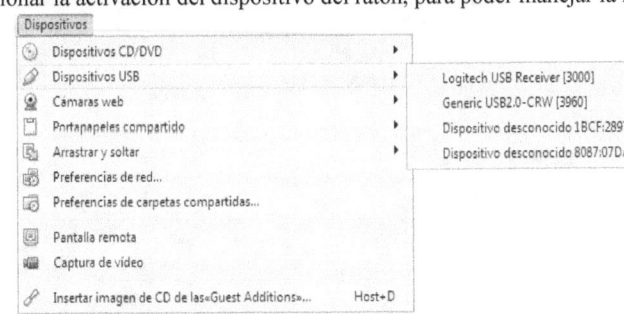

Para trabajar correctamente se necesitan 2 ratones, uno para controlar la MV de Android y el otro para trabajar en el sistema operativo Anfitrión.

A partir de este momento deja de funcionar el USB en el anfitrión.

PRÁCTICA 6: Instalación de Fedora 20
DESCRIPCIÓN:

¿Qué es Fedora?

Fedora es un sistema operativo basado en Linux, una colección de software que hace funcionar a su computadora. Puede utilizar Fedora junto a, o como reemplazo de, otros sistemas operativos, como Microsoft Windows o Mac OS X. El sistema operativo Fedora es libre y gratuito para disfrutar y compartir.

Proyecto Fedora es el nombre de una comunidad de personas en todo el planeta que aman, utilizan y construyen software libre. Trabajando como comunidad, nuestra intención es liderar la creación y la distribución tanto de código como de contenidos libres. Fedora es patrocinado por **Red Hat**, el proveedor de tecnología de código abierto más confiable en todo el mundo. Red Hat invierte en Fedora para estimular la colaboración y la innovación en tecnologías de software libre.

¿Qué hace a Fedora diferente?

Creemos en el valor del software libre, y luchamos para proteger y promover soluciones que cualquiera pueda utilizar y redistribuir. No solo el sistema operativo Fedora ha sido realizado gracias al software libre, sino que utilizamos exclusivamente software libre para hacerlo llegar a usted. Este sitio web, de hecho, se construye y mejora con software libre, y atiende a millones de personas cada mes.

Además, creemos en el poder de la colaboración. Nuestros desarrolladores trabajan con equipos de proyectos de software libre alrededor del mundo a quienes denominamos la "rama desarrollo". Estos equipos crean la gran mayoría del software que constituye Fedora. Colaboramos de manera estrecha con ellos de modo que todos podamos beneficiarnos con su trabajo, y podamos acceder lo más rápido posible a cualquiera de sus avances. Al trabajar con tales equipos en una misma dirección, podemos asegurar que el software libre funciona mejor en conjunto, y al mismo tiempo podemos ofrecer la mejor experiencia a los usuarios. Además, de esta manera podemos velozmente ofrecer las mejorías pertinentes, algo que beneficia no sólo a los usuarios, sino también a las comunidades de desarrollo de software.

También creemos que lo mejor es motivar y permitir que otros persigan su visión de un sistema operativo libre. Cualquiera puede reformular a Fedora y convertirlo en un nuevo producto con su propio nombre. Incluso ofrecemos las herramientas (en inglés) para poder hacerlo. De hecho, Fedora ya es la base de distribuciones derivadas como Linux para empresas de Red Hat, el proyecto One Laptop Per Child XO (una laptop por niño), y los DVDs de Contenido Vivo de Creative Commons (en inglés).

REQUISITOS DE INSTALACION

La creación de una máquina virtual con la siguiente configuración:

General
    Crear una máquina Virtual en VirtualBox
        Nombre: Fedora 20
        Tipo: Linux
        Versión: Other Linux
        Tamaño del disco: 28 Gigabytes. (Disco Dinámico)

Sistema
    Configuración de la placa Base
        Memoria base: 1536 MB
        Orden de Arranque: Disquete, CD/DVD, Disco Duro.
        ChipSet: PIIX3
        Dispositivo Apuntador: Tableta USB
        Características extendidas:
- ✓ Habilitar I/O APIC
- ✓ Reloj hardware en tiempo UTC

    Procesador:
        Procesador(es): 2
        Límite de ejecución: 100%
        Características extendidas
- ✓ Habilitar PAE/NX

    Aceleración del sistema
        Hardware de virtualización:
- ✓ Habilitar VT-x/AMD-V
- ✓ Habilitar paginación anidada

Pantalla
    Vídeo
        Memoria de Vídeo: 128 MB (máximo)
        Número de monitores: 1
        Funcionalidades extendidas:
- ✓ Habilitar aceleración 3D

Almacenamiento
    Árbol de almacenamiento.
        Fedora 20.vdi
        Atributos: IDE primario maestro.

Botón derecho sobre el icono CD/DVD
Selección un archivo de disco virtual
Controladora SATA
Elegir en el icono CD/DVD ubicado en la parte superior izquierda de la unidad.
Seleccionar un archivo en la unidad CD/DVD
Elegir una de estas do ISOs

Fedora-Live-KDE-x86_64-20-1	27/04/2014 15:22	Archivos de imagen	950.272 KB
Fedora-Live-Xfce-x86_64-20-1	27/04/2014 14:50	Archivos de imagen	663.552 KB

Red
- Adaptador 1
  - ✓ Habilitar adaptador de red
    - Conectado a: Adaptador puente.
    - Nombre: (e.g.: Realteck PCIe PE Ready Controller).
    - Opciones avanzadas, las que estén por defecto.

PASO 1: Instalación

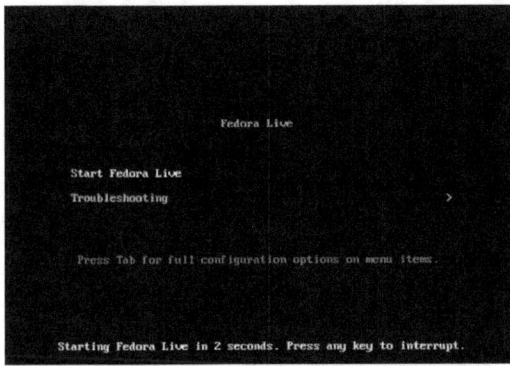
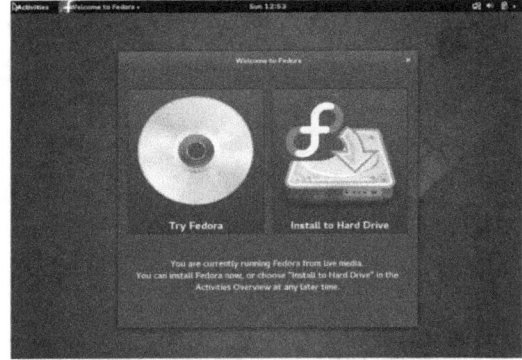

Install to Hard Drive.

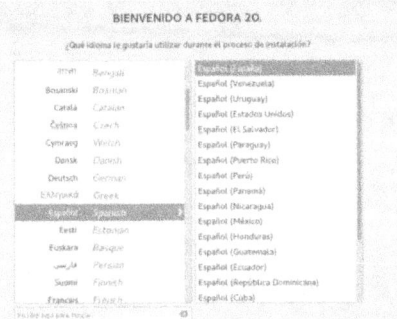

Continuar.

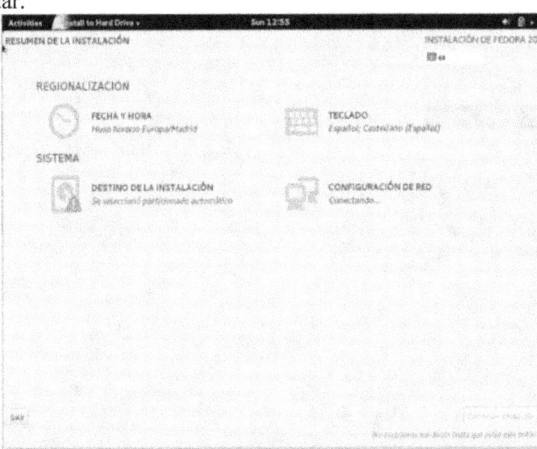
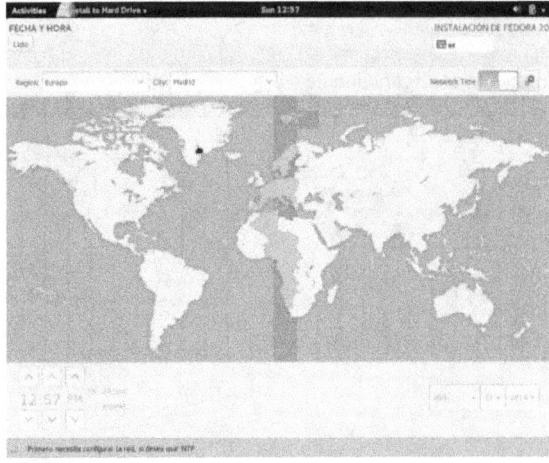

Listo y retornamos al resumen de instalación.

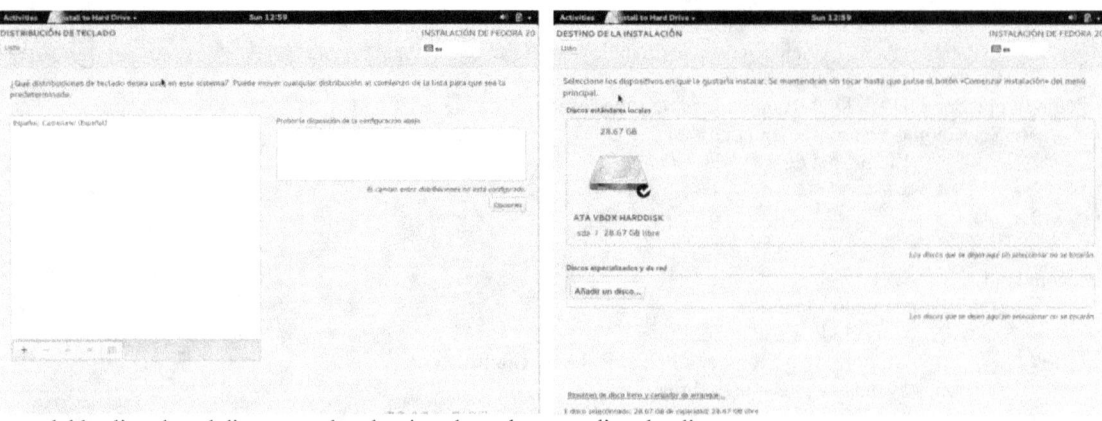

Hacemos un doble clic sobre el disco y queda seleccionado, se hace un clic sobre listo.

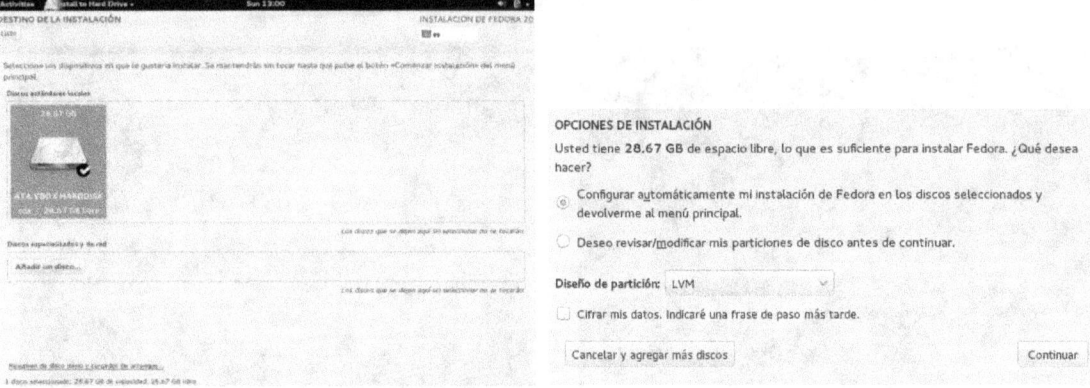

Establecemos la configuración de red.

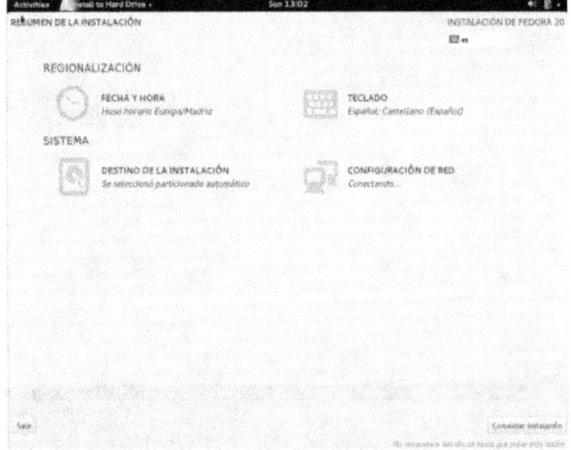

Listo.

Comenzar instalación.

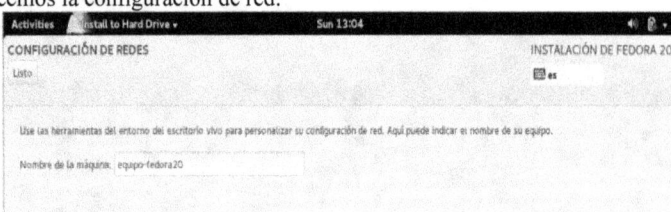

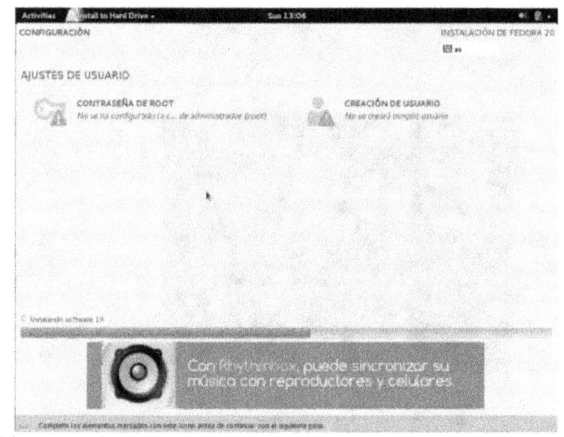
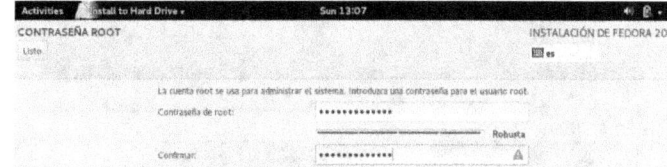

Listo.

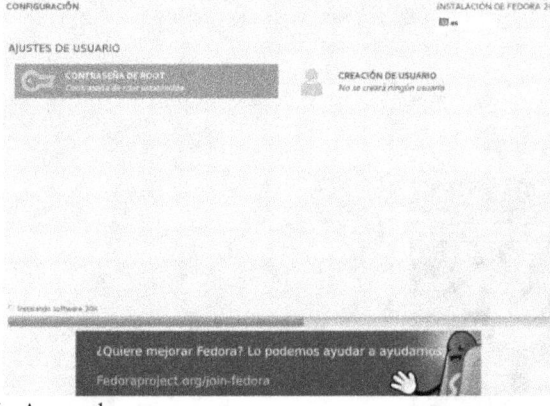
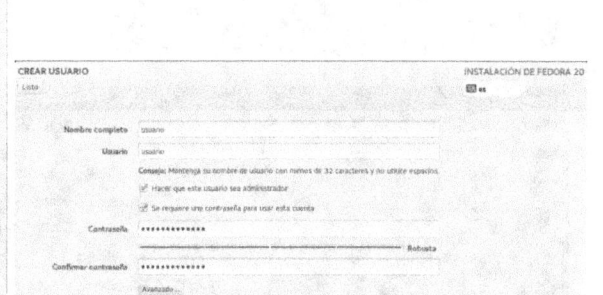

Opción Avanzado....
Cambiamos el código de identificación: no permitido cambiar número id.
Agregamos: una coma y root.

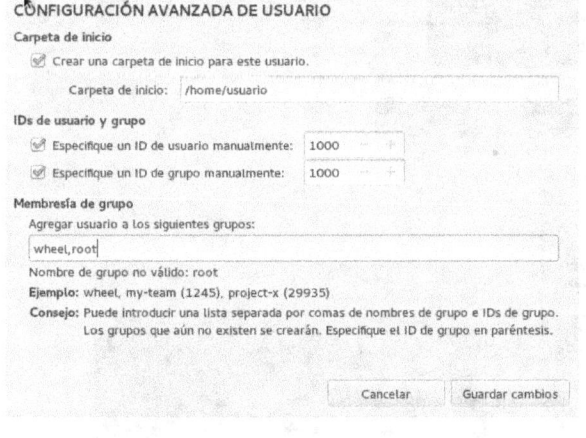
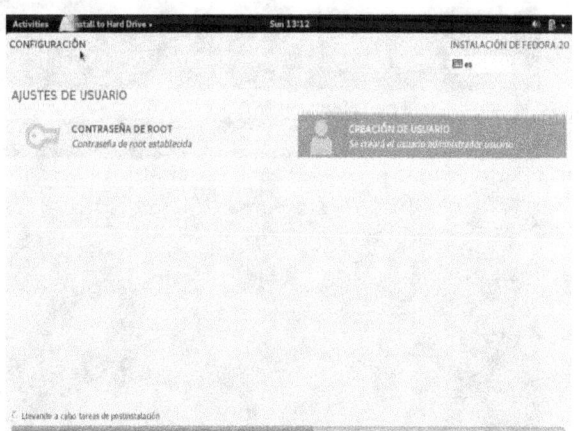

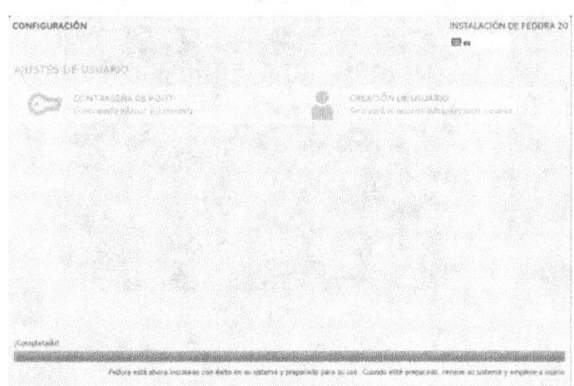

Seleccionamos Salir.

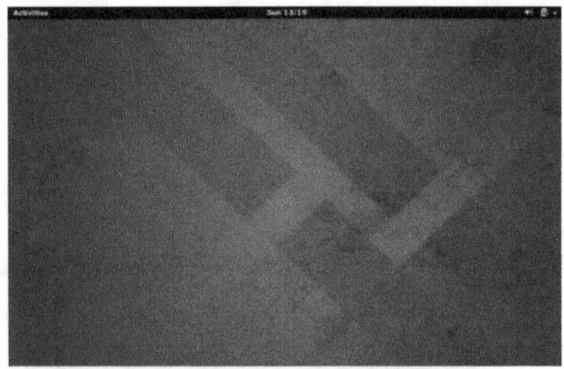 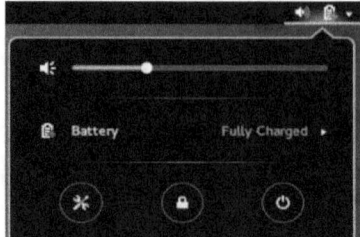

Botón apagar.

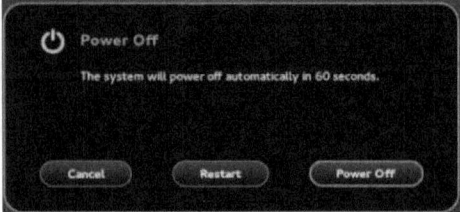

Restart.

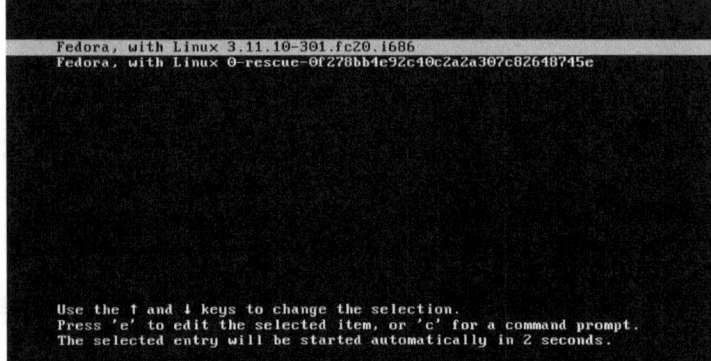

Aparece la secuencia de arranque su evolución.

Se inició correctamente y nos aparecen las siguientes dos ventanas de diálogo secuencialmente.

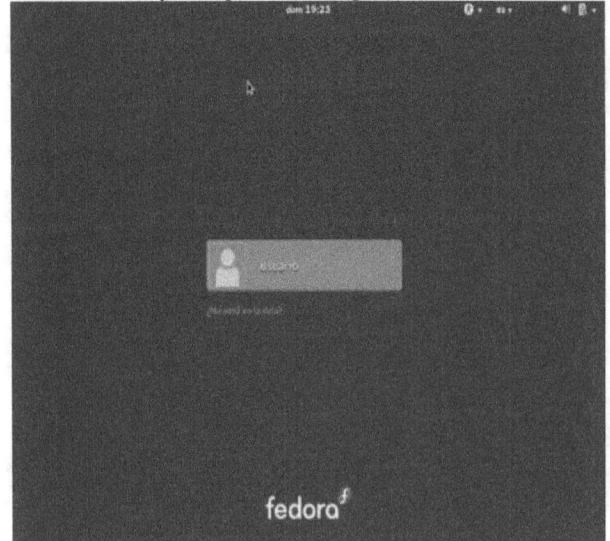 

La primera vez nos aparece la ventana de diálogo:

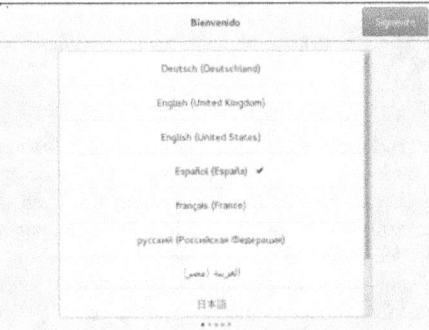

Siguiente.

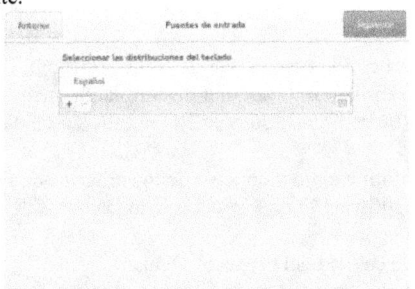 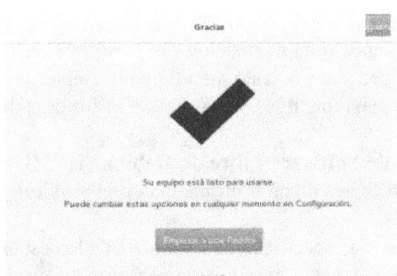

Empezar a utilizar Fedora.

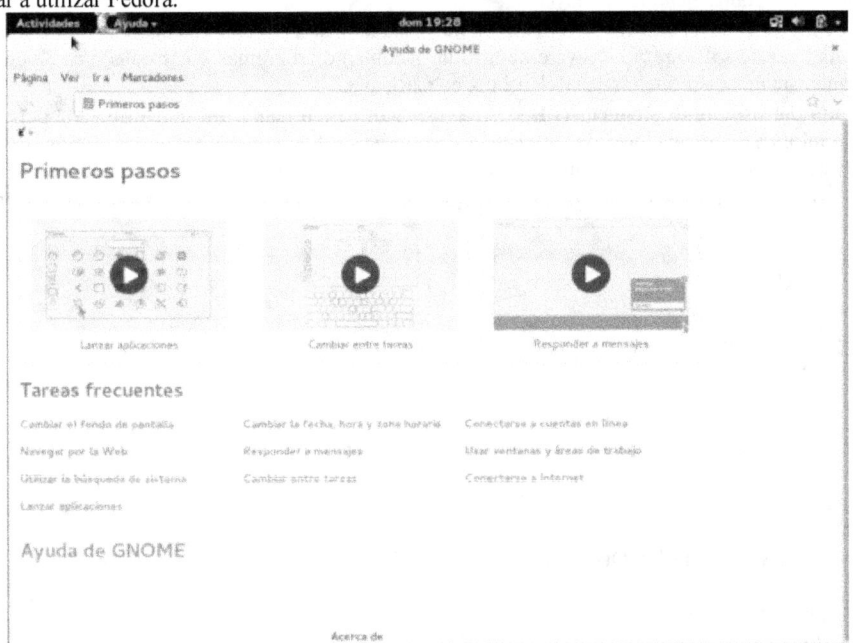

PRÁCTICA 7: Instalación de Debian 7.0
DESCRIPCIÓN:

¿Qué es el sistema operativo Debian?

Debian es una organización formada totalmente por voluntarios dedicada a desarrollar software libre y promocionar los ideales de la comunidad del software libre. El Proyecto Debian comenzó en 1993, cuando Ian Murdock hizo una invitación a todos los desarrolladores de software a contribuir a una distribución completamente coherente basada en él, entonces relativamente nuevo, núcleo Linux. Ese grupo relativamente pequeño de entusiastas, al principio patrocinados por la Free Software Foundation e influenciados por la filosofía GNU, ha crecido a lo largo de los años hasta convertirse en una organización de alrededor de 1000 desarrolladores Debian.

Los desarrolladores Debian están involucrados en una gran variedad de tareas, incluyendo la administración del Web y FTP, diseño gráfico, análisis legal de licencias de software, escribir documentación y, por supuesto, mantener paquetes de software.

Con el interés de comunicar nuestra filosofía y atraer desarrolladores que crean en los principios que Debian protege, el Proyecto Debian ha publicado un número de documentos que contienen nuestros valores y sirven como guías de lo que significa ser un desarrollador Debian:

- El Contrato Social de Debian es una afirmación del compromiso de Debian con la comunidad de Software Libre. Cualquiera que esté de acuerdo en acogerse al Contrato Social puede convertirse en desarrollador. Cualquier desarrollador puede introducir software nuevo en Debian - siempre que éste cumpla nuestro criterio de software libre, y cumpla con nuestros estándares de calidad.
- El documento **Directrices de Software Libre de Debian (DFSG)** es un informe claro y conciso de los criterios de Debian sobre el software libre. La DFSG es de gran influencia en el movimiento del software libre, y proporciona las bases de la Definición de Open Source.
- Las Normas de Debian son una especificación extensiva de los estándares de calidad del Proyecto Debian.

Los desarrolladores de Debian también están involucrados en otros proyectos; algunos específicos de Debian, otros en los que está involucrado parte o toda la comunidad Linux. Algunos ejemplos incluyen:

- El **Linux Standard Base (LSB)**. El LSB es un proyecto que pretende estandarizar el sistema básico de GNU/Linux, lo que permitiría a terceros desarrolladores de software y hardware desarrollar fácilmente programas y controladores de dispositivos para Linux en general, más que para una distribución de GNU/Linux en particular.
- El **Estándar para la jerarquía del sistema de ficheros (FHS)** es un esfuerzo para estandarizar la distribución del sistema de ficheros de Linux. El FHS permitirá a desarrolladores de software concentrar sus esfuerzos en diseñar programas, sin tener que preocuparse sobre cómo se instalará su paquete en diferentes distribuciones de GNU/Linux.
- **Debian Jr.** es nuestro proyecto interno, orientado a asegurarnos de que Debian tiene algo que ofrecer a nuestros usuarios más jóvenes.

REQUISITOS DE LA MAQUINA VIRTUAL
General
    Crear una máquina Virtual en VirtualBox.
        Nombre: Debian 7.4 AMD 64.
        Tipo: Linux.
        Versión: Debian (64 bits).
        Tamaño del disco: 8 Gigabytes. (Disco Dinámico).
Sistema
    Configuración de la placa Base.
        Memoria base: 1024 MB.
        Orden de Arranque: Disquete, CD/DVD, Disco Duro.
        ChipSet: PIIX3
        Dispositivo Apuntador: Tableta USB.
        Características extendidas:
            ✓ Habilitar I/O APIC.
            ✓ Reloj hardware en tiempo UTC.
    Procesador:
        Procesador(es): 1.
        Límite de ejecución: 100%.
        Características extendidas.
            ✓ Habilitar PAE/NX.
    Aceleración del sistema.
        Hardware de virtualización:
            ✓ Habilitar VT-x/AMD-V.
            ✓ Habilitar paginación anidada.
Pantalla
    Vídeo
        Memoria de Vídeo: 128 MB (máximo).
        Número de monitores: 1.
        Funcionalidades extendidas:
            ✓ Habilitar aceleración 3D.

Almacenamiento
- Árbol de almacenamiento.
  - Debian 7.4 AMD 64.vdi
    - Atributos: IDE primario maestro.
      - Botón derecho sobre el icono CD/DVD.
        - Selección un archivo de disco virtual.
  - Controladora SATA.
    - Elegir en el icono CD/DVD ubicado en la parte superior izquierda de la unidad.
      - Seleccionar un archivo en la unidad CD/DVD.
        - Elegir una de estas do ISOs.
          - Debian 7.4 AMD 64.

Red
- Adaptador 1
  - ✓ Habilitar adaptador de red
    - Conectado a: Adaptador puente
    - Nombre: (e.g.: Realteck PCIe PE Ready Controller)
  - Opciones avanzadas, las que estén por defecto.

PASO 1: Elegir la imagen de instalación Debian 7.4 AMD 64

Acceso a la máquina virtual a la parte derecha: ALMACENAMIENTO (doble clic). Accedemos a:
- Atributo
  - Unidad CD/DVD

Elegimos el fichero con la ISO de instalación.

Clic, sobre el icono CD y Seleccionar un archivo de disco virtual de CD/DVD.

Seleccionar la ISO.

Nombre	Fecha de modifica...	Tipo	Tamaño
debian-6.0.6-amd64-DVD-1	13/02/2013 23:52	Archivos de imagen	4.549.608 KB
debian-7.4.0-amd64-DVD-1	05/04/2014 20:59	Archivos de imagen	3.859.072 KB
debian-7.4.0-amd64-DVD-2	04/04/2014 21:39	Archivos de imagen	4.587.720 KB
debian-7.4.0-amd64-DVD-3	04/04/2014 21:55	Archivos de imagen	4.585.482 KB

Una vez seleccionada la unidad de almacenamiento y el controlador: IDE y el medio CD/DVD, nos aparece en la parte derecha central la información, del tipo, tamaño, ubicación y dispositivo conectado, se indica en los recuadros rojos.

En la descripción aparece la siguiente información.

- Tipo: Imagen
- Tamaño: 3,68 GB
- Ubicación: C:\ISOs\LINUX\Debian\debian-...
- Conectado a: --

PASO 2: Instalar Debian
Seleccionamos:
- \<Instalar \> y el idioma
  - \<Spain - Español\>
    - La ubicación \<España\>
      - y el teclado \<Español\>

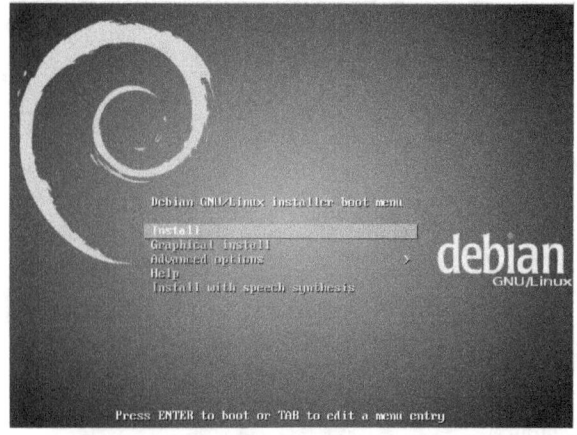 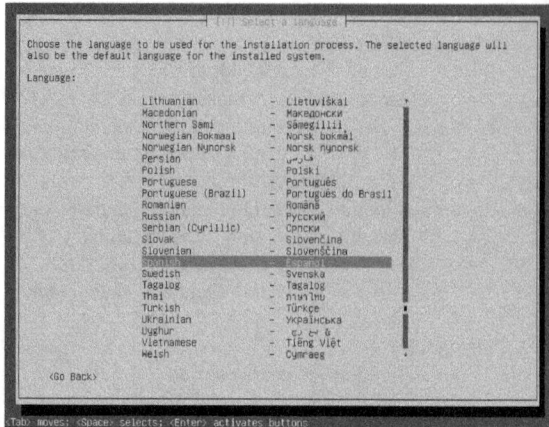

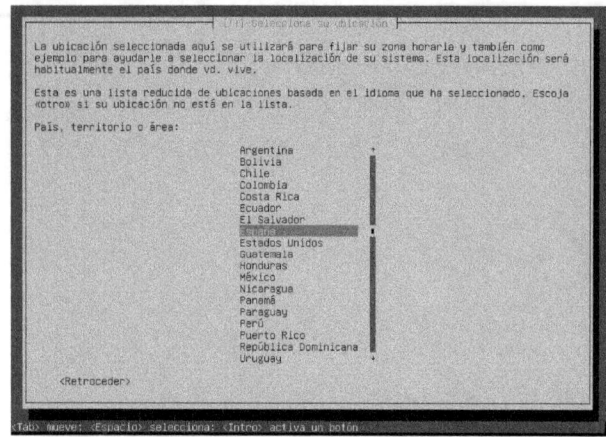 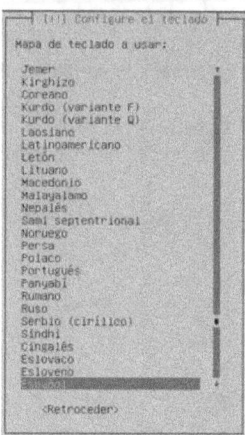

Esperamos a que cargue los componentes y comience a copiar.

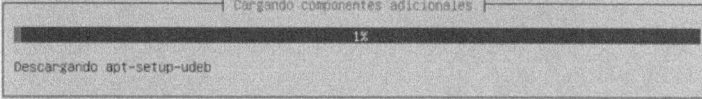

Configuración de los parámetros de red, intenta autoconfiguración y después configuramos la red.

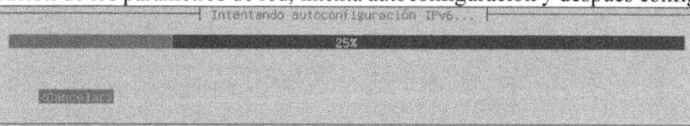

Nombre de la máquina: **svr-bsp-debian**
Establecemos el dominio: **casa-bsp.local**

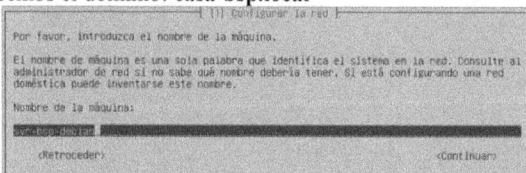

Establecemos una clave fuerte, para el root, como ejemplo: **Practica2014***

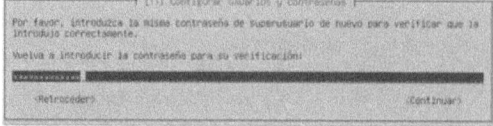

Creamos otro usuario: **baldo**

Se establece la password del usuario anterior: **Practica2014***

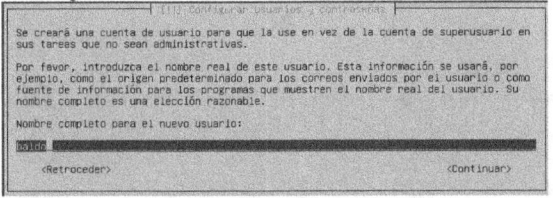
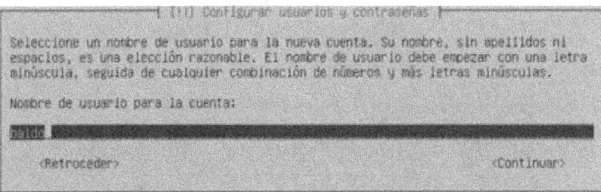

Seleccionamos la configuración del reloj y su ubicación la Península.

Realizamos la partición del disco, para ello utilizamos todo el disco, la primera opción. Nos aparece el disco a particionar, lo identifica como una disco ATA, con identificación ATA, usando la características SCSI3 (0, 0, 0), se identifica como el primer disco y la primera partición, se reconoce que es un disco manejado por VirtualBox.

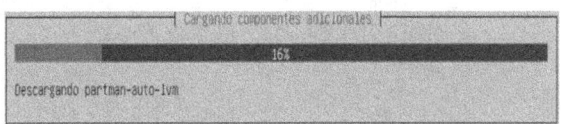

Formateando la partición.

Cambiamos el DVD: **debian-7.4.0-amd64-DVD-2.ISO.**

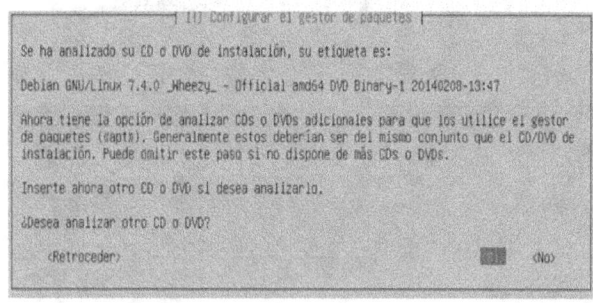
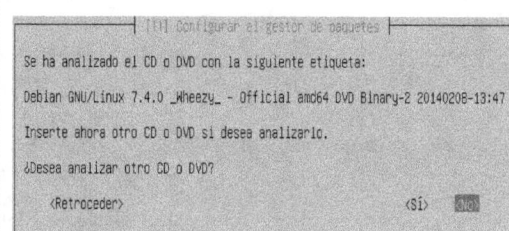

Se vuelve a insertar la selección del primer DVD.

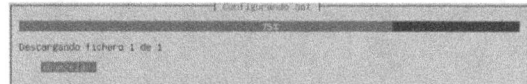

Solicita intercambio de discos al primero.
Desea participar en la encuesta de los paquetes.

Seleccionar el servicio a instalar: SSH y Servidor de Ficheros.

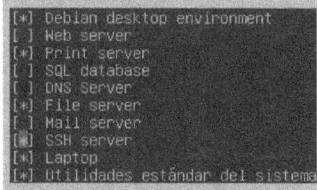
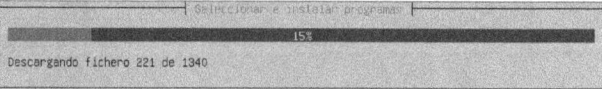

Se procede a la instalación de los paquetes.

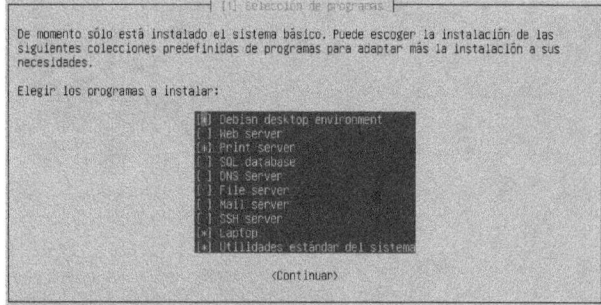

Si instalamos el cargador de arranque GRUB

Menú de arranque

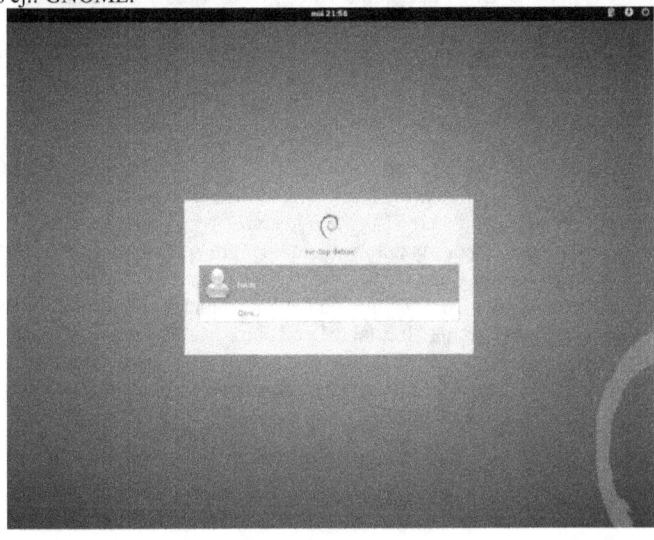

Acceso al sistema ya instalado, seleccionamos el usuario y tecleamos la clave y seleccionamos la visualización del gestor gráfico X Windows ej.: GNOME.

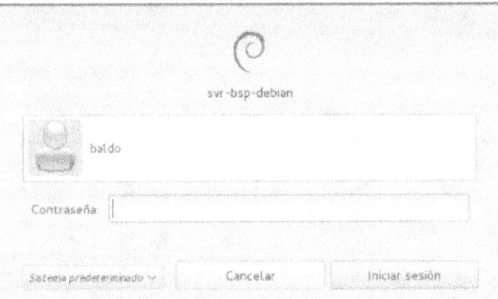

Iniciar sesión.
　　Parte superior izquierda.

PRÁCTICA 8: Instalar Linux Mint 10
DESCRIPCIÓN:
1. Linux Mint

Software libre y de código abierto y software propietario, la última versión estable del 30 de noviembre de 2013, núcleo de Linux tipo monolítico, utiliza el sistema de gestión de paquetes **dpkg** y método de actualización APT, la licencia es GPL, es estable y en español.

Linux Mint es una distribución del sistema operativo GNU/Linux, basado en la distribución Ubuntu (que a su vez está basada en Debian). A partir del 7 de septiembre de 2010 también está disponible una edición basada en Debian.

Linux Mint mantiene un inventario actualizado, un sistema operativo estable para el usuario medio, con un fuerte énfasis en la usabilidad y facilidad de instalación. Es reconocido por ser fácil de usar, especialmente para los usuarios sin experiencia previa en Linux.

Linux Mint se compone de muchos paquetes de software, los cuales se distribuyen la mayor parte bajo una licencia de software libre. La principal licencia utilizada es la GNU General Public License (GNU GPL) que, junto con la GNU Lesser General Public License (GNU LGPL), declara explícitamente que los usuarios tienen libertad para ejecutar, copiar, distribuir, estudiar, cambiar, desarrollar y mejorar el software. Linux Mint es financiada por su comunidad de usuarios. Los usuarios individuales y empresas que utilizan el sistema operativo pueden actuar como donantes, patrocinadores y socios de la distribución. El apoyo financiero de la comunidad y la publicidad en el sitio web ayuda a mantener Linux Mint libre y abierta.

1.1. Ramas de desarrollo

La rama inestable de Linux Mint es llamada Romeo. No está activada por defecto en los lanzamientos de la distribución. Los usuarios que deseen conseguir las características "más avanzadas" y deseen ayudar a la distribución probando los nuevos paquetes, pueden agregar la rama "Romeo" a sus fuentes de APT. Romeo no es una rama en sí misma y no sustituye a los otros repositorios.

Los nuevos paquetes son lanzados primero en Romeo, donde son probados por los desarrolladores y por quienes usan Romeo. Después que un paquete es definido como suficientemente estable, es portado al último lanzamiento estable.

La idea de Romeo y su proceso de actualización es tomada desde la distribución Debian, donde los paquetes son primero lanzados a la rama "Inestable" y luego a la rama "de Prueba". Romeo es equivalente de la rama "Inestable" en Linux Mint (aunque requiere un lanzamiento estable para ser soportada y no puede funcionar por si sola), su último lanzamiento estable es el equivalente a la rama "de Prueba", porque aunque es estable consigue su actualización desde Romeo. Dependiendo de sus dependencias a un determinado paquete, puede también ser probado en Romeo para ser incluido en el próximo lanzamiento estable.

2. Aplicaciones:
2.1. MintSoftware

Linux Mint viene con su propio juego de aplicaciones (Mint tools) con el objetivo de hacer más sencilla la experiencia del usuario.

- Mintupdate.
- Mintinstall.
- MintMenu.
- MintUpload.
- MintBackjup.

Diseñado especialmente para Linux Mint, y desarrollado para los usuarios que instalan actualizaciones prescindibles o que requieren un nivel de conocimiento para configurarlas apropiadamente. MintUpdate asigna a cada actualización un nivel de seguridad (que va de 1 a 5), basado en la estabilidad y necesidad de la actualización, según el criterio de los desarrolladores líderes. Esta herramienta se incluye por primera vez en la edición 4.0 Daryna.

2.3. MintInstall

Sirve para descargar programas desde los catálogos de archivos .mint que están alojados en el Portal de Software de Linux Mint. Un archivo .mint no contiene el programa, pero si contiene toda su información y recursos desde los cuales será descargado.

2.4. MintDesktop

Usado para la configuración del escritorio. MintDesktop ha recibido una mejora significativa en la versión 4.0.

2.5. MintConfig

Un centro de control personalizable, que facilita la configuración del sistema.

2.6. MintAssistant

Un asistente personalizable que aparece durante el primer acceso (login) del usuario, guiándole por varias preguntas para personalizar la base de Mint de acuerdo con el nivel de conocimiento del usuario y su comodidad con varios componentes de Linux.

2.7. MintUpload

Un cliente FTP, integrado al menú contextual de Nautilus, con el fin de facilitar la compartición de archivos de forma sencilla y rápida. Básicamente, el archivo es alojado en un servidor FTP, con capacidad limitada a 1 Gigabyte por usuario (ampliable al comprar el servicio Mint-space). Para compartir el archivo basta con posicionarse sobre él, hacer clic derecho y elegir la opción "upload", luego aparecerá una ventana desde la cual se elige el perfil "Default" y se hace clic en el botón "upload". Finalmente se espera a que el archivo sea subido. Cuando se haya completado el alojamiento, en la parte inferior de la ventana de mintupload aparecerá el hiperenlace de descarga del archivo.

2.8. MintMenu

Es un menú escrito en python que permite plena personalización de textos, iconos y colores. Mantiene un aspecto similar al menú de openSUSE 10.3.

2.9. MintBackup

Programa que facilita el respaldo y posterior restauración tanto de archivos de usuario como de software del sistema.

2.10. MintNanny

Es un programa que permite restringir el acceso a ciertas páginas de internet definidas por el usuario.

3. Lanzamientos

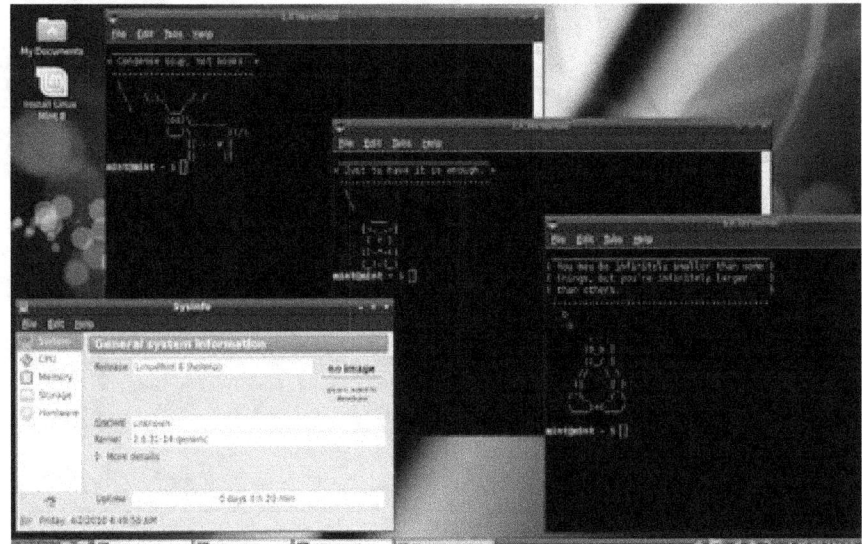

Escritorio que utiliza el entorno gráfico

Linux Mint 8 "Helena", versión **LXDE** mostrando 3 **terminales** e información básica del sistema.

Este sistema operativo no sigue un ciclo predecible de lanzamientos sino que los plantea uno tras del otro. En cada caso, el proyecto define primero los objetivos del próximo lanzamiento. Cuando se alcanzan todos los objetivos, usualmente, se procede al lanzamiento de una ***beta***, luego pasa por el lanzamiento de una ***Release Candidate (RC)*** y luego si todo va bien, se anuncia la fecha para el lanzamiento de la versión estable.

Luego de un tiempo que es lanzada la versión principal, son lanzadas las **versiones alternativas**.

4. Ediciones

Todas las ediciones de Linux Mint están disponibles para 32 bits y 64 bits.

A partir de Linux Mint 9 "Isadora", la distribución lanzada en versiones Live CD, Live DVD, y OEM. El 7 de septiembre de 2010, el Linux Mint Debian Edition (LMDE) fue anunciado. El objetivo de esta edición es estar tan cerca de la principal edición (GNOME) como sea posible, pero basada en Debian (a diferencia de Ubuntu). Otra diferencia notable es el ciclo de *rolling release* versión rodante, de desarrollo de la distribución. El 6 de abril de 2011, la versión de Xfce Mint Debian fue liberada.

Antiguamente las ediciones KDE, XFCE, LXDE y FluxBox eran llamadas ediciones comunitarias, pero esto cambió en 2010 luego del lanzamiento de la primera edición Oficial de Linux Mint KDE. Ahora todas las versiones son consideradas "oficiales".

Edición	Características
Edición principal (Main)	La Edición principal de Linux Mint proporciona un entorno de escritorio con GNOME y codecs multimedia, todo estos contenidos en un sólo CD. Está diseñada para satisfacer a todos, usuarios individuales (principiantes) y profesionales.
Edición principal extendida	Similar a la edición principal, pero a diferencia de esta, incluye software como JAVA, VLC Media Player, entre otros, todos en un sólo DVD. Está dirigida a usuarios que requieran de una experiencia más completa que la ofrecida por la edición principal.
Edición ligera (Light)	Algunos de los codecs en la edición principal no pueden ser libremente redistribuidos en algunas partes del mundo. Por esta razón, tienen acceso a la edición ligera (Light). La edición Light es una copia de la edición principal sin los componentes restrictivos.
Edición OEM	Edición que incluye lo mismo que la edición principal, pero enfocada en distribuidores OEM, lo que permite poder instalar el sistema en una computadora pero sin configurar un usuario para la misma, lo que permite a vendedores de computadoras incluir Linux Mint en esta.
Edición KDE	En esta edición, el entorno de escritorio GNOME es reemplazado con KDE. La selección por defecto de las aplicaciones es diferente y esta edición usualmente viene con más software. La edición KDE es distribuida en forma de Live DVD. Linux Mint 4.0 KDE E.C. por primera vez incluye las herramientas creadas por el equipo de desarrolladores, Así como las versiones "mentoladas" de Firefox y Sunbird.
Edición XFCE	Linux Mint tiene disponible una edición con el entorno de escritorio XFCE. El entorno de escritorio GNOME es reemplazado con XFCE. La selección por defecto de las aplicaciones es diferente y esta edición usualmente viene con software elegido por su mantenedor. La edición XFCE viene en un CD descargable y está diseñada para computadoras con pocos recursos.
Edición LXDE	También tiene disponible una edición con el entorno de escritorio LXDE. El entorno de escritorio GNOME es reemplazado con LXDE. La selección por defecto de las aplicaciones es diferente y esta edición usualmente viene con software elegido por su mantenedor. La Edición LXDE viene en un Live CD descargable y está diseñada para computadoras con pocos recursos.
Edición Fluxbox	El entorno de escritorio GNOME es reemplazado con Fluxbox. La selección por defecto de las aplicaciones es diferente y esta edición usualmente viene con software elegido por su mantenedor. La edición Fluxbox viene en un CD Live descargable y está diseñada para computadoras con escasos recursos, por lo que es considerada una edición estable, ligera y simple.

3.1. LMDE

LMDE, Linux Mint Debian Edition:
- No es compatible con la versión basada en Ubuntu.
- Es 100% compatible con Debian.
- Recibe constantemente actualizaciones. Sus imágenes ISO se actualizan de vez en cuando, pero los usuarios no necesitan volver a instalarlo en sus sistemas.

- Ha tenido versiones con entorno gráfico con GNOME 2, MATE, Cinnamon y XFCE.

4. DESCARGAS
Descarga imagen de: *http://www.linuxmint.com/download.php*.

Edition				Multimedia support
Cinnamon	32-bit	64-bit	Una edición con el escritorio Cinnamon.	Yes
Cinnamon No codecs	32-bit	64-bit	Una versión sin soporte multimedia. Para revistas, empresas y distribuidores en los EE.UU., Japón y países donde la legislación permite a las patentes se aplican a software y distribución de tecnologías restringidas puede requerir la adquisición de licencias de 3ª parte.	No
Cinnamon OEM	64-bit		Una imagen de instalación de los fabricantes para pre-instalar Linux Mint.	No
MATE	32-bit	64-bit	Una imagen de Instalación de los Fabricantes párrafo pre-Instalar Linux Mint.	Yes
MATE No codecs	32-bit	64-bit	Una versión sin soporte multimedia. Para revistas, empresas y distribuidores en los EE.UU., Japón y países donde la legislación permite a las patentes se aplican a software y distribución de tecnologías restringidas puede requerir la adquisición de licencias de 3ª parte.	No
MATE OEM	64-bit		Una imagen de instalación de los fabricantes para pre-instalar Linux Mint.	No
KDE	32-bit	64-bit	Una edición con el escritorio KDE.	Yes
Xfce	32-bit	64-bit	Una edición con el escritorio Xfce	Yes

REQUISITOS DE LA MAQUINA VIRTUAL
Creamos una máquina Virtual, con la siguientes configuración.
General
    Crear una máquina Virtual en VirtualBox.
        Nombre: Linux Mint 10
        Tipo: Linux 2.6
        Versión: Otros.
        Tamaño del disco: 8 Gigabytes. (Disco Dinámico).
Sistema
    Configuración de la placa Base.
        Memoria base: 1024 MB.
        Orden de Arranque: Disquete, CD/DVD, Disco Duro.
        ChipSet: PIIX3
        Dispositivo Apuntador: Tableta USB.
        Características extendidas:
            ✓ Habilitar I/O APIC.
            ✓ Reloj hardware en tiempo UTC.
    Procesador:
        Procesador(es): 1.
        Límite de ejecución: 100%.
        Características extendidas.
            ✓ Habilitar PAE/NX.
    Aceleración del sistema.
        Hardware de virtualización:
            ✓ Habilitar VT-x/AMD-V.
            ✓ Habilitar paginación anidada.
Pantalla
    Vídeo
        Memoria de Vídeo: 128 MB (máximo).
        Número de monitores: 1.
        Funcionalidades extendidas:
            ✓ Habilitar aceleración 3D.
Almacenamiento
    Árbol de almacenamiento.
        Linux Mint 10.vdi
        Atributos: IDE primario maestro.
            Botón derecho sobre el icono CD/DVD.
                Selección un archivo de disco virtual.
        Controladora SATA.
    Elegir en el icono CD/DVD ubicado en la parte superior izquierda de la unidad.
        Seleccionar un archivo en la unidad CD/DVD.
            Elegir una de estas do ISOs.

android-x86-4.4-RC1	08/08/2014 4:20	Archivos de imagen	301.056 KB
android-x86-4.4-RC2	08/08/2014 4:21	Archivos de imagen	339.968 KB

Red
    Adaptador 1
        ✓ Habilitar adaptador de red

Conectado a: Adaptador puente
Nombre: (e.g.: Realteck PCIe PE Ready Controller)
Opciones avanzadas, las que estén por defecto.

PASO 1: INSTALAR

PULSA UNA TECLA APARECE EL SIGUIENTE MENU.

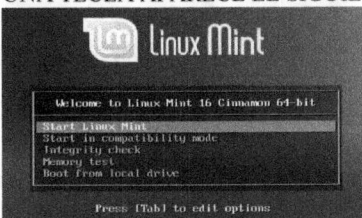 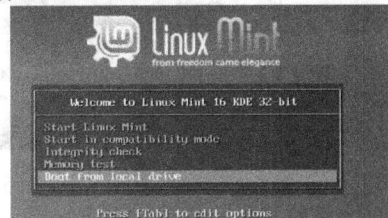

Elegimos Boot from local drive, color verde indica que es de 64 bits, color azul indica que el KDE es de 32 bits.

PASO 2: INTEGRITY CHECK

INTEGRITY CHECK: La integridad de datos se refiere a mantener y garantizar la exactitud y consistencia de los datos en toda su ciclo de vida, y es un aspecto fundamental para el diseño, la implementación y el uso de cualquier sistema que almacena, procesa o recupera los datos. La integridad de los datos plazo es de amplio alcance y puede tener muy diferentes significados dependiendo del contexto específico - incluso bajo el mismo paraguas general de la computación.

apt-get update && apt-get install aide

PASO 3: START IN COMPATIBILITY MODE

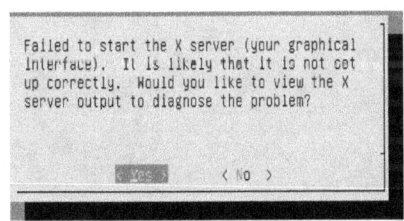 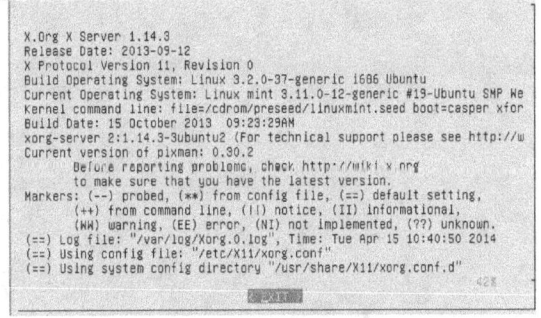

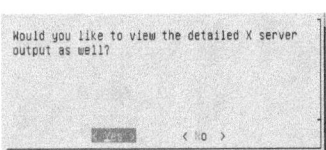

Secuencia de arranque.

PASO 4: Inicializar Linux Mint

Icono Install Linux Mint 10.

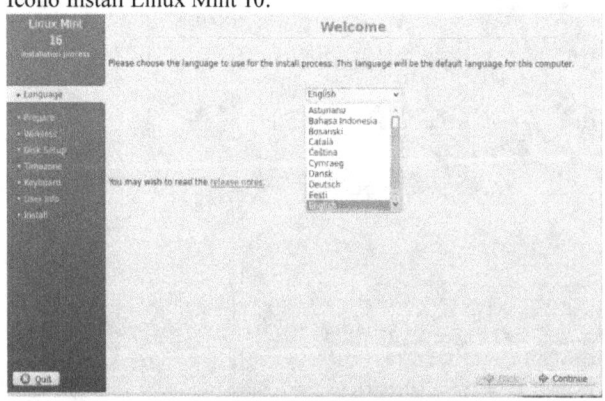
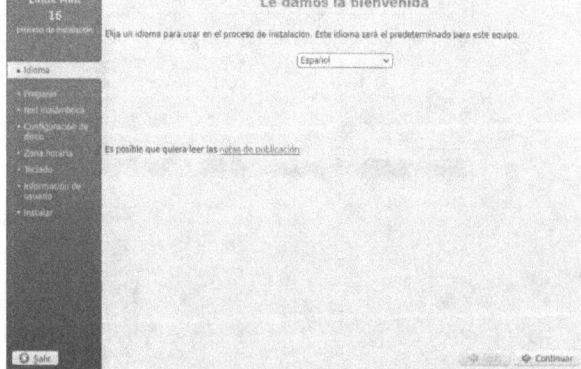

Continuar.

Continuar.

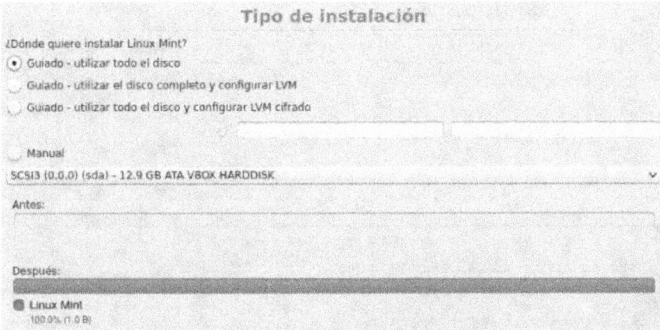

a) Instalación guiado - Utilizar todo el disco.

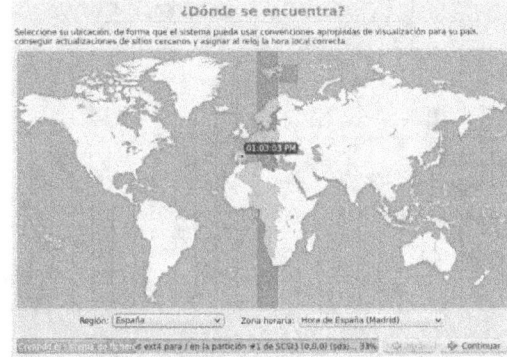
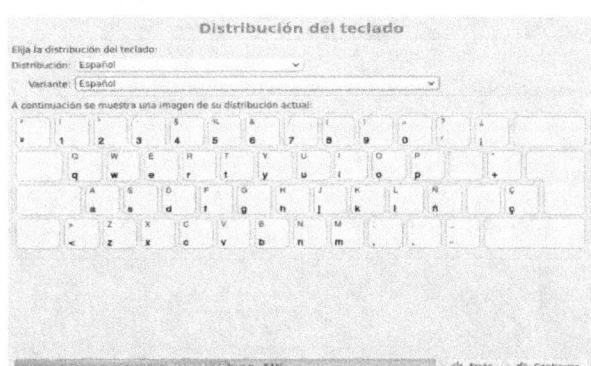

Identificación de usuario y claves.

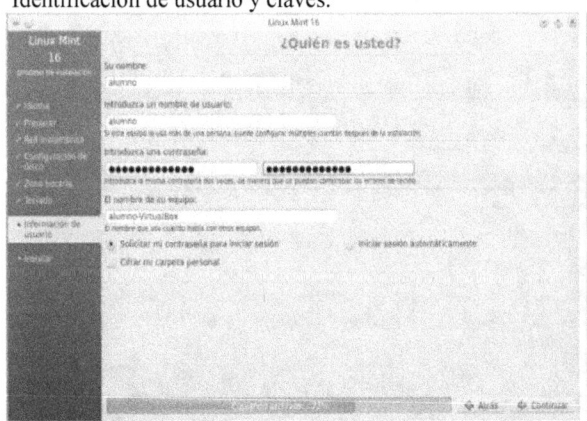
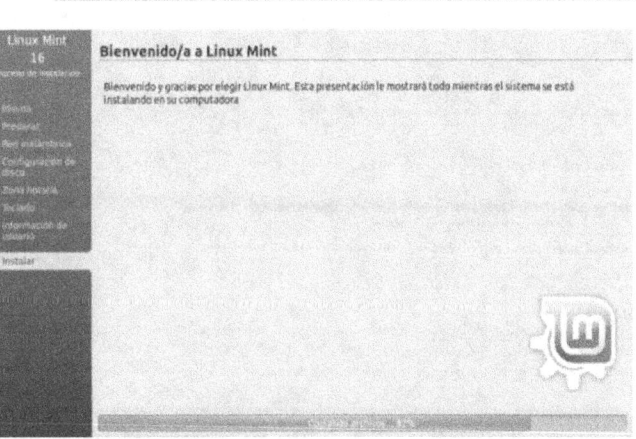

Paso de instalación.

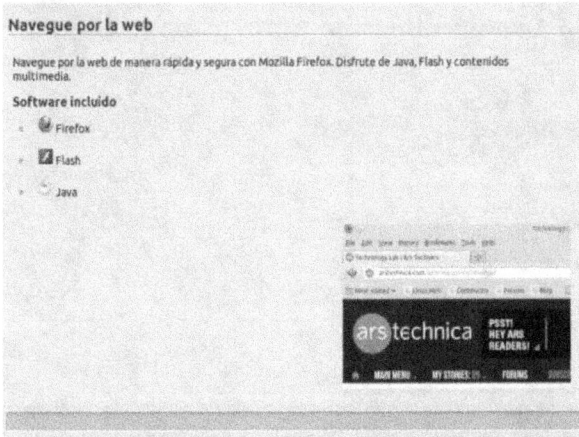
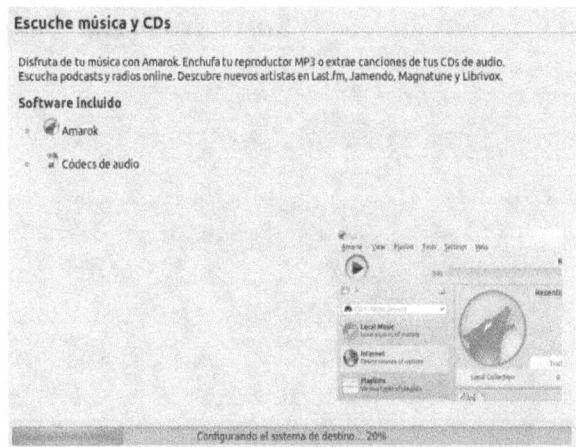

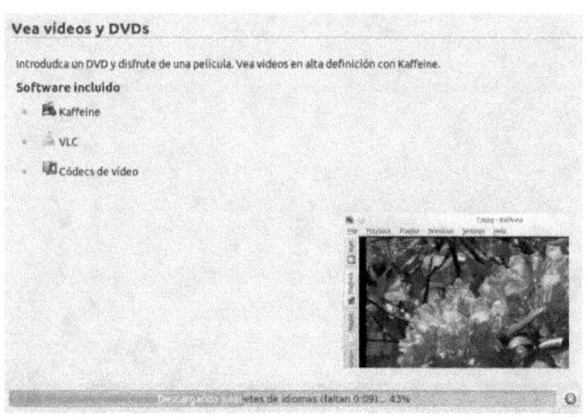
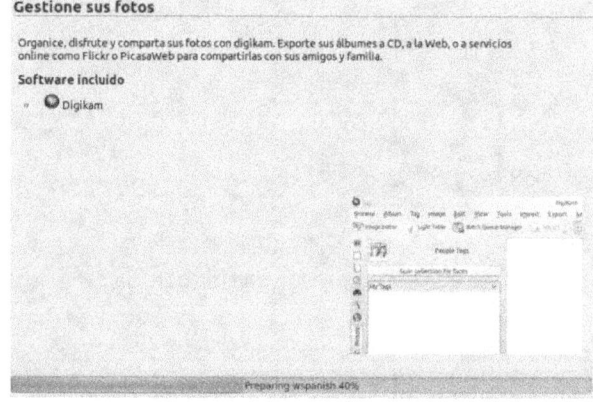
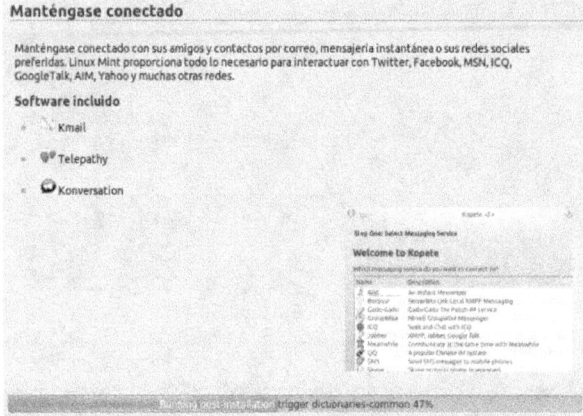
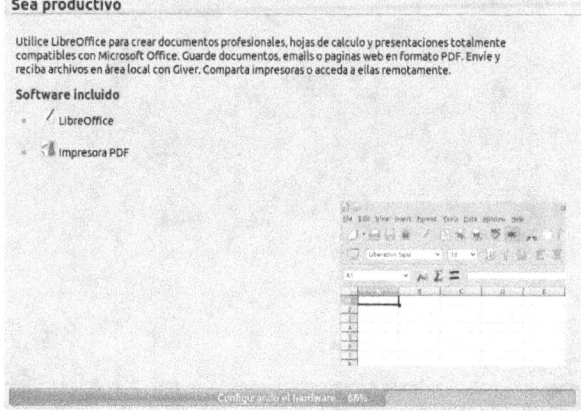
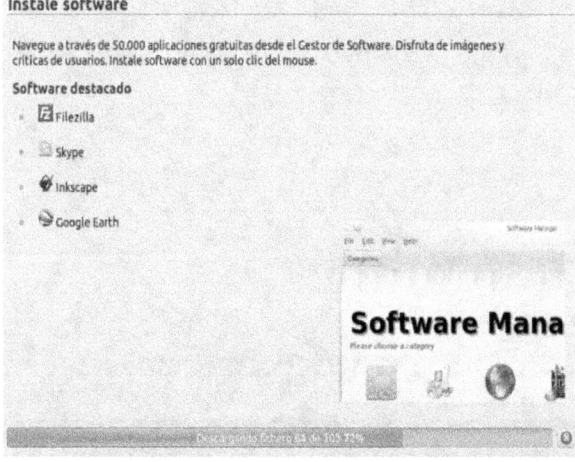
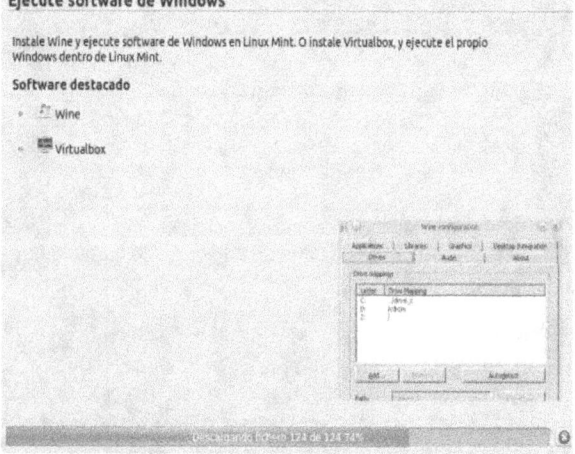
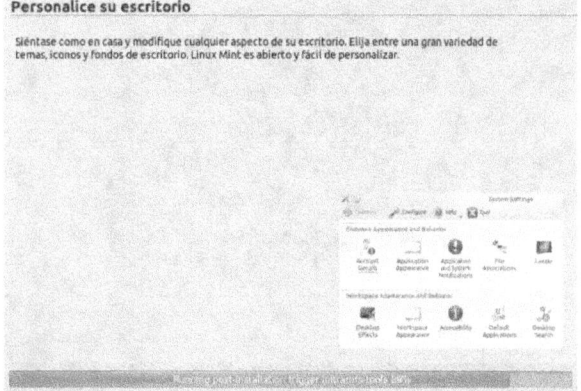
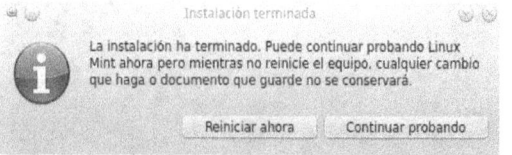

Arranque.

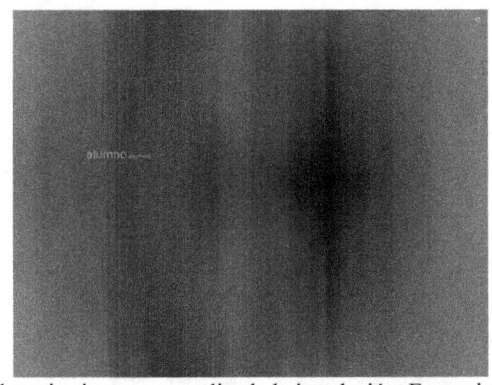

Vista del escritorio una vez realizada la instalación. Es un sistema ligero.

Navegando.

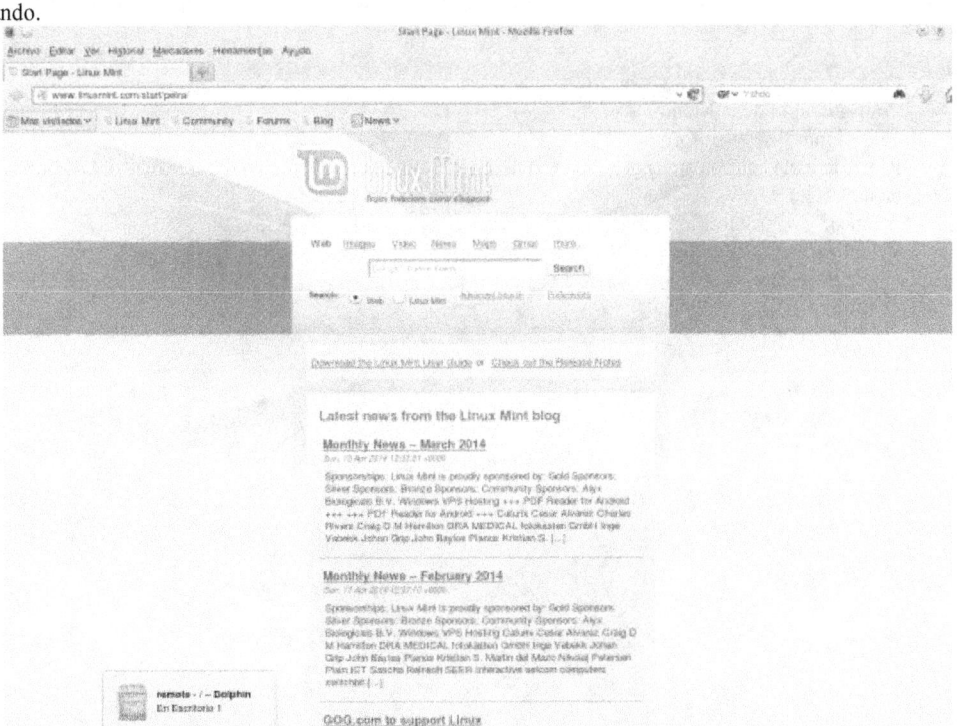

Prompt de usuario:

```
alumno-VirtualBox alumno # exit
exit
alumno@alumno-VirtualBox:~ >
```

Ejercicios Unidad de Trabajo 1

1. Crear en Slackware, un disco o unidad Virtual de 50 GB, para instalar el sistema.
2. Crear particiones de arranque, utilizando fdisk y cfdisk, repetir las particiones con gdisk (borrando previamente las particiones anteriores).
    - Sistema GPT, si se admite, sino MBR.
    - Partición sistema   /   15 GB, ext4.
    - Partición de intercambio   /SWAP   2GB, SWAP
3. Establecer las diferencias entre los gestores de arranque MBR y GPT.
4. Buscar gráficos que establezcan las diferencias entre MBR y EMBR.
5. Buscar gráficos que establezcan las diferencias entre MBR y GPT.
6. ¿Qué es una unidad LVM? ¿Quién los utiliza? ¿Para que utilizan?
7. ¿Cuál es la diferencia entre una partición Bootable y una no Bootable?
8. ¿Cuántas particiones Boot pueden existir en un disco?
9. ¿Cuántas particiones GPT pueden existir por disco?
10. ¿Dónde se ubica el boot? ¿Dónde se ubica el MBR? ¿Cómo funciona el EMBR?
11. ¿Cuántas particiones max. Pueden existir en un MBR con EMBR?
12. ¿Qué es una partición SWAP?
13. ¿Qué tipo de partición utilizarías para un sistema operativo en tiempo real?
14. ¿Qué tipo de sistemas de ficheros y particiones utiliza un sistema operativo Embebido?
15. ¿Qué orden puedes utilizar desde la consola para crear particiones?
16. Buscar 2 sistemas operativos embebidos, y sus características de Hardware?

ACTIVIDADES DE AMPLIACIÓN

1. Buscar un sistema Operativo que utilice el sistema gestor de arranque LILO.
2. Analizar el sistema gestor de arranque de Linux, utiliza, dando 64 bits y que utilice un sistemas gestor de partición, basándose en GPT.
3. Desde el sistema operativo Linux, instalado con un gestor de Arranque GRUB, se puede instalar en una partición nueva de Windows 7. ¿Quién gestionaría el arranque? ¿Por qué? ¿Qué gestor de arranque se utilizaría?
4. Si se instala primero un Windows x7, en la primera participación y en la segunda un Linux Slackware y en la tercera un Linux Ubuntu. ¿Con que gestor de arranque se controla el arranque? ¿Por qué?
5. Instalar 5 Linux diferentes, en un solo disco duro o en varios discos (elegir que es posible), hay que realizar los siguientes pasos:
    a) Requisitos previos:
        - Previa descarga de la ISO y nombre de la URL.
        - Configuración de la Máquina Virtual.
        - Seleccionar discos en formato .VDI.
        - Pasos de instalación, capturas de las ventanas de instalación y anotaciones (errores, aclaraciones, consideraciones,...)
        - Arrancar y configurar los usuarios y establecer el password al usuario root.
        - Visualizar las particiones establecidas y enumerar las diferencias.
    b) Instalación por defecto de los cinco.
    c) Instalación Manual o personalizada.

UNIDAD DE TRABAJO II: Sistemas operativos monopuesto. Introducción a Linux

PRÁCTICA 9: Conocer el sistema operativo de Linux Slackware.
PRÁCTICA 10: ¿Qué es una mini-distribución Linux?
PRÁCTICA 11: ¿Qué son y para qué sirven los repositorios?
PRÁCTICA 12: Identificar los paquetes de los diferentes SO.
PRÁCTICA 13: Conocer la existencia de Paquetes y Package Managers no oficiales para Slackware.

Contenidos
- **Introducción a los sistemas operativo Linux.**
- **Elementos de Linux.**
- **Botón de inicio de Linux.**
- **Arranque y parada de Linux.**
- **Ventanas en Linux.**
- **Personalización.**
- **Compatibilidad con otros Sistemas Operativos.**

Órdenes

deb
./configure
make
sudo
wget
slact-get
installpkg
swaret

PRÁCTICA 9: Conocer el Sistema Operativo de Linux Slackware

DESCRIPCIÓN:

Slackware Linux es una distribución de Linux. Es una de las más antiguas distribuciones y la más antigua de las activamente (desde 1993) mantenidas en la actualidad. En su última versión, la 14.01, Slackware incluye la versión del Kernel Linux 2.6.21.5 y Glibc 2.5. Contiene un programa de instalación fácil de utilizar, extensa documentación, y un sistema de gestión de paquetes basado en menús.

Una instalación completa incluye el sistema de ventanas X; entornos de escritorio como KDE (hasta la versión 10.1 estuvo incluido GNOME) o XFce; entornos de desarrollo para C/C++, Perl, Python, Java, LISP; utilidades de red, servidores de correo, de noticias (INN), HTTP (Apache) o FTP; programas de diseño gráfico como The GIMP; navegadores web como Konqueror o Firefox, entre otras muchas aplicaciones.

Generalidades

Patrick Volkerding, el creador de esta distribución, lo describe como un avanzado sistema operativo Linux, diseñado con dos objetivos:
- Facilidad para usar.
- Estabilidad como meta prioritaria.

Incluye el más popular software reciente mientras guarda un sentido de tradición proporcionando simplicidad y facilidad de uso junto al poder y la flexibilidad.

Desarrollado originalmente por Linux Torvalds.

Slackware Linux proporciona a los nuevos y a los experimentados usuarios por igual un sistema con todas las ventajas, equipado para servidores, puestos de trabajos y máquinas de escritorio, con compatibilidad de procesadores desde Intel 386 en adelante. Web, ftp, mail están listos para usarse al salir de la caja, así como una selección de los entornos de escritorio más populares. Una larga lista de herramientas para programación, editores, así como las librerías actuales son incluidas para aquellos usuarios que quieren desarrollar o compilar software adicional.

Versiones

Keep It Simple Stupid, es un concepto que explica muchas de las opciones en el diseño de Slackware. En este contexto, 'simple' se refiere a un punto de vista de diseño, en vez de ser fácil de utilizar. Esta es la razón por la cual existen muy pocas herramientas GUI para configurar el sistema. Las herramientas GUI son (según nos dice la teoría) más complejas, y por lo tanto más propensas a tener problemas que una simple línea de órdenes. El resultado general sobre este principio es que Slackware es muy rápido, estable y seguro con el costo de no ser tan amigable al usuario. Los críticos mencionan que esto hace que las cosas sean difíciles de aprender y consumen mucho tiempo. Los seguidores dicen que la flexibilidad y transparencia, así como, la experiencia ganada en el proceso son más que suficientes.

Slackware ha sido desarrollado principalmente para correr en plataformas x86 con arquitecturas PC. Aunque anteriormente ya habido algunos ports oficiales para arquitecturas DEC Alpha y SPARC. En el 2005, se liberó un port oficial para la arquitectura System/390. Existen también algunos ports no oficiales para las arquitecturas ARM, Alpha, SPARC, PowerPC y slamd64 x86-64.

Versión	Fecha
1.0	16 de julio de 1993
2.0	2 de julio de 1994
3.0	30 de noviembre de 1995
3.1	3 de junio de 1996
3.2	17 de febrero de 1997
3.3	11 de junio de 1997
3.5	9 de junio de 1998
4.0	17 de mayo de 1999
7.0	25 de octubre de 1999
7.1	22 de junio de 2000
8.0	1 de julio de 2001
8.1	18 de junio de 2002
9.0	19 de marzo de 2003
9.1	26 de septiembre de 2003
10.0	23 de junio de 2004
10.1	2 de febrero de 2005
10.2	14 de septiembre de 2005
11.0	2 de octubre de 2006
12.0	2 de julio de 2007
12.1	2 de mayo 2008
12.2	10 de diciembre de 2008
13.0	26 de agosto de 2009
13.1	24 de mayo de 2010
13.37	27 de abril de 2011
14.0	30 de septiembre de 2013
14.1	21 de abril de 2014

Filosofía de Diseño

Mantenlo Simple Estúpido (de sus siglas en inglés KISS que significan ***Keep It Simple Stupid***), es un concepto que explica muchas de las opciones en el diseño de Slackware. En este contexto, 'simple' se refiere a un punto de vista de diseño, en vez de ser fácil de utilizar. Esta es la razón por la cual existen muy pocas herramientas GUI para configurar el sistema. Las herramientas GUI son (según nos dice la teoría) más complejas, y por lo tanto más propensas a tener problemas que una simple línea de órdenes. El resultado general sobre este principio es que Slackware es muy rápido, estable y seguro con el costo de no ser tan amigable al usuario. Los críticos mencionan que esto hace que las cosas sean difíciles de aprender y consuman mucho tiempo. Los seguidores dicen que la flexibilidad y transparencia, así como, la experiencia ganada en el proceso son más que suficientes.

Scripts de inicio

Slackware utiliza scripts de inicio init de BSD, mientras que la mayoría de las distribuciones utilizan el estilo de scripts System V. Básicamente, con el estilo System V cada nivel de ejecución tiene un subdirectorio para sus scripts init, mientras que el estilo BSD ofrece un solo script init para cada nivel de ejecución. Los fieles del estilo BSD mencionan que es mejor ya que con este sistema es más fácil encontrar, leer, editar y mantener los scripts. Mientras que los seguidores de System V dicen que la estructura de System V para los scripts lo convierte en más poderoso y flexible.

Cabe mencionar que la compatibilidad para los scripts init de System V, han sido incorporados en Slackware, a partir de la versión 7.0.

Manejo de paquetes

Durante la instalación de Slackware se pueden seleccionar las series de paquetes necesitadas.

La aproximación de Slackware para el manejo de paquetes es única. Su sistema de manejo de paquetes puede instalar, actualizar y eliminar paquetes tan fácilmente como en otras distribuciones. Pero no hace el intento por rastrear o manejar las "dependencias" referidas (por ejemplo: asegurándose de que el sistema tiene todas las librerías y programas que el nuevo paquete "esperaría" estuvieran presentes en el sistema). Si los requisitos no se encuentran, no habrá indicaciones de falla hasta que el programa sea ejecutado.

Los paquetes son comprimidos en un tarball en donde los nombres de archivos terminan con .tgz en vez de .tar.gz. Son construidos de tal manera que al ser extraídos en el directorio raíz, los archivos se copien a sus lugares de instalación. Es por lo tanto posible (pero no aconsejable) instalar paquetes sin las herramientas de Slackware para paquetes, usando solamente tar's y gzip's y asegurándose de ejecutar los scripts doinst.sh en caso de ser incluidos en el paquete.

En contraste Red Hat Linux tiene paquetes RPM los cuales son archivos CPIO, y los **.deb** de Debian son archivos AR. Estos contienen información detallada de las dependencias y las utilerías que se pueden utilizar para encontrar e instalar esas dependencias. Se negarán a instalarse a menos que los requisitos sean encontrados (aunque esto puede omitirse).

Resolución automática de dependencias

A pesar de que Slackware por sí mismo no incorpora herramientas para resolver dependencias automáticamente descargando e instalándolas, existen algunas herramientas externas que proveen de esta funcionalidad de forma similar a APT.

Algunas de estas herramientas determinan las dependencias analizando los paquetes instalados, determinando qué bibliotecas se necesita, y después descubriendo qué paquetes están disponibles. Este proceso automático, muy similar al APT de Debian y produce generalmente resultados satisfactorios.

- **Swaret**: Slackware 9.1 la incluyó como un extra en su segundo CD, pero no se instala por omisión. Fue eliminado de la distribución en la versión 10.0 pero continúa siendo un paquete externo disponible.
- **slapt-get**: no provee resolución de dependencias para los paquetes incluidos en Slackware. Lo hace proporcionando un cuadro de trabajo de resolución de dependencias en los paquetes compatibles con Slackware de manera similar a como lo hace APT. Muchos paquetes fuente y distribuciones basadas en Slackware toman ventaja de esta funcionalidad.
- **Emerde**.
- **slackpkg**: está incluido en directorio **/extra** a partir de la versión Slackware 9.1 y es una herramienta muy útil tanto para instalar como desinstalar paquetes.
- **gpkg**: es un gestor de paquetes escrito en Python para Slackware, cuya última versión fue lanzada en abril de 2006.

Actualización de paquetes

Slackware es una distribución que no se centra en tener las últimas versiones de los programas, sino que su foco es tener un sistema estable. Los nuevos paquetes se ponen a prueba y no son entregados hasta que no sean estables (esto no implica que sea la última versión disponible del programa), por ejemplo no se incluyó el núcleo Linux 2.6.* sino hasta el año 2007, habiendo sido lanzada la versión 2.6.0 en el año 2003.

Cuando algún paquete tiene una actualización por bugs o mejoras de seguridad, éstas son incorporadas a los paquetes de Slackware y se anuncia a través de una lista de correo de dichas actualizaciones y en el log de cambios (changelog) que se encuentra en el sitio web. Slackware incluye dentro del directorio **/extra** del CD de instalación el programa Slackpkg que ayuda a mantener actualizado el sistema.

PRÁCTICA 10: ¿Qué es una mini-distribución Linux?

DESCRIPCIÓN:

Una minidistribución de Linux es una variante de ese sistema cuyo objetivo es incorporar un sistema operativo completo en unidades de almacenamiento portátil de baja capacidad como un disquete.

Este tipo de distribuciones logran que podamos trabajar en un entorno Linux casi completo arrancando desde un disquete o llavero USB y sin utilizar el disco duro que pueda tener el ordenador, evitando así cualquier interferencia con el sistema instalado en el ordenador. Y debido a su bajo consumo de recursos, el más crítico suele ser la memoria RAM que en muchos casos debe ser de 8 Mb de RAM por lo que casi cualquier ordenador nos vale para su uso.

Características comunes:

- Mínima ocupación: entre 1Mb y 50Mb.
- Mínima ocupación de recursos: 4-8 Mb RAM y procesador i386.
- Uso de memoria RAM como sistema de ficheros: /dev/ram-n.
- No necesitan normalmente disco duro:
    - Suelen permitir conectar el equipo a la red e incluyen clientes y a veces servidores de servicios básicos como ftp, http, telnet u otros.
    - Instalaciones desde MS-DOS, GNU/Linux, o sin necesidad de sistema operativo, como los sistemas LiveCD.
    - Instalación muy sencilla.
    - Discos auxiliares para añadir más funcionalidades.

El uso de la memoria RAM como dispositivos de almacenamiento hace que el sistema sea muy rápido de funcionamiento, ya que el almacenamiento en memoria RAM es mucho más rápido que el almacenamiento en cualquier otro dispositivo. Pero este uso es el que muchas veces obliga a que la memoria RAM del PC sea superior a 4Mb de RAM ya que si no se ve muy degradado el uso del sistema. Aparte de los dispositivos de almacenamiento *"/dev/ram-n"* también se necesita memoria para el núcleo del sistema operativo y para las aplicaciones que se utilicen. La magia pues del funcionamiento sin disco duro se basa en utilizar la memoria RAM como sustituto del disco duro y del disquete.

Listado de minidistribuciones

El siguiente es un listado de distribuciones Linux para exprimir esas máquinas menos modernas, en las que no es posible disfrutar al 100% de una distribución moderna, por causa de la limitación de hardware.

- **Antomic:** Nueva minidistribución basada en Debian para usuarios noveles y de fácil instalación.
- **Austrumi:** Otra distribución live de reducido tamaño, apenas 50MB. Poco popular, pero no por ello de baja calidad. Basada, como la mayoría, en Slackware. Da buenos resultados en equipos Pentium y posteriores. Cuidado aspecto gráfico, con Enlightenment.
- **BasicLinux:** Minidistribución especialmente pensada para recuperar 486 desfasados. Basada en Slackware se ejecuta directamente desde disquete usando la RAM.
- **Brutalware:** Minidistribución para la administración de redes con TCP/IP.
- **Coyote Linux:** Variante de Linux Router Project, se ejecuta desde un sólo diskette y convierte esa vieja PC que tiene guardada en el armario en un ruteador capaz de conectar su red local a Internet.
- **Damn Small Linux:** mini distribución en live cd que por su tamaño pequeño, puede servir como distro de rescate o para usarse en máquinas con poco poder de procesamiento.
- **DeLi Linux:** Acrónimo de Desktop Light Linux, puede operar con suavidad en terminales 486 con 16MB de RAM. Trabaja entorno gráfico XFree y es un derivado de Slackware.
- **Feather Linux:** Otra distribución pequeña en tamaño y en consumos. Es live. Para la gestión gráfica emplea XVesa y XFbdev. Está basada en Knoppix.
- **FloppyFW:** Esta minidistribución permite implementar un router estático con funcionalidades de firewall.
- **microLINUX_vem:** Minidistribución educativa de GNU/Linux en Español, en modo texto, envasada en un disquete de 1.44 Mbytes o para ejecutarse desde una ventana del sistema Windows.
- **MoviX:** Minidistribución multimedia autoarrancable desde CD que reproduce todo tipo de ficheros multimedia con MPlayer.
- **muLinux:** Minidistribución instalable en el disco duro. Es una de las más mínimas distribuciones, se acopla fácilmente a computadoras antiguas.
- **Puppy Linux:** Es una distribución live, con posibilidad de ser instalada en disco duro. Apenas requiere RAM, y suele operar con suavidad en equipos antiguos. Proporciona dualidad Fvwm95 y JWM.
- **SliTaz Linux:** diseñada para correr en un hardware con 128 Mb de memoria RAM. Ocupa 30 Mb de CD y 80 Mb en el disco duro una vez instalada. A partir de 16 Mb de RAM dispone del gestor de ventanas JWM (en la versión cooking es LXDE).
- **Tiny Linux:** Minidistribución diseñada para ser utilizada en ordenadores anticuados.
- **Tiny Core Linux:** Tiny Core Linux es una muy pequeña (10 MB) un mínimo de escritorio de Linux. Está basado en Linux 2.6 núcleo, BusyBox, X pequeña, FLTK interfaz gráfica de usuario y administrador de ventanas flwm, funcionando completamente en la memoria.

- **TinyMe:** TinyMe es una unidad basada en Linux mini-distribución. Existe para facilitar la instalación de la Unidad de Linux en ordenadores antiguos, para proporcionar una instalación mínima para los desarrolladores, y para ofrecer una rápida instalación de Linux en el que sólo lo esencial se necesitan.
- **Tombsrtbt**: Tomsbsrtbt es un sistema de rescate para emergencias en un solo disquete.
- **Trinux**: Minidistribución orientada a la administración y diagnóstico de redes.
- **Vector Linux**: Basada en Slackware, debería funcionar bien con 32MB de RAM y 1GB de disco duro. Entorno gráfico XFCE/KDE, según el caso. Existe una versión Livecd que no requiere instalación.
- **ZenWalk Linux**: Antes conocida como MiniSlack, esta distribución basada en Slackware es simple y completa. Está pensada para una computadora que cumpla con los siguientes requisitos mínimos: Pentium III y 128 Mb de RAM.

PRÁCTICA 11: ¿Qué son y para qué sirven los repositorios?
DESCRIPCIÓN:

Instalado Ubuntu, seguramente deseamos instalar programas y utilidades para hacer nuestras tareas. Aquí es donde entran en juego los repositorios.

Un repositorio es como un servidor donde se encuentran los programas y las distribuciones para poder descargas, instalarlas y actualizarlas en nuestro ordenador.

Cuando, en el caso de Ubuntu, queremos instalar un programa hay varias formas de hacerlo, pero la más fácil para los recién iniciados es utilizar el Centro de software de Ubuntu. Allí buscamos entre todas las aplicaciones y elegimos la que queremos instalar, pulsamos en el botón que pone "Instalar", entonces de forma automática se descarga desde el repositorio oficial de Ubuntu y se instala.

El inconveniente que tiene el repositorio oficial de Ubuntu es que muchas aplicaciones no se actualizan tan rápido como nos gustaría y aquí es donde entrarían los demás repositorios que hay en Internet, el más conocido y usado es Launchpad.

Si queremos instalar un programa y que este bien actualizado, la forma más fácil y rápida es mediante la terminal con tres comandos que detallo a continuación:

sudo add-apt-repository nombre-de-repositorio

Con este comando estamos añadiendo la dirección del repositorio a la lista de repositorios de nuestro PC en los cuales podremos encontrar aplicaciones y actualizaciones.

sudo apt-get update

Con este comando el PC, por decirlo de alguna manera, reconoce el repositorio.

sudo apt-get install nombre-de-programa

Y con este ultimo comando descarga e instala el programa en nuestro ordenador.

Después de agregar un repositorio a nuestro sistema, cuando Ubuntu busque actualizaciones lo hará también en los repositorios que hayamos añadido, de tal forma que cuando hayas instalado un programa desde un repositorio de Launchapd también buscara actualizaciones de ese programa yo tendrás actualizado a cada nueva versión que salga de dicho programa.

Los 15 repositorios para Ubuntu que pueden ser de utilidad

La mayor parte de los programas se distribuyen en Ubuntu en forma de paquetes deb. Estos paquetes se almacenan en los llamados repositorios, que no es más que una estructura de directorios con una organización determinada en las que se almacenan, además de los paquetes, índices con los distintos paquetes disponibles e información de control para comprobar su autenticidad y que no estén dañados.

Los distintos repositorios en los que buscar aplicaciones a instalar se almacenan en el archivo /etc/apt/sources.list, que podemos editar de forma gráfica desde.
    Sistema
        Administración
            Orígenes de software
                Software de terceros
                    Añadir.

A continuación tenéis algunos repositorios con aplicaciones muy populares que os pueden ser de utilidad.

1. Medibuntu

Un repositorio del que ya hemos hablado anteriormente (Medibuntu: códecs para Ubuntu, y mucho más). Se trata de la forma más sencilla de poder reproducir ciertos archivos multimedia cuyos códecs no se incluyen por defecto en Ubuntu por razones de patentes. Incluye entre otros códecs propietarios para formatos de uso común, libdvdcss2 para funcionalidades avanzadas de DVDs (como la reproducción de DVDs cifrados), versiones de mplayer y mencoder con soporte para faac y amr, Acrobat Reader, Google Earth, Skype, Real Player,...
Introduce la línea.

deb http://packages.medibuntu.org/ intrepid free non-free

En Sistema.
    Administración.
        Orígenes de software.
            Software de terceros.
                Añadir
E instala los paquetes medibuntu-keyring y app-install-data-medibuntu.

2. Wine

Ubuntu 8.10 viene con Wine 1.0 pero las versiones de desarrollo son capaces de ejecutar muchos más programas de Windows. Para obtener la última versión de Wine añadimos su repositorio:

deb http://wine.budgetdedicated.com/apt intrepid main

He instalamos el paquete **wine.**

3. OpenOffice.org 3.0

Otro antiguo conocido en la bitácora (Cómo instalar OpenOffice.org 3.0 en Ubuntu 8.10), este repositorio nos permitirá instalar la última versión de OpenOffice.org que no se incluyó en Ubuntu 8.10 debido al poco tiempo que tuvieron los desarrolladores para probarlo. Añade la línea:

deb http://ppa.launchpad.net/openoffice-pkgs/ubuntu intrepid main

Acceder a los orígenes de software y actualiza el sistema.

4. Opera

Opera ofrece un repositorio mediante el que instalar su navegador de forma sencilla en distros (distribución) basadas en Debian. Añade la línea:

deb http://deb.opera.com/opera/ stable non-free

e instala el paquete opera.

5. Banshee

Banshee es desde hace tiempo uno de mis reproductores preferidos para Linux. Para instalar su última versión añadiremos el repositorio.

deb http://ppa.launchpad.net/banshee-team/ubuntu intrepid main

instalaremos el paquete banshee.

6. VideoLAN Client (VLC)

VLC es un reproductor de vídeo multiplataforma bastante popular que destaca por la gran cantidad de formatos que soporta. El repositorio a añadir para mantenernos actualizados es:

deb http://ppa.launchpad.net/c-korn/ubuntu intrepid main

Una vez actualizada la lista de fuentes sólo tenemos que instalar el paquete vlc.

7. Boxee

Un media center derivado del popular XMBC con versiones para Ubuntu y MacOS y que se encuentra actualmente en versión alfa. El repositorio del proyecto es:

deb http://apt.boxee.tv intrepid main

El paquete a instalar, boxee.

8. Elisa

Si prefieres algo más sencillo que Boxee otro media center a considerar es Elisa. Su repositorio es:

deb http://ppa.launchpad.net/elisa-developers/ppa/ubuntu intrepid main

y el paquete a instalar, como era de esperar, elisa.

9. Netbook Remix

Ubuntu Netbook Remix es una versión remozada del escritorio de Ubuntu pensada para adaptarse mejor a los dispositivos con pantallas pequeñas, como los netbooks.

Su repositorio es:

deb http://ppa.launchpad.net/netbook-remix-team/ubuntu intrepid main

Para poder disfrutar de UNR es necesario instalar los paquetes go-home-applet, human-netbook-theme, maximus, netbook-launcher y window-picker-applet y ejecutar al inicio netbook-launcher y maximus.

10. Gnome Do

Una de las mejores docks para Linux, y la que suelo utilizar desde su versión 0.8.
En la entrada correspondiente ya explicamos cómo instalarla: Gnome Do 0.8: ¡wow!.
Su repositorio es:

deb http://ppa.launchpad.net/do-core/ppa/ubuntu intrepid main

11. Deluge

El cliente de BitTorrent por excelencia junto con Transmission. Su repositorio es:

deb http://ppa.launchpad.net/deluge-team/ubuntu intrepid main

y el nombre del paquete a instalar, deluge.

12. Google Gadget

La plataforma de Google para crear y ejecutar gadgets para Linux; compatible con los gadgets de Google Desktop de Windows y los Universal Gadgets de iGoogle.

Su repositorio está pensado para Hardy Heron, pero no hay ningún problema en instalarlo en Ubuntu 8.10:

deb http://ppa.launchpad.net/googlegadgets/ppa/ubuntu hardy main

El paquete que nos interesa es google-gadgets.

13. Mythbuntu

El repositorio de Mythbuntu, la versión de Ubuntu pensada para facilitar el uso de MythTV, un software open source para grabación de vídeo digital.

deb http://ppa.launchpad.net/mythbuntu/ubuntu hardy main

14. Compiz

El repositorio con la última versión de Compiz Fusion, para los más intrépidos y los enamorados del *eye candy*. Añade la fuente:

deb http://ppa.launchpad.net/compiz/ubuntu intrepid main

y actualiza el sistema.

15. Miro

Miro es una de las aplicaciones de televisión por Internet más utilizadas. Permite descargar videos automáticamente vía BitTorrent desde canales basados en RSS y reproducirlos.

El repositorio de Miro es:

deb http://ftp.osuosl.org/pub/pculture.org/miro/linux/repositories/ubuntu intrepid/

y el paquete a instalar, miro.

16. Mundo geek

En el 15+1 y como extra no podía resistirme a publicitar un poco mi pequeño repositorio.

deb http://ppa.launchpad.net/zootropo/ppa/ubuntu intrepid main

En este repositorio se encuentran algunas de las aplicaciones que he escrito para Linux como:

- **Gnome fitness**: un pequeño programa que calcula el estado de forma en el que nos encontramos: el tanto por ciento de grasa que conforma nuestro peso total, el número de calorías que consume nuestro cuerpo diariamente, el índice de masa corporal, etc.
- **Megaupload-dl y rapidshare-dl**: para descargar archivos desde Megaupload y Rapidshare utilizando nuestra cuenta premium.
- **Rename to EXIF date**: renombra nuestras fotografías a la fecha y hora en la que fueron tomadas.
- **Weather wallpaper**: un pequeño programa que comprueba el tiempo cada hora y coloca como fondo de pantalla una imagen que refleja la información obtenida.
- **Workaholic**: aplicación que nos recuerda tomar un descanso del ordenador cada cierto tiempo (5 minutos cada hora, por defecto).

Firmas GPG

Por último, las firmas GPG de los repositorios que las requieren, para el caso de que el gestor de paquetes lo solicite:

Paquete	URL
OpenOffice	http://keyserver.ubuntu.com:11371/pks/lookup?op=get&search=0x60D11217247D1CFF
Gnome-DO	http://keyserver.ubuntu.com:11371/pks/lookup?op=get&search=0x28A8205077558DD0
Deluge	http://keyserver.ubuntu.com:11371/pks/lookup?op=get&search=0xC5E6A5ED249AD24C
Google	https://dl-ssl.google.com/linux/linux_signing_key.pub
WineHQ	http://wine.budgetdedicated.com/apt/Scott%20Ritchie.gpg

¿Qué es una Firma GPG?

GPG (GNU *Privacy Guard*), que es un derivado libre de PGP y su utilidad es la de cifrar y firmar digitalmente, siendo además multiplataforma) aunque viene incorporado en algunos sistemas **Linux**, como en:

https://www.gnupg.org/download/index.en.html

Anillo de Claves: GPG tiene un repositorio de claves (anillo de claves) donde guarda todas las que tenemos almacenadas en nuestro sistema, ya sean privadas o públicas.

Servidores de claves: para que nos cifren un mensaje tenemos que compartir la clave pública de nuestro par de claves para cifrar, y como es un poco engorroso difundir una clave a muchas personas existen los servidores de claves PGP (compatibles con GPG).

Ej.: pgp.rediris.es
pgp.mit.edu

Tipos de claves:

- **Simétricas**: Emisor/Receptor conocen la clave.
- **Asimétricas**: Emisor utiliza clave pública (compartida) el Receptor utiliza una clave privada (secreta).

Generar las claves

Para poder cifrar asimétricamente primero tenemos que crear la pareja de claves (pública y privada) con el comando:

gpg --gen-key

PRÁCTICA 12: Identificar los paquetes de los diferentes SO
DESCRIPCIÓN:

Un paquete es un conjunto de ficheros relacionados con una aplicación, que contiene los objetos ejecutables, los archivos de configuración, información acerca del uso e instalación de la aplicación, todo ello agrupado en un mismo contenedor. Encontramos los binarios y los que son el código fuente.

1. Paquetes binarios

Contienen código máquina, y no código fuente, por lo que cada tipo de arquitectura (x86, X6, ALPHA, SPARC,...) necesita su propio paquete. Encontramos estos tipos de paquetes binarios:
- **RPM:** Estos paquetes son utilizados por distribuciones Red Hat, Suse, Mandrake, Conectiva, Caldera, etc.
- **DEB:** Estos paquetes son utilizados por distribuciones como Debian, y las basadas en ella, como Ubuntu. La utilidad para manejar este tipo de paquetes son apt y dpkg.
- **TGZ:** Son utilizados por la distribución Linux Slackware.

2. Paquetes de código fuente

Contienen el código fuente del programa, estos vienen con los archivos necesarios para compilar e instalar el programa manualmente. Suelen presentarse en formato .tar.gz o tar.bz2 (o sea compactado con tar y comprimido con gzip o bzip). Lo normal es que cada aplicación tenga la información en el fichero README o INSTALL de como instalarlo.

3. Instalando un aplicación

Generalmente la aplicación se presentará en un fichero tip **.tar.gz** o **.tar.bz2**. Lo primero que tendremos que hacer es descomprimir y descompactar el archivo.

    tar -zxf aplicacion-version.tar.gz

En el caso que sea extensión **.tar.bz2**, sería **tar -jkf aplicación-versión.tar.bz2** una vez descompactado y descomprimido, lo compilamos y lo instalamos así:

    ./configure
    make
    make install

Dentro de este tipo de paquetes, también se pueden encontrar paquetes de código fuente en formato rpm. Normalmente están identificados con el campo src. Estos paquetes no contienen la aplicación lista para instalar, sino su código fuente. Mediante la instalación de este tipo de paquetes, lo que se consigue es compilar un nuevo paquete optimizado para la máquina en donde se ejecute, con lo que se crea un nuevo paquete rpm, que será el que finalmente instalaremos en nuestro sistema.

4. Instalando un paquete .rpm

Normalmente, la sintaxis para identificarlos es la siguiente:
    Nombre-versión_aplicación-versión_paquete.arquitectura.rpm

Ej: paquete de instalación del servidor samba, versión 3 del programa, versión 15 del paquete para arquitectura.
    i386. samba-3.00-15.i386.rpm

PASO 1: Preliminares Ubuntu 14.04 LTS

Después de instalar una versión de Ubuntu y conectarme a Internet es actualizar los paquetes disponibles:
    sudo apt-get update && sudo apt-get upgrade
Usar al viejo Synaptic y no perder la costumbre: sudo apt-get install synaptic.

PASO 2: Instalación de paquetes básicos en Ubuntu 14.04 LTS

Un paquete muy bueno que nos permite tener una mejor experiencia a la hora de instalar paquetes es aptitude, tecleamos en la terminal lo siguiente:
    sudo apt-get install aptitude
Ahora instalamos el paquete que nos instala paquetes esenciales:
    sudo aptitude install build-essential
Extras restringidos de Ubuntu, es software esencial, pero que no viene instalado por defecto debido a los derechos de autor y parecidos, cuando realizamos a instalación de la distro se pregunta si queremos instalarla. Este contiene software para: el soporte de archivos mp3 y para reproducir DVD, Fuentes de Microsoft, Plugin Flash, Codecs de video y audio.
    sudo aptitude install Ubuntu-restricted-extras
En la página oficial de paquete podemos encontrar más información:
    https://help.ubuntu.com/community/RestrictedFormats
y también está disponible para otros sabores como Kubuntu, Xubuntu, Lubuntu.
Estos son algunos codecs que pueden faltar:
    sudo apt-get install faad gstreamer0.10-ffmpeg gstreamer0.10-plugins-bad gstreamer0.10-plugins-bad-multiverse gstreamer0.10-plugins-ugly gstreamer0.10-plugins-ugly-multiverse gstreamer0.10-pitfdll
Soporte a los formatos de compresión más populares.
    sudo apt-get install p7zip-rar p7zip-full unace unrar zip unzip sharutils rar uudeview mpack arj cabextract file-roller

PASO 3: Paquetes multimedia
Reproductor VLC: **sudo apt-get install vlc**
Pitivi, editor de videos: **sudo aptitude install pitivi**
Leer e-books: **sudo apt-get install caliber**

PASO 4: Paquetes de ofimática
El paquete LibreOffice ya viene pre-instalado, pero podemos instalar algunos un poco más ligeros y libres, como Abiword, que nos permite editar textos y activando un plugin podemos realizar colaboraciones entre varias personas, el plugin se llama Abicollab, instalando el paquete podemos utilizar nuestra cuenta:
sudo apt-get install abiword
Editor de hoja de cálculo:
sudo apt-get install gnumeric

PASO 5: Paquetes Internet
Cliente IRC: **sudo apt-get install xchat**
Pidgin para mensajería: **sudo apt-get install pidgin**
El navegador web chromium: **sudo apt-get install chromium-browser**
Para descargar Torrents, podemos utilizar Transmission o Deluge:
sudo apt-get install transmission
sudo apt-get install deluge-torrent

PASO 6: Paquetes edición gráfica
Gimp: **sudo apt-get install gimp**
Inkscape para vectores: **sudo apt-get install inkscape**
Para gráficos en 3D, blender: **sudo apt-get install blender**

PASO 7: Instalar slapt-get en Slackware (equivalente a get ó apt-get).
Acceder a la web http://software.jaos.org/
Para 32 bits.
  wget http://software.jaos.org/slackpacks/14.1/slapt-get/slapt-get-0.10.2r-i386-1.tgz
Para 64 bits
  wget http://software.jaos.org/slackpacks/14.1-x86_64/slapt-get/slapt-get-0.10.2r-x86_64-1.tgz

a) Acceder al control de paquetes e instalarlo.
    pktools
b) Editar el fichero /etc/slapt-get/slapt-getrc
    nano /etc/slapt-get/slapt-getrc
    Cambiar el idioma
    $ LANG=es_ES slapt-get
c) Instalar el paquete slapt en entornos gráficos.
    #slapt-get –install gslapt
   00000000
    t

PRÁCTICA 13: Conocer la existencia de Paquetes y Package Managers no oficiales para Slackware.

DESCRIPCIÓN:
Configuración y uso del sistema operativo Slackware y el uso de paquetes que utiliza y su clasificación.

Contenido:
1) Repositorios no oficiales para Slackware.
2) slapt-get.
   2.1) Instalación.
   2.2) Añadiendo repositorios no oficiales a slapt-get.
   2.3) Sintaxis de uso.
3) Swaret.
   3.1) Instalando.
   3.2) Configurando Swaret.
   3.3) Ejemplos del uso de Swaret.

> **Slackware** se tomó la decisión de utilizar un **script** que automatizara el proceso de instalación, de tal manera que para instalar una nueva versión de cada paquete bastara con modificar la variable que informa al sistema sobre la versión de ese paquete.

1) Repositorios no oficiales para Slackware
Alien: Contiene Slackbuilds y binarios.
   http://www.slackware.com/~alien/slackbuilds/
Slacky: Unos 1500 tgz, además de un repositorio para dar soporte a GnomeSlacky.
   http://slacky.eu/
Slackware-Current.net: Unos 800 y tantos tgz.
   http://slackware-current.net/
Linuxpackages.net: Aquí contribuye una gran comunidad de Slackeros. Actualmente hay casi 600 paquetes para Slackware 12.
   http://linuxpackages.net/
   http://www2.linuxpackages.net/packages/

2) Slapt-get
Se trata de un Package Manager rápido (está escrito en C), que puede buscar, descargar, instalar, actualizar y remover paquetes. Cuando instala un tgz, resuelve las dependencias por defecto; cosa que puede evitarse con la opción –no-dep, la cual salta la comprobación del PACKAGES.TXT.

También es capaz de actualizar el sistema, y puede hacer dist-upgrades.

2.1) Instalación
El programa se descarga desde aquí:
   slapt-get   http://software.jaos.org/#
Por ejemplo, para usar Slapt-get 0.9.12c para Slackware-12:
   $ mkdir slapt-get && cd slapt-get
   $ wget http://software.jaos.org/slackpacks/12.0/slapt-get-0.9.12c-i386-1.tgz
   $ su
   # installpkg slapt-get-*

2.2) Añadiendo repositorios no oficiales a slapt-get.
Solo se necesita definir los repositorios en **/etc/slapt-get/slapt-getrc**.

Ejemplo: Slacky y gnome-slacky
   root@MyBox:/home/usuario1# cat   >> /etc/slapt-get/slapt-getrc
   #Slacky
   SOURCE=http://darkstar.ist.utl.pt/slackware/addon/slacky/slackware-12.0/
   #Repositorio con paquetes para Gnome-Slacky
   SOURCE=http://darkstar.ist.utl.pt/slackware/addon/slacky/gnome-slacky-12.0/
   ######Presionar Control+D para salir####
   Alien
   root@MyBox:/home/usuario1# cat >> /etc/slapt-get/slapt-getrc
   ######Repo de Alien
   *SOURCE=http://www.slackware.com/~alien/slackbuilds/*Slackware-Current.net
   root@MyBox:/home/usuario1# cat >> /etc/slapt-get/slapt-getrc
   *######**Slackware-Current.net***
   *SOURCE=http://de.slackware-current.net/slackware-current/**Linuxpackages**
   root@MyBox:/home/usuario1# cat >> /etc/slapt-get/slapt-getrc
   *######**Linuxpackages.net***
   SOURCE=http://www2.linuxpackages.net/packages/

Algunas acciones slapt-get son:	
–update o -u	Sincroniza la SQL desde los mirrors.
–upgrade	Actualiza todos los paquetes del sistema, excepto los que se hayan excluido en el fichero /etc/slapt-get/slapt-getrc.
–dist-upgrade	Actualiza a una nueva versión de Slackware.
–install o –i	Instala el/los paquete(s) especificado(s).
–remove	Remueve el/los paquete(s) señalados(s).
–show	Muestra información acerca de el/los paquete(s).
–search	Busca dentro de la sql usando "expresión" como palabra clave.
–available	Lista los paquetes disponibles.
–installed	Lista los paquetes instalados.
–clean	Limpia el chache. Cada paquete instalado es descargado a un directorio en el que se conserva aún luego de haber sido instalado. Esta opción permite borrar el contenido de dicho directorio.
Opciones :	
–autoclean	Solo borra del chache los paquetes viejos.
–download-only o –d	Solo descarga el pkg en una instalación o upgrade.
–simulate o -s	Muestra que sería instalado/actualizado /removido ante determinada orden.

2.3) Sintaxis de uso de slapt-get
slapt-get [Opción/es] [Acción]
Donde argumento es normalmente el nombre de un paquete.
Por ejemplo, para instalar flightgear sin comprobación de dependencias hago:
slapt-get –no-dep –install flightgear
Ejemplo:

> root@MyBox:/home/usuario1# slapt-get -s –install gimp
> *Reading Package Lists... Done*
> *The following packages will be upgraded:gimp*
> *1 upgraded, 0 newly installed, 0 to remove and 0 not upgraded.*
> *Need to get 14.6MB of archives.*
> *After unpacking 210.0kB of additional disk space will be used.*
> *gimp-2.4.2-i486-1 is to be upgraded to version 2.4.3-i486-1sl*

3) Swaret.

¿Qué es?
Swaret (S**lackWARE T**ool) es un programa para la distribución GNU/Linux Slackware que resuelve dependencias y complemente el Sistema de gestión de paquetes de Slackware añadiendo características como resolución verdadera de dependencia de librerías, soporte de repositorios de terceras personas, soporte para http, rsync y ftp, logeo, etc.

3.1) Instalando.
$ **mkdir ~/swaret && cd swaret**
$ **wget** http://ufpr.dl.sourceforge.net/sourceforge/swaret/swaret-1.6.3-noarch-2.tgz
$ **su**
# **installpkg swaret***

3.2) Configurando swaret.
Basándome en el fichero de ejemplo /etc/swaret.conf.new, hice un pequeño archivo de configuración con textos en español (no se trata de una traducción), donde además incluí varios mirros oficiales junto a los que coment al inicio de este texto.
cat > /etc/swaret.conf
Pegar algo como lo que sigue, y luego presionar Control+D:

```
# Idioma. Nótese que pongo ESPANOL y no ESPAÑOL.
LANGUAGE=ESPANOL
# Versión de Slackware. Sería usada en los repositorios ROOT, y su valor puede ser current, 12.0,
# 11.0, 10.2, 10.1, 9.1, 9.0, etc.
VERSION=12.0
# Repositorios. Oficiales. Todos con el mismo contenido.
ROOT=http://ftp.gwdg.de/pub/linux/slackware/slackware-$VERSION/
ROOT=http://ftp.ntua.gr/pub/linux/slackware/slackware-$VERSION/
ROOT=http://slackware.cs.utah.edu/pub/slackware/slackware-$VERSION/
ROOT=http://ftp.belnet.be/packages/slackware/slackware-$VERSION/
# Repositorios no oficiales. En este caso, el repo de Slacky es el de la versión 12.0, y lo mismo
# ocurre con Linuxpackages.
REPOS_ROOT=Slacky%http://darkstar.ist.utl.pt/slackware/addon/slacky/slackware-12.0/
REPOS_ROOT=G-Slacky%http://darkstar.ist.utl.pt/slackware/addon/slacky/gnome-slacky-12.0/
REPOS_ROOT=Alien%http://www.slackware.com/~alien/slackbuilds/
REPOS_ROOT=Slackware-Current%http://de.slackware-current.net/slackware-current/
REPOS_ROOT=Linuxpackages%http://www2.linuxpackages.net/packages/Slackware-12.0-i386/
# Repositorios para crear la lista de librerías.
DEP_ROOT=http://swaret.sourceforge.net
# Variable RANDOMR. Si su valor es 0, se usará el primer repositorio oficial, además de los
# REPOS_ROOT. Mientras que si el valor es 1, entonces en cada instancia se escogerá un espejo
# al azar.
RANDOMR=1
# Colocar el valor 1 a ROLLBACK para que swaret realice un backup de los paquetes
# actualizados. ROLLBACKMAx se usa para indicar el número máximo de actualizaciones antes de
# borrar un paquetes del cache.
ROLLBACK=0
ROLLBACKMAX=1
# Si la variable que sigue vale 1, entonces la descripción del paquete será incluida en los
# parámetros de búsqueda.
USEPKGDESC=0
# Paquetes excluidos. Es posible emplear expresiones regulares.
EXCLUDE=kernel alsa lilo swaret aaa_ MANIFEST.bz2$ EXCLUDE=^kernel-.*,^alsa-.*,^glibc.*,.*-[0-
9]+dl$,^devs$,^udev$,aaa_elflibs,x86_64
# Cambiar 0 por 1 para deshabilitar el control de dependencias.
DEPENDENCY=1
# Si DSEARCHLIB es 0 (recomiendo mantener en 1), swaret no buscará por librerías no cacheadas
# por ldconfig. Para esta labor se emplea find, salvo que DSEARCHM sea igual a 1,
# en cuyo caso se usa slocate.
DSEARCHM=0
MD5CHECK=1
# Si se cambia 1 por 0 se comprobará la llave GPG.
GPGCHECK=0
```

```
# Swaret muestra la descripción de los paquetes al instalar/actualizar/remover. Obviamente esto
# se anula cambiando 1 por 0.
DESC=1
# Directorio para colocar los tgz descargados.
CACHE_DIR=/var/swaret
# Se generaría registro.
LOG=1
# Archivo de registro.
LOG_FILE=/var/log/swaret
# Desplegar advertencias e información.
WARNINGS=1
INFORMATION=1
# Interfaz de red. Usar el comando "lspci | grep net", para conocer los dispositivos de red.
NIC=eth0
# Progreso. 0 muestra el porcentaje, 1 el tamaño, mientras que 2 mantiene la interface
# wget/rsync.
PROGRESS=0
# Número de segundos antes del time out.
TIMEOUT=35
# Número de reintentos de conexión o descarga.
RETRIES=5
# El valor 1 es útil si se está detrás de un firewall, o cuando swaret debe conectarse a espejos
# FTP.
PASSIVE_FTP=1
##################Fin del fichero########################
```

3.3) Ejemplos del uso de Swaret.

swaret –ACCION [PALABRA CLAVE] [OPCION]

Ejemplos:

Actualizar sql.
    # **swaret –update**

Buscar foo.
    # **swaret –search foo**

Mostrar descripción de foo.
    # **swaret –show foo**

Instalar foo.
    # **swaret –install foo**

Descargar foo.
    # **swaret –get foo**

Remover foo.
    # **swaret –remove foo**

Actualizar Sistema.
    # **swaret –upgrade**

Actualizar Sistema.
    # **swaret –upgrade**

Lo mismo que el anterior, pero ahora swaret no pide comprobación.
    # **swaret –upgrade -a**

Actualizar rama de Slackware.
    # **swaret –dist-upgrade**

Compilar foo.
    # **swaret –compile foo**

Listar todos los paquetes.
    # **swaret –list**

Cachear librerías perdidas (la opción "-a" obvia la comprobación por parte del admin).
    # **swaret –dep -a**

Resumir trabajo interrumpido.
    # **swaret –resume4**

Listar las fuentes.
    # **swaret –list -s**

Buscar foo dentro de los paquetes instalados.
    # **swaret –search foo -i**

> **swaret**
> Opciones:
> [p, s, I, u, n, np] Limita la acción a los parches, fuentes, paquetes instalados, paquetes que tienen candidato para la actualización, paquetes no instalados y parches no instalados, respectivamente.
> [-a] Realiza la acción sin preguntar.

Ejercicios Unidad de Trabajo 2

1. Buscar nuevas minidistribuciones:
   - 3 microdistribuciones.
   - 3 Distribuciones para PenDrive.
2. Buscar los repositorios de Servicios de Ubuntu o Debian.
3. Utilizando un PENDRIVE, realizar 10 particiones, ext-3 más una SWAP e instalar en el PEN una de las distribuciones del ejercicio 1.
4. Actividad de investigación:
   a) Descargar Android x86.
   b) Instalar Android x86, en una de las particiones libres del ejercicio 3.

ACTIVIDADES DE INVESTIGACIÓN

1. Wubi - Programa de instalación de Linux para MS Windows.
   a. Instalarlo y explicar su instalación.
   b. Explicar como funciona.
2. Analizar algunas de las distribuciones que se encuentran en la URL:
   http://linux.about.com/od/embedded/l/bldist_100az.htm
3. Cygwin, el entorno Linux para los sistemas operativos de Windows Mircosoft.
4. Analizar las siguientes distribuciones de Linux, establecer las ventajas y diferencias:
   - Lycoris.
   - Xandros.
   - Linspire's.
5. Descarga una distribución Linux para una Raspberrypi, y el software necesario para su preparación en una memoria SD.

UNIDAD DE TRABAJO III: Introducción al almacenamiento de los sistemas operativos monopuesto

PRÁCTICA 14: Acceder a un sistema de Ficheros NTFS desde Linux.
PRÁCTICA 15: Acceder y reparar datos de un sistema de ficheros Windows desde Linux Ubuntu.

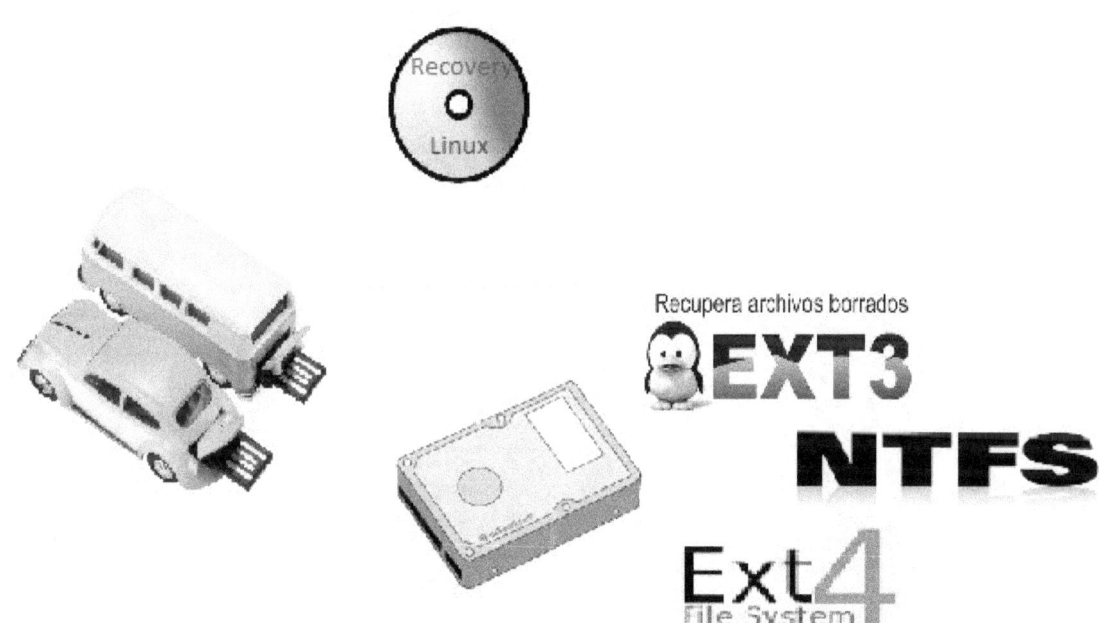

Contenidos
- **Particionar unidades.**
- **Tipos de particiones**
- **El sistema de archivos.**
- **Tipos de sistemas de archivos.**

Órdenes

/etc/fstab
fdisk
fsck

PRÁCTICA 14: Acceder a un sistema de Ficheros NTFS desde Windows

DESCRIPCIÓN:

Windows NT fue diseñado desde el principio para ser un sistema operativo de red y multitarea que rompiese definitivamente cualquier nexo con sus ancestros MS-DOS, para lo que se diseñó un nuevo sistema de ficheros partiendo de un diseño radicalmente nuevo (no se trata por tanto de un nuevo carrozado de las FAT anteriores).

El sistema resultante, denominado NTFS ("New Technology File System") es un sistema muy robusto que permite compresión de ficheros uno a uno; un protocolo de autorización de uso y de atributos de fichero muy desarrollado; sistema de operación basado en transacciones; soporte RAID; posibilidad de juntar las capacidades de dos unidades en un volumen único ("Disk striping") y muchas otras mejoras, como es la capacidad de anotar clusters malos ("Hot fixing") en run-time.

Su penúltima versión, la denominada NTFS 5, incorporada en Windows 2000, dispone de algunas otras características avanzadas, como soporte de encriptación de ficheros incorporado en el propio SO; propiedades de ficheros basados en identificadores persistentes de usuario (ya no es necesario identificar a los ficheros mediante sus terminaciones), e identificación única de todos los objetos del sistema de archivos que permite, entre otras cosas, que un archivo pueda ocupar distintos volúmenes (ficheros multivolumen). Aunque naturalmente estas prestaciones cobran su tributo. NTFS utiliza meta-estructura muy grande, por lo que no es aconsejado para volúmenes de menos de 400 GB.

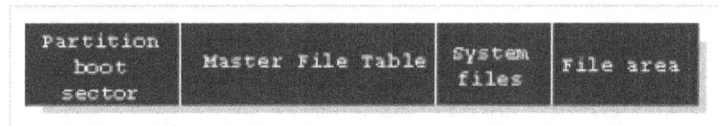

La estructura central de este sistema es la MFT ("Master File Table"), de la que se guardan varias copias de su parte más crítica a fin de protegerla contra posibles corrupciones. Al igual que FAT16 y FAT32, NTFS también utiliza agrupaciones de sectores (clusters) como unidad de almacenamiento, aunque estos no dependen del volumen de la partición. Es posible definir un clúster de 512 bytes (1 sector) en una partición de 5 MB o de 500.000 MB. Esta capacidad le hace disminuir tanto la fragmentación interna como la externa.

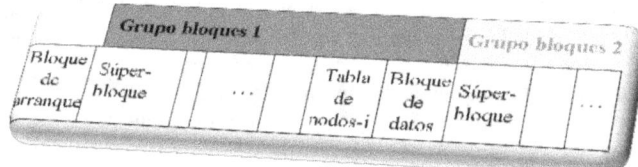

Uso de NTFS desde Linux (particiones ext)

Arrancar desde un Linux, se instala en memoria RAM. La estructura del sistema de ficheros se crea en memoria RAM.

Accede a visualizar todos los discos y sus particiones y se montan en el sistema de arranque.

Una vez montado accedo al directorio y esto en el sistema de ficheros del Windows.

PASO 1: Arrancar desde la ISO de Linux

Visualizar los discos y las particiones.

```
# fdisk -l
```

PASO 2: Montar un sistema de ficheros

```
    mount
Crear un directorio.
    mkdir          crear directorio.
```

cd	acceder a un directorio.	
ls -l	visualizar un directorio (dir).	
cd mnt	acceder al directorio mnt.	
ls –l	visualizar el contenido del directorio mnt.	
mkdir win7	crear el directorio win7 dentro de mnt.	
mkdir winxp	crear el directorio winxp dentro de mnt al mismo nivel que	

> Para realizar un montaje debo de estar fuera del directorio que será el punto de montaje.
> Montar Windows7, directorio actual /mnt:
> # mount /dev/sde11 /mnt/win7
> # cd win7
> # ls -l

Montar sistemas de ficheros de Windows, en un punto de montaje de Linux.

/dev/sdc1   /mnt/winxp
/dev/sde11   /mnt/win7

Identificados las particiones y los directorios del punto de montaje, se realiza el montaje y el acceso.

mount /dev/sdc1 /mnt/winxp
cd winxp
ls -l
cd /mnt
ls -l

PASO 3: Desmontar un punto de montaje

umount

a) Ayuda.

umount --help

b) Visualizar puntos de montajes que se encuentran actualmente montados.

mount

c) Desmontar el punto de montaje /mnt/winxp.

mount
umount /mnt/winxp
cd winxp
ls -l

Primero visualizamos los puntos de montaje, desmontamos el punto de montaje y posteriormente accedemos al directorio donde se había realizado el punto de montaje y visualizamos el contenido del directorio.

PASO 4: Montaje automático de sistemas de ficheros al arrancar

/etc/fstab. En él se indican los sistemas de ficheros sobre los que trabajamos normalmente: el sistema de ficheros en el que tenemos los directorios de Linux, el /proc, la partición dos, el CDROM, y el Floppy.

El fichero */etc/fstab* funciona de la siguiente manera:

Partimos de un ejemplo de contenido de /etc/fstab:

# <device>	<mountpoint>	<filesystemtype>	<options>	<dump>	<fsckorder>
/dev/hda2	/	ext2	defaults	1	1
/dev/hda3	/usr	ext2	defaults	1	2
/dev/sda1	/home	ext2	defaults	1	2
/dev/hdb	/mnt/cdrom	iso9660	user,noexec,nodev,nosuid,ro,noauto	0	0
/dev/fd0	/mnt/floppy	vfat	user,noexec,nodev,nosuid,rw,noauto	0	0
none	/	proc	proc defaults	0	0
/dev/hda4	swap	swap	defaults	0	0
/dev/hda1	/mnt/dos	vfat	exec,dev,suid,rw,auto	0	0

Con la información contenida en este fichero, el sistema haría lo siguiente al arrancar el sistema:

- La partición /dev/hda1 se montaría en el subdirectorio /mnt/dos
- La partición /dev/hda2 se montaría en el subdirectorio /
- La partición /dev/hda3 se montaría en el subdirectorio /usr
- La partición /dev/hda4 se montaría en el subdirectorio como swap
- La partición /dev/sda1 se montaría en el subdirectorio /home
- Proc se montaría en el subdirectorio /proc
- El sistema tendría información sobre como montar un disquete /dev/fd0 y un CD-ROM /dev/hdb, aunque no los monta automáticamente al arrancar por haber definido la opción noauto.

Los parámetros usados en */etc/fstab*:

En la columna de dispositivo (device) se indica el dispositivo/partición a montar, en la punto de montaje (mountpoint) se indica el directorio mediante el cual vamos a acceder al sistema de archivos. En la columna de tipo de sistema de ficheros (filesystemtype) se indica el sistema de ficheros que se usara sobre el dispositivo.

Las opciones:

Campo	Descripción
user,nouser:	permite/no permite a un usuario ordinario montar el sistema de ficheros.
suid,nosuid:	Permite/no permite tener ficheros con el bit de usuario definido.
auto/noauto:	Indica que sí/no se monta cuando hacemos mount -a.
defaults:	Aplica las opciones rw, suid, dev, exec, auto, nouser, async.
exec/noexec:	Permite/no permite la ejecución de binarios.
ro,rw:	Montar sólo lectura, lectura-escritura.
sync/async:	Todos los accesos I/0 al sistema de ficheros se realizarán en modo sincrono/asíncrono.
dev/nodev:	Interpreta/no interpreta los dispositivos especiales de bloques/caracteres en el sistema de ficheros

PRÁCTICA 15: Acceder a los sistemas de ficheros Windows desde Linux Ubuntu y reparara datos

DESCRIPCIÓN:

Los sistemas de ficheros Linux, solo existe un directorio raíz y el punto de montaje del sistema de ficheros, en entorno texto se realizan en /**mnt** y en entorno gráfico en /**media**.

Por defecto los sistemas de ficheros que se montan en la secuencia de arranque se encuentran /**etc/fstab**.

Cuando se monta el sistema de ficheros, depende de cómo se realice:

    / --> directorio raíz en una partición
    swap --> sistema de ficheros de intercambio en otra partición. (1-2 "4 16 Gb de RAM --> 2 SWAP (4 Gb)
    Depende de cómo quieran instalar.
    / --> partición
    /usr --> p
    /bin --> p
    /mnt

> NOTA: Existen versiones linux, que son el patrón de desarrollo, u origen o matriz de diseño del resto de las versiones son en principio tres: debian, slackware, RedHAT

PASO 1: Abrir un sistema de ficheros Windows desde Linux

a) Arrancar desde una ISO.
   Xubuntu.ISO

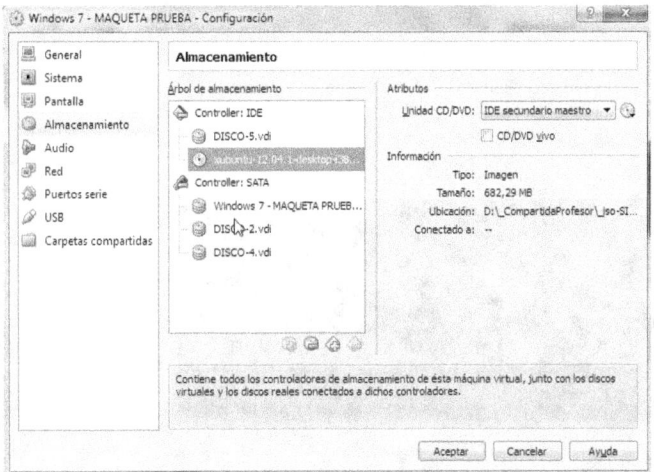

Aceptar
    Arrancar MV
        --> Arrancar a entorno gráfico

PASO 2: Pasar a entorno texto

Abrir la consola 1 (tty1).

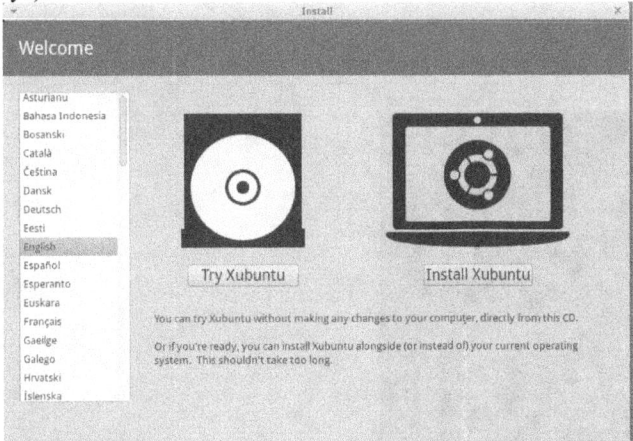

    CTRL+ALT+F1 ... F6
    CTRL+ALT+F7 ---> Entorno gráfico.

PASO 3: Trabajar en modo superusuario.

    su
    $ > usuario
    # root

a) Trabajar en la Línea órdenes.
    sudo orden

```
            sudo  su
b)   En modo superusuario, se índice en el prompt con el  símbolo #
            #
        b.1) El  root no tiene passwd.
                    sudo passwd   root
                      --> passwd usuario actual
                      --> passwd root  (2 veces)
                    su     (usuario  root)
                      : passwd
        b.2) Salta login
                    $  sudo   su  -l
```

PASO 4: Visualizar los sistemas de ficheros montados
```
            df
            cat   /etc/fstab
```
/etc/fstab : Es usado para definir cómo las particiones, distintos dispositivos de bloques o sistemas de archivos remotos deben ser montados e integrados en el sistema.

Cada sistema de archivos se describe en una línea separada. Estas definiciones se convertirán con **systemd** en unidades montadas de forma dinámica en el arranque, y cuando se recargue la configuración del administrador del sistema.

El archivo es leído por la orden mount, a la cual le basta con encontrar cualquiera de los directorios o dispositivos indicados en el archivo para completar el valor del siguiente parámetro. Al hacerlo, las opciones de montaje que se enumeran en fstab también se aplicarán.

PASO 5: Visualizar los discos conectados
```
            fdisk  -l
```
Gestión de la consola texto.
```
            MAY +   RePag
```
```
Disk /dev/sda: 37.6 GB, 37580963840 bytes
255 heads, 63 sectors/track, 4568 cylinders, total 73400320 sectors
Units = sectors of 1 * 512 = 512 bytes
Sector size (logical/physical): 512 bytes / 512 bytes
I/O size (minimum/optimal): 512 bytes / 512 bytes
Disk identifier: 0xae4c7688

   Device Boot      Start         End      Blocks   Id  System
/dev/sda1   *        2048      206847      102400    7  HPFS/NTFS/exFAT
/dev/sda2         206848    73398271    36595712    7  HPFS/NTFS/exFAT
```
Windows, al instalar el sistema:
    Crear una partición para el gestor de arranque.
    Para Windows es una partición de sistema.
        - Windows xp   8 Mb
        - Windows 7   100 Mb
        - Windows 8   300-340 Mb
    La partición dónde está el SO. --> La partición PRINCIPAL.

a) Acceder a la partición.
```
            fdisk   /dev/sda
```
b) Acceso a la aplicación fdisk
```
        m   ayuda.
```
```
root@xubuntu:~#  fdisk /dev/sda

Command (m for help): m
Command action
   a   toggle a bootable flag
   b   edit bsd disklabel
   c   toggle the dos compatibility flag
   d   delete a partition
   l   list known partition types
   m   print this menu
   n   add a new partition
   o   create a new empty DOS partition table
   p   print the partition table
   q   quit without saving changes
   s   create a new empty Sun disklabel
   t   change a partition's system id
   u   change display/entry units
   v   verify the partition table
   w   write table to disk and exit
   x   extra functionality (experts only)
```
    b.1) Visualizar particiones. Pulsar la letra p+[ENTER]

```
Command (m for help): p

Disk /dev/sda: 37.6 GB, 37580963840 bytes
255 heads, 63 sectors/track, 4568 cylinders, total 73400320 sectors
Units = sectors of 1 * 512 = 512 bytes
Sector size (logical/physical): 512 bytes / 512 bytes
I/O size (minimum/optimal): 512 bytes / 512 bytes
Disk identifier: 0xae4c7688

   Device Boot      Start         End      Blocks   Id  System
/dev/sda1   *        2048      206847      102400    7  HPFS/NTFS/exFAT
/dev/sda2          206848    73398271    36595712    7  HPFS/NTFS/exFAT
```

  b.2) Salir.
   q
   fdisk -l

c.) Crear una nueva partición (1..4) MBR.
   fdisk /dev/sdd
   Crear un partición extendida (5....), lógicas.
     MBR --> Primaria, extendida.
     EMBR --> lógicas (5...)
       n   nueva
        p   primaria
        1
        Primer sector [ENTER]
          +5G

     +5120M
   n
     p primaria
      2
   Primer sector [ENTER]
   + 2G

```
Disk /dev/sdd: 26.8 GB, 26843545600 bytes
255 heads, 63 sectors/track, 3263 cylinders, total 52428800 sectors
Units = sectors of 1 * 512 = 512 bytes
Sector size (logical/physical): 512 bytes / 512 bytes
I/O size (minimum/optimal): 512 bytes / 512 bytes
Disk identifier: 0xe4548064

   Device Boot      Start         End      Blocks   Id  System
/dev/sdd1            2048    10487807     5242880   83  Linux
/dev/sdd2        10487808    14682111     2097152   83  Linux
```

d.) Cambiar el tipo de sistema de ficheros.
   t
   Número: 2 partición 2
   l --> Visualizar la tabla de sistemas de ficheros.   *Cambia el sistema de ficheros.*

e.) Visualizar la tabla de sistema de ficheros.
   82
   Visualizar p

f.) Establecer la partición activa.
   a --> Establecer/borra la partición activa.
     Número partición: 1
     p --> visualizar

```
Disk /dev/sdd: 26.8 GB, 26843545600 bytes
255 heads, 63 sectors/track, 3263 cylinders, total 52428800 sectors
Units = sectors of 1 * 512 = 512 bytes
Sector size (logical/physical): 512 bytes / 512 bytes
I/O size (minimum/optimal): 512 bytes / 512 bytes
Disk identifier: 0xe4548064

   Device Boot      Start         End      Blocks   Id  System
/dev/sdd1   *        2048    10487807     5242880   83  Linux
/dev/sdd2        10487808    14682111     2097152   82  Linux swap / Solaris
```

g.) Grabar tabla y salir de fdisk
   w

h.) Partición extendida.
   fdisk /dev/sdd
   Partición lógica.
   n
     e
       Tamaño
        Primer [ENTER]
        Último: +15G

i.) Borrar una partición.
   Primaria o cualquier otra.
      d
j.) Verificar la tabla.
   v ---> verificar

```
Command (m for help): v
Remaining 37748734 unallocated 512-byte sectors
```

PASO 6: Entrar en modo experto
   fdisk /dev/sdd
   x --> Existe un menú
      m --> ayuda

```
Expert command (m for help): m
Command action
   b   move beginning of data in a partition
   c   change number of cylinders
   d   print the raw data in the partition table
   e   list extended partitions
   f   fix partition order
   g   create an IRIX (SGI) partition table
   h   change number of heads
   i   change the disk identifier
   m   print this menu
   p   print the partition table
   q   quit without saving changes
   r   return to main menu
   s   change number of sectors/track
   v   verify the partition table
   w   write table to disk and exit
Expert command (m for help): _
```

   p --> Visualizar la tabla de particiones.

```
Expert command (m for help): p

Disk /dev/sdd: 255 heads, 63 sectors, 3263 cylinders

Nr AF  Hd Sec  Cyl  Hd Sec  Cyl     Start      Size ID
 1 80  32  33    0 213   9  652      2048  10485760 83
 2 00 213  10  652 234  25  913  10487808   4194304 82
 3 00 234  26  913  11  19  824  14682112  31457280 05
 4 00   0   0    0   0   0    0         0         0 00
 5 00   0   0    0   0   0    0         0         0 00
Expert command (m for help): _
```

   h --> Cabezas.
      200

```
Expert command (m for help): h
Number of heads (1-256, default 255): 200

Expert command (m for help): p

Disk /dev/sdd: 200 heads, 63 sectors, 3263 cylinders

Nr AF  Hd Sec  Cyl  Hd Sec  Cyl     Start      Size ID
 1 80  32  33    0 213   9  652      2048  10485760 83
 2 00 213  10  652 234  25  913  10487808   4194304 82
 3 00 234  26  913  11  19  824  14682112  31457280 05
 4 00   0   0    0   0   0    0         0         0 00
 5 00   0   0    0   0   0    0         0         0 00
```

PASO 7: Comprobar sistemas de ficheros de un Linux y Windows
Las ordenes se encuentran en el directorio /sbin, lo primero que hacemos es visualizar las ordenes.
   ls -l fs*
   fsck
Comprobar previamente los sistemas de ficheros que existen por cada disco.
   fdisk -l
a) Ayuda.
   fsck --help
b) Comprobar sistemas de ficheros Linux ext.
   fsck -p -f /dev/sda1
c) Comprobar un sistema de ficheros Windows.
   fsck.msdos -a   /dev/sdb1
   fsck.ntfs -a   /dev/sdb2
   fsck.vfat -a   /dev/sdb3

```
Chequear particiones
fsck
fsck.cramfs
fsck.ext2 -> e2fsck
fsck.ext3 -> e2fsck
fsck.ext4 -> e2fsck
fsck.ext4dev -> e2fsck
fsck.fat
fsck.minix
fsck.msdos -> fsck.fat
fsck.nfs
fsck.vfat -> fsck.fat
fsfreeze
fstab-decode
fstrim
fstrim-all
```

Ejercicios Unidad de Trabajo 3

1. Buscar los repositorios de servicios de Ubuntu o Debian.
2. Utilizar un pendrive y realizar 10 particiones:
    - 9 Particiones de tamaños diferentes, con sistemas de ficheros diferentes.
    - 1 Swap.
    - Activar y desactivar la SWAP, de una partición, una vez que se haya instalado el sistema operativo UBUNTU 14.04.
3. Usando las particiones, del ejercicio 2, cambiar la partición activa.

ACTIVIDADES DE AMPLIACIÓN

1. Leer una tarjeta SD de Android, para lo que se realizará un lector de tarjetas, realizando un montaje y visualización del sistema de ficheros.
2. Buscar la estructura y dibujo de cómo se encuentra la tabla de un disco con partición GPT, y cuantas particiones se pueden realizar.
3. Buscar órdenes o aplicaciones que permitan modificar MBR.

UNIDAD DE TRABAJO IV: Directorios en Linux

PRÁCTICA 16: Ficheros de claves de usuarios y grupos.
PRÁCTICA 17: Manejar los diferentes Shell.
PRÁCTICA 18: Manejar los directorios en Linux.
PRÁCTICA 19: Manejar los comandos comunes.

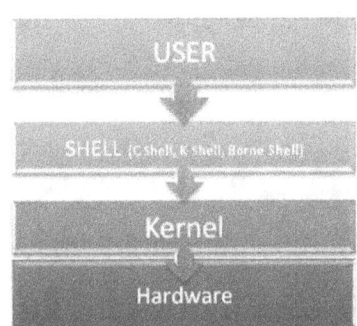
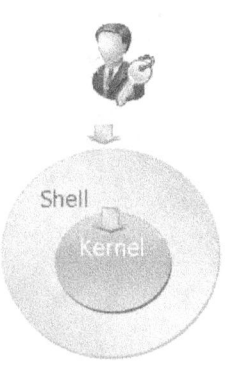

Contenidos
- **Ordenes básicas en Linux.**
- **Directorios en Linux.**
- **El Sistema de archivos en Linux.**
- **Ayuda en Linux.**
- **Operaciones sobre directorios y carpetas.**
- **Atributos de los directorios o carpetas.**

Órdenes

/etc/passwd
/etc/group
/etc/shadow
/etc/gshadow
sudo, Info, infotext,
cat, init, halt,
poweroff, reboot,
reset, clear, pwd,
cd, man, fdisk, tree,
mkdir, rm, touch,
mv, apt-get,
dpkg-reconfigure,
dpkg

PRÁCTICA 16: Ficheros de claves de usuarios y grupos
DESCRIPCIÓN:
Los ficheros que forman la configuración de usuarios y grupos se encuentran en el directorio /etc, y son:

Archivos de administración y control de usuarios

Archivos de administración y control de usuarios	Funcionalidad
.bash_logout	Se ejecuta cuando el usuario abandona la sesión.
.bash_profile	Se ejecuta cuando el usuario inicia la sesión.
.bashrc	Se ejecuta cuando el usuario inicia la sesión.
/etc/group	Usuarios y sus grupos.
/etc/gshadow	Contraseñas encriptadas de los grupos.
/etc/login.defs	Variables que controlan los aspectos de la creación de usuarios.
/etc/passwd	Usuarios del Sistema.
/etc/shadow	Contraseñas encriptadas y control de fechas de usuarios del sistema.

/etc/passwd

El archivo /etc/passwd contiene la mayoría de la información de las cuentas de usuario. Esta información está disponible para todos los usuarios en la mayoría de los sistemas con tan sólo usar cat /etc/passwd, pero sólo el usuario root puede modificarlo. Este archivo existe en FreeBSD, pero también existe /etc/master.passwd con la misma información.

login ID : x : UID numbre : número de grupo : Comentarios : Directorio de trabajo : Shell de usuario

Campo	Descripción
login ID	ID se trata del nombre con el que se accede a la cuenta.
x	Representa el password encriptado. Anteriormente aparecía de verdad el password encriptado en este apartado, pero por razones de seguridad ahora se encuentra en el archivo /etc/shadow Es posible que algunas versiones de Unix todavía lo incluyan, pero en general es algo que ya no se usa. Hay que recordar que con un simple **cat /etc/passwd** cualquier usuario tiene acceso al código encriptado, y con fuerza bruta puede descifrarlo. En FreeBSD el archivo **/etc/master.passwd** sí contiene los passwords encriptados, pero se necesitan privilegios de root para poder verlo.
UID number	**El número de identificación usuario.** Por comodidad, los usuarios acceden a su cuenta con un nombre elegido por ellos; pero para Unix los usuarios son representados por un número que en la mayoría de los sistemas va de 0 a 65535, con 0 – 99 reservado para archivos del sistema. Este número de identificación se puede duplicar por el administrador, aunque puede haber confusión y no es recomendable. El usuario root tiene reservado el número 0. Como lo que realmente importa para Unix no es el nombre sino el ID, entonces cualquier usuario con un número 0 tiene privilegios de root.
Número de grupo	**Número de grupo por default.** Representa el grupo al cual es asignado el usuario en un principio. Este número no es único, y muchos usuarios pueden compartirlo sin problemas.
Comentarios	**Los comentarios y datos adicionales de la cuenta.** Incluye información general que se pide al momento de crear al usuario. Este campo puede estar en blanco. Tampoco es conveniente incluir información delicada, porque todos podrán verla. Este campo es conocido como GCOS (de General Electric Comprehensive Operating System).
Directorio de trabajo	**Directorio en el que se inicia la sesión por default.** Generalmente este campo contiene algo como **/home/nombre_de_usuario** indicando que la cuenta de alumno está montada en el directorio home. No es necesario que sea en ese directorio, pero debe evitarse que la cuenta esté en: /temp.
La shell de usuario	**Shell de login del usuario.** Necesita ser una de las contenidas en el archivo /etc/shell . Cada uno de estos campos está separado por ':' (dos puntos) Si alguno de esos campos está vacío, aparecerán (dos puntos dos veces) ::

Ej.: # cat /etc/password
    root:x:0:0:root:/root:/bin/bash
    bin:x:1:1:bin:/bin:/bin/sh
    daemon:x:2:2:daemon:/sbin:/bin/sh

/etc/shadow

usuario : clave : ultimo : puede : debe : aviso : expira : desactiva : reservado

Campo	Descripción
usuario	El nombre del usuario.
clave	La clave cifrada.
ultimo	Días transcurridos del último cambio de clave desde el día 1/1/70.
puede	Días transcurridos antes de que la clave se pueda modificar.
tiene	Días transcurridos antes de que la clave tenga que ser modificada.
aviso	Días de aviso al usuario antes de que expire la clave.
expira	Días que se desactiva la cuenta tras expirar la clave.
desactiva	Días de duración de la cuenta desde el 1/1/70.
reservado	Sin comentarios.

Ej.: # cat /etc/shadow
victoria : gEvm3sslnGRlr : 10639 : 0 : 99999 : 7 : -1 : -1 : 134529868
alumno:6h5osz0oA$BLZlWenCbtcK9tP060Med5XTgSZ53ziCzQvAmTb2DAbRmlrwM4FnQ/NH80jBuZm8jdo.d3tA1L4vaDTSJ6p
bf1:16210:0:99999:7:::
admin:6vlsmtqCx$1V9/lDQ7NoF3EBzwJ8aFrJbjeqD.wiEVNl0xrQ/VrPsxvL28SJCHrAv3ipqeGBnnWOP99bQV1Dg3OqeMrphGw1:
16237:0:99999:7:::

/etc/group

grupo:password:gid:usuarios

Contiene los nombres de los grupos y una lisa de los usuarios que pertenecen a cada grupo.

Campo	Descripción
grupo	El nombre del grupo (es recomendable que no tenga más de 8 caracteres): samba share
password	La contraseña cifrada o bien una x que indica la existencia de un archivo gshadow: x
gid	El número de GID del grupo (número identificativo de grupo) :124.
usuarios	Lista de los usuarios miembros del grupo, separados por comas (sin espacios): alumno.

Por defecto prevalecerá la pertenecía al grupo que se defina en /etc/passwd en caso de discrepar con este archivo.
Ej.: # cat /etc/group
sambashare:x:124:alumno

/etc/gshadow

Al igual que el fichero /etc/shadow de las contraseñas encriptadas para usuarios, también se puede usar un fichero /etc/gshadow de contraseñas encriptadas para grupos.

nombre:password:uid:gid:descripción opcionalcarpeta:shell

Campo	Descripción
nombre	No se admiten números al comienzo de un nombre de usuario.
password	Una "x" indica que el password está almacenado en /etc/shadow, en el caso de ser una "!" es que el usuario está bloqueado. Si tiene "!!" es que no tiene.
uid	Cada usuario lleva un no identificador (uid) entre 0(root) y 65535. Se reservan algunos para usuario root (el cero siempre), y para usuarios de servicios varios del sistema. Red Hat y derivados entre 1 y 499. Debian y derivados entre 1 y 999.
gid	Grupo id, cada usuario tiene un id de grupo principal, pero puede pertenecer a más grupos.
carpeta	La usará como la carpeta de inicio del usuario, al iniciar sesión con él será la que cargue por defecto.
shell	Los usuarios de servicios y usuarios con permisos limitados no deben tener shell, es decir iniciar sesión en consola, normalmente se les deja con /usr/bin/nologin o /bin/false

Ej.: # cat /etc/gshadow
**lpadmin:!::alumno
scanner:!::saned
alumno:!::
sambashare:!::alumno**

Se suele usar para permitir el acceso al grupo, a un usuario que no es miembro del grupo. Ese usuario tendría entonces los mismos privilegios que los miembros de su nuevo grupo.

/usr/sbin/pwconv   Para convertir al formato shadow.
/usr/sbin/pwunconv   Para convertir de nuevo al formato tradicional.

pwconv y pwunconv

El comportamiento por defecto de todas las distribuciones (distros) modernas de GNU/Linux es activar la protección extendida del archivo /etc/shadow, que (se insiste) oculta efectivamente el 'hash' cifrado de la contraseña de /etc/passwd.

Pero si por alguna bizarra y extraña situación de compatibilidad se requiriera tener las contraseñas cifradas en el mismo archivo de /etc/passwd se usaría el comando pwunconv:

**#> more /etc/passwd
root:x:0:0:root:/root:/bin/bash
sergio:x:1001:1000:Sergio González:/home/sergio:/bin/bash
...**
(La 'x' en el campo 2 indica que se hace uso de /etc/shadow).

#> more /etc/shadow
root:ghy675gjuXCc12r5gt78uuu6R:10568:0:99999:7:7:-1::
sergio:rfgf886DG778sDFFDRRu78asd:10568:0:-1:9:-1:-1::

#> pwunconv

```
#> more /etc/passwd
root:ghy675gjuXCc12r5gt78uuu6R:0:0:root:/root:/bin/bash
sergio:rfgf886DG778sDFFDRRu78asd:1001:1000:Sergio González:/home/sergio:/bin/bash
...
#> more /etc/shadow
/etc/shadow: No such file or directory
```

(Al ejecutar pwunconv, el archivo shadow se elimina y las contraseñas cifradas 'pasaron' a passwd). En cualquier momento es posible reactivar la protección de shadow:

```
#> pwconv
#> ls -l /etc/passwd /etc/shadow
-rw-r--r-- 1 root root 1106 2007-07-08 01:07 /etc/passwd
-r-------- 1 root root  699 2009-07-08 01:07 /etc/shadow
```

Se vuelve a crear el archivo shadow, además nótese los permisos tan restrictivos (400) que tiene este archivo, haciendo sumamente difícil (no me gusta usar imposible, ya que en informática parece ser que los imposibles 'casi' no existen) que cualquier usuario que no sea root lo lea.

/etc/login.defs

En el archivo de configuración /etc/login.defs están definidas las variables que controlan los aspectos de la creación de usuarios y de los campos de shadow usados por defecto. Algunos de los aspectos que controlan estas variables son:

- Número máximo de días que una contraseña es válida PASS_MAX_DAYS.
- El número mínimo de caracteres en la contraseña PASS_MIN_LEN.
- Valor mínimo para usuarios normales cuando se usa useradd UID_MIN.
- El valor umask por defecto UMASK.
- Si el comando useradd debe crear el directorio home por defecto CREATE_HOME.

Basta con leer este archivo para conocer el resto de las variables que son autodescriptivas y ajustarlas al gusto. Recuérdese que se usarán principalmente al momento de crear o modificar usuarios con los comandos useradd y usermod que en breve se explicaran.

Ejemplo:

Lista de comandos resumen,

Comando	Descripción
chage	Cambia la información sobre la caducidad de la contraseña.
chfn	Cambia la información del campo "comentario" de un usuario.
chsn	Cambia la información del campo "shell" de un usuario.
groupadd	Añadir grupos al sistema.
groupdel	Borrar un grupo que existe.
groupmod	Modificar los parámetros de un grupo existentes en el sistema.
groups	Dice en qué grupos estamos.
id	Muestra ID y grupos.
login	Permite cambiar de usuario.
newgrp	Permite cambiar a otro grupo (necesitamos saber la contraseña).
sg	Permite ejecutar comandos de otro grupo.
su	Permite cambiar a superusuario (root).
talk	Comunicación bidireccional interactiva con otro usuario que esté conectado al sistema.
useradd	Agregar usuarios al sistema.
userdel	Borrar usuarios.
usermod	Modificar los parámetros de un usuario.
w	Lista los usuarios que hay en el sistema y lo que están haciendo.
wall	Escribir mensaje a todos los usuarios.
who	Lista los usuarios que hay en el sistema.
whoami	Dice qué usuario somos.
write	Escribir un mensaje a otro usuario.
mesg	[y/n] permitir o no que te escriban mensajes.

PRÁCTICA 17: Manejar los diferentes Shell.
DESCRIPCIÓN:
Modos de visualización del shell es el intérprete de ordenes (equivalente al cmd) existen diferentes versiones de shell que pueden dividirse en cuatro categorías: tipo Bourne, tipo consola C, no tradicional e histórica.

Compatibles con Bourne shell
- **Bourne shell (sh)**: Escrita por Steve Bourne, cuando estaba en Bell Labs. Se distribuyó por primera vez con la Versión 7 Unix, en 1978, y se mejoró con los años.
- **Almquist shell (ash)**: Se escribió como reemplazo de la shell Bourne con licencia BSD; la sh de FreeBSD, NetBSD (y sus derivados) están basados en ash y se han mejorado conforme a POSIX para la ocasión.
- **Bourne-Again shell (bash)**: Se escribió como parte del proyecto GNU para proveerlo de un superconjunto de funcionalidad con la shell Bourne.
- **Debian Almquist shell (dash)**: Dash es un reemplazo moderno de ash en Debian.
- **Korn shell (ksh)**: Escrita por David Korn, mientras estuvo en Bell Labs.
- **Z shell (zsh)**: Considerada como la más completa: es lo más cercano que existe en abarcar un superconjunto de sh, ash, bash, csh, ksh, y tcsh.

Compatibles con la shell de C
- **C shell (csh)** escrita por Bill Joy, mientras estuvo en la University of California, Berkeley. Se distribuyó por primera vez con BSD en 1979.
- **TENEX C shell (tcsh)**.

Otros o exóticos
- **fish:** una shell amigable e interactiva, lanzada por primera vez en 2005.
- **mudsh:** una shell inteligente al estilo de los videojuegos que opera como un MUD.
- **zoidberg**, una shell modular escrita en Perl, configurada y de operación completamente en Perl.
- **rc**: el shell por defecto de Plan 9 from Bell Labs y Versión 10 de Unix escrita por Tom Duff. Se han hecho ports para Inferno y para sistemas operativos basados en Unix.
- **es shell (es)**: una shell compatible con RC escrita a mediados de los 90.
- **scsh:** (Scheme Shell)

Existen dos tipos de consolas o dos modos de visualización, a nivel de la tarjeta gráfica: el modo de texto (tty) y el modo gráfico (GUI).

ACCESO A LAS CONSOLAS
- CTRL+ALT+F1...F6 -> Se pueden tener abiertas simultáneamente 6 consolas, de texto.
- CTRL+ALT+F7-> Retorno al entorno gráfico.

Acceso a la consola:
Por defecto entramos en una consola a nivel de usuario, eso se ve reflejado en el prompt, por su terminación en $.
   $ sudo passwd root
   Password usuario actual: Practica2014*
   Nombre de usuario: root
   Password (CLAVE): Practica2014*

PASO 1: Acceso usuario
   Login: smr
   Password: Practkca2012*
   .....$ r

Tipo de usuario con el que se accede nos lo muestra la línea de órdenes:
   $ --> usuario.
   >   --> usuario.
   #   --> superusuario.

> Todas las órdenes en Linux/Unix se escriben en minúsculas.

Ejecutar órdenes en modo superusuario.
   sudo orden

PASO 2: Sintaxis de LINUX
   orden   parámetros   argumentos
   parámetro == Opciones o modificadores de la orden (equivalente a las opciones de Windows en CMD).
   -letra
   --palabra   --literal   Un literal es una cadena de 2 ó más caracteres, normalmente son palabras
   argumento (linux) == parámetro (Windows)
   /ruta/ficheros == (unidad:\ruta\ficheros)

PASO 3: Ayudas de las órdenes
a) Ayuda en línea
   orden --help
   Retroceder en la consola MAY + [TECLADO DE EDICIÓN (RePag)]
b) Diferentes formas de obtener las ayudas.
b.1) Ayuda utilizando la orden man.
   man orden
   Ej.: man ls

> **Sintaxis y ejemplos.**
> Para salir de las ordenes de ayuda q=quit Indica salir de una aplicación de ayuda.

b.2) Ayuda utilizando la orden info.
    info orden
    ej.: info ls
b.3) Ayuda utilizando la orden infotext
    infotext orden
    ej,;infotext ls
b.4) Ayuda utilizando la orden textinfo
    textinfo orden
    ej.: textinfo ls
b.5) Lista de órdenes básicas en órden alfabético con una breve descripción.
    help

PASO 4: Diferentes SHELL

El sistema Operativo tiene un núcleo o kernel (ARRANCA EL SISTEMA) y un caparazón o interprete de comandos: sh, bash, csh, tcsh, zcsh, zsh,...

El intérprete permite crear ficheros ("por lotes batch") Shell o guion:
- Son muy potentes.
- Permiten programación:
  - Programación Shell. Ej: sh, bash.
    Usuarios se identifican en la línea de comandos: $
    El root se identifica : #
  - Programación lenguaje C: csh, tcs, zcsh
    Usuarios se identifican en la línea de comandos: >
    El root se identifica: #
- El Shell que maneja un usuario, se define cuando se crea el usuario.
  Se define en entorno de texto: **useradd, adduser, usermod.**

¿Dónde está la definición?
    La definición se encuentra en /etc/passwd
    cat /etc/passwd
    clear

PASO 5: Sistema de ficheros.

Para Linux todo se trata como un fichero.
Con punto de montaje / (Directorio raíz ...), se monta la partición de arranque.

    El resto de las particiones ¿Dónde se monta?
    Se monta a partir /, por norma general se monta /mnt
    /mnt/floppy
    /mnt/cdrom
    /mnt/dvd
    /mnt/Windows
    /mnt/pen
    mount: montar un sistema de ficheros.
    umount: desmontar un sistema de ficheros.

Fichero de montaje de unidades **/ect/fstab**
    cat /ect/fstab

Unidad de intercambio, una partición, cuyo tipo es /swap
Por cada partición, correspondiente a una unidad de almacenamiento, aparece una clave identificativa UUID: identificador único universal de unidades.
Un montaje de ficheros necesita un dispositivo de manejo.
    /dev

> **UUID** - Universally Unique Identifier.
> Permite la existencia de dispositivos probables diferentes.
> Un **UUID** es un número de 16-byte (128-bit).
> El número teórico de posibles UUID es entonces de 3×10^{38}
> En su forma canónica, un UUID consiste de 32 dígitos hexadecimales, mostrados en cinco grupos separados por guiones, de la forma 8-4-4-4-12 para un total de 36 caracteres (32 dígitos y 4 guiones).

> CONCLUSIÓN: hay que montar y desmontar las unidades en un punto de montaje, predefinido o crear el directorio, antes de realizar el montaje.

PASO 6: Tratamiento de dispositivos a nivel
- Carácter.
- Bloque.

Ej.: Hay veces que el script **MAKEDEV** no tiene información de un dispositivos, entonces hay que Crear un dispositivo de carácter ttySO, dispositivo de caracteres con número mayor 4 y número menor 64. El fichero device.txt es la fuente canónica de los dispositivos

    # **mknod /dev/ttyS0 c 4 64**
    # **chown root.dialout /dev/ttyS0**
    # **chmod 0644 /dev/ttyS0**
    # **ls -l /dev/ttyS0**

PASO 7: Parada del sistema operativo

Se puede parar cerrando la máquina virtual, o bien desde la línea de comandos utilizando cualquiera de estas órdenes.

Orden	Descripción
init 0	Es el primer proceso en ejecución tras la carga del kernel y el que a su vez genera todos los demás procesos. Runlevel 0 indica que se detenga y pare el sistema operativo.
halt	Se utiliza para apagar el ordenador.
shutdown	Apagar o reiniciar el sistema.
power	Apagar el sistema.
poweroff	Apagar el sistema.
reboot	Reiniciar el sistema.
reset	Resetear el sistema Linux.

Fichero	Descripción
/var/run/utmp	Archivo en el que el nivel de ejecución actual se leerá desde; este archivo también se actualizará con el registro del nivel de ejecución siendo sustituida por un registro de tiempo de apagado.
/var/log/wtmp	Un nuevo récord para el nivel de ejecución el tiempo de apagado se anexará a este archivo.

PASO 8: Ejemplo de parada y reinicio del sistema

1. Para detener el sistema:
   halt   Este comando es similar al poweroff, que apaga el sistema
2. Para apagar el sistema:
   poweroff   El comando poweroff se utiliza para apagar el sistema.
3. Para reiniciar el sistema:
   reboot   El comando reboot se utiliza para reiniciar el sistema.
4. Reiniciar el sistema operativo:
   reset
5. Otra forma de reiniciar:
   init 6
6. Podemos pedirle que apague el sistema ahora mismo:
   sudo shutdown -h now
   o bien
   sudo shutdown -h +0
7. Solicitar que apague el sistema en un tiempo determinado:
   sudo shutdown -h +m
8. Donde m es el número de minutos que deben transcurrir para que el sistema se apague; por ejemplo, si queremos que se apague en 10 minutos, sería:
   sudo shutdown -h +10
9. En Ubuntu es posible omitir el argumento -h dejando únicamente:
   sudo shutdown +10
10. También podemos decirle que se apague a una hora específica. (Utiliza el sistema de 24 horas, es decir, de 00 a 23). Por ejemplo a las 17:30:
    sudo shutdown -h 17:30
11. Además se le puede agregar una leyenda a la orden de apagado:
    sudo shutdown -h 18:45 "El equipo se apagará por mantenimiento"
12. Para reiniciar el sistema:
    sudo reboot
    o bien:
    sudo shutdown -r now
    sudo shutdown -r +0
13. Para reiniciar el sistema en un tiempo determinado:
    sudo shutdown -r +5
14. Para reiniciar el sistema a una hora específica:
    sudo shutdown -r 23:30

halt
Sintaxis: halt [-d | -f | -h | -n | -i | -p | -w]

Opción	Descripción
-d	No escribir registro wtmp (en el archivo /var/log/wtmp) El flag -n implica -d
-h	Poner todos los discos duros del sistema en modo de espera antes de que el sistema se detenga o apague.
-n	No sincronizar antes de reiniciar o detener.
-i	Apagar todas las interfaces de red.
-p	Cuando detenga el sistema, lo apaga también. Esto es por defecto cuando el halt se llama como poweroff.
-w	No reiniciar o detener, sólo escribir el registro wtmp (en el archivo /var/log/wtmp).

sudo
Sintaxis: su [opciones] [USUARIO]

Opción	Descripción
-b	Como --backup pero no acepta ningún argumento.
-f	No pregunta nunca antes de sobrescribir.
-i	Pide confirmación antes de sobrescribir.
-S	Reemplaza el sufijo de respaldo habitual.
-T	Trata DESTINO como fichero normal.
-u	Mueve solamente cuando el fichero ORIGEN es más moderno que el fichero de destino.

PRÁCTICA 18: Manejar los directorios en Linux.

DESCRIPCIÓN:
Para Linux todos son ficheros, no existen directorios ni unidades, ni dispositivos, todo se trata como un sistema de ficheros. No obstante debemos tener clara los diferentes conceptos:
- **Directorio:** es la estructura organizativa actual.
- **Directorio Actual:** es donde estoy (pwd) ".".
- **Directorio Raíz:** punto de montaje del sistema /, solo existe uno por sistema.
- **Directorio Padre:** es el directorio anterior al actual, se identifica su existencia o su referencia por medio de ".. con directorio Actual".

PASO 1: Visualizar el directorio actual
        pwd
a) Ayuda.
        pwd --help
b) Valor por defecto.
        pwd

PASO 2: Acceder a un directorio
        cd
a) Ayuda.
a.1) Ayuda en línea de comandos.
        cd --help
a.2) Ayuda con aplicaciones.
        man   cd
        info cd
b) Acceder a un directorio, como entrada.
        cd   directorio
        cd   ruta de directorios
     ej.: cd /etc/network
c) Salir de un directorio.
   c.1) Acceso al directorio anterior.
        cd ..
   c.2) Acceso al directorio raíz.
        cd /
   c.3) Acceso al directorio HOME, es el directorio de trabajo (casa), la variable de entorno contiene esa ruta, $HOME, es el directorio del usuario. Las siguientes tres líneas acceden al directorio home del usuario activo.
        cd
        cd ~
        cd $HOME
     Acceder al directorio /boot y listar su contenido.
        cd boot
        ls -l

PASO 3: Visualizar las particiones y los sistemas de ficheros y discos
        fdisk   Particionar y visualizar.
        df   Visualizar información de puntos de montaje.
        mount   Sistemas de ficheros montados.
         /dev/sda1   /
         /dev/sda2   /swap
         /dev/sda3   /mnt/local
a) Visualizar ayuda fdisk.
        fdisk --help
        man   fdisk
        info fdisk
b) Visualizar ayuda df.
        df --help
        man df
        info df
c) Visualizar ayuda mount.
        mount --help
        man mount
        info mount
        infotext   info
        textinfo
     Ejemplo:
        fdisk –l
        df

> **DEMONIOS, daemon** (procesos o tareas residentes en memoria, en segundo plano).
> La palabra demonio viene de las siglas en inglés D.A.E.M.O.N (Disk And Execution Monitor) que es un tipo especial de proceso informático que se ejecuta en segundo plano en lugar de ser controlado directamente por el usuario(es un proceso no interactivo).
> **Características:**
> – No disponen de una interfaz directa con el usuario, ya sea gráfica o textual..
> – No hacen uso de la entradas y salidas estándar para comunicar errores o registrar su funcionamiento, sino que usan archivos del sistema en zonas especiales (**/var/log/**) o utilizan otros demonios especializados en dicho registro como el **syslogd**.

mount
PASO 4: Visualizar la estructura de árbol
tree
a) Ayuda.
tree –help
b) Por defecto.
tree
c) Listar los directorios solo.
tree –d
dir
ls -l
alias

> **dir:** es un comando CMD|COMMAND y funciona en Linux, si ya que se encuentra definido por medio de un alias.
> **alias:** abreviaturas, redefiniciones de órdenes para agilizar el trabajo, por otras conocidas en otros sistemas.
> Definir: # alias dir='ls -l'
> Visualizar alias;   # alias

PASO 5: Borrar la pantalla
clear
a) Ayuda.
man clear
clear --help
b) Por defecto.
clear

PASO 6: Crear directorios
mkdir
a) Ayuda.
mkdir –help
man mkdir
info mkdir
b) Crear directorios.
cd /mnt/local
ls -l
 b.1) Existe algo si lost+found (se crea por cada sistema de ficheros y punto de montaje nuevo).
cd lost+found
ls -l   No tiene información visible, inicialmente.
ls -la   Visualizar información oculta.
./   Directorio Actual.
../   Referencia al directorio anterior (padre).
cd ..   Salir al directorio anterior.
ls -l   Visualizar el contenido del directorio actual.
c) Crear directorio y visualizar la estructura de árbol.
mkdir fray
mkdir diego
mkdir estudiar
mkdir otros
tree

> Si tree no funciona es que no se encuentra instalado hay que cargar el paquete (Debian,...)
> **apt-get install tree**

 c.1) Visualizar estructura de árbol en formato gráfico.
tree -A
d) Crear más de un directorio simultáneamente.
mkdir toros futbol deportes
e) Crear una estructura compleja de directorios. La opción [-p] Se utiliza para crear todas las estructuras padre del directorio final, se crean en la misma línea de ejecución.
mkdir -p hacienda/declara/pillan
mkdir -p hacienda/fraude/trincan hacienda/recaudación

PASO 7: Borrar directorios
Permite borrar ficheros y directorios de forma directa o recursiva.
rm
a) Ayuda.
rm --help
man rm
info rm

rm	
Sintaxis:	**rm [opción] fichero**
Opción	**Descripción**
-f	Ignorar archivos brillaba por su ausencia, y nunca pedirá antes de retirar.
-i	Preguntar antes de cada extracción.
-I	Preguntar una vez antes de retirar más de tres archivos, o al retirar de forma recursiva. Menos intrusivo que -i, sin dejar de dar protección contra la mayoría de los errores.
-r , -R	Eliminar directorios y sus contenidos de forma recursiva.

b) Borrar por defecto (ficheros).
rm futbol
c) Borra el directorio siempre que no tenga ficheros u otros directorios.
 Por defecto Borra ficheros.
d) Borrar directorios por defecto.
rm -r futbol

       -r   borrar de forma recursiva
e) Borrar estructura de directorio con ficheros.
       rm -r   hacienda
f) Borrar a la fuerza (fuerza bruta).
       rm -rf   hacienda

PASO 8: Crear un fichero vacío

La orden touch permite crear las entradas en la tabla de inodos, pero el fichero no contiene información, no ocupa ninguna de las entradas de direccionamiento directo e indirecto.
       touch
a) Ayuda.
       touch --help
b) Defecto.
       touch   negro
       ls -l
       cd ..
       ping 192.168.0.100

Probamos si funciona la IP y la puerta de enlace, para ello accedemos con un navegador de texto a internet.
       lynx   http://www.google.es

PASO 9: Mover un directorio

El comando mv es la abreviatura de mover. Se usa para mover/renombrar un archivo de un directorio a otro. El comando mv elimina completamente el archivo del origen y lo mueve a la carpeta especificada.
       mv
a) Ayuda.
       mv --help
       man mv
       info mv
       mount
       df
       cd /mnt/local
b) Ver la versión de la orden.
       mv -v
       mv --verbose
       mount -v
       df -v
c) Mover por defecto.
       mv otros toros
       tree
d) Cambiar de nombre.
       mv toros vacas
e) Cambiar el nombre forzando.
       mv -f toros vacas
f) Interactuar durante el cambio.
       mv -i   toros vacas

mv
Sintaxis: mv [opción]... origem... directorio

Opción	Descripción
-b	Como --backup pero no acepta ningún argumento.
-f	No pregunta nunca antes de sobrescribir.
-i	Pide confirmación antes de sobrescribir.
-S	Reemplaza el sufijo de respaldo habitual.
-T	Trata DESTINO como fichero normal.
-u	Mueves solamente cuando el fichero ORIGEN es más moderno que el fichero de destino.

PRÁCTICA 19: Manejar las opciones más comunes de apt-get

DESCRIPCIÓN:

El apt es una herramienta muy potente y fácil de usar, nos podremos olvidar de tener que utilizar fuentes, compilar, que si librerías, que si tengo que si tengo que instalar tal rpm, que si necesito uno más nuevo que el que viene en el CD de la distribución, ahora nada, siempre apt, por suerte, el 99.44 % del software para Linux está "debianizado", es decir, está precompilado y listo para instalarlo en tu **Debian**. Por eso, **DEBIAN ES LA MEJOR,** y la más fácil de usar.

Instalación de paquetes.
> **apt-get install nombre_paquete1 pakete2 paquete3**

Búsqueda de paquetes.
> **apt-cache search texto_a_buscar**

Actualizar Sistema.
> **apt-get update**
> **apt-get upgrade**

> ¡OJO! Antes de nada hay que tener el fichero */etc/apt/sources.list* debidamente configurado.

REQUISITOS

Instalación de paquetes distintos a los solicitados por defecto.
> **apt-get install paquete/unstable**
> **apt-get install paquete/testing**

Por lo general, suelen obtenerse por defecto los paquetes del tipo stable, pero estos suelen tener versiones de programas algo antiguas por lo que puede que nos interese tener paquetes más recientes, como son los tipos testing. Para más información mire en la sección Archivos de configuración.

a) Reconfigurar un paquete
> **dpkg-reconfigure nombrepkt**

Esto puede ser útil por ejemplo para reconfigurar las X o los locales, también lo he usado alguna vez con el etherconf o con iptables para indicarle que las cargue al arrancar el ordenador. Ejemplos:
> **dpkg-reconfigure iptables**
> **dpkg-reconfigure locales**
> **dpkg-reconfigure etherconf**

Borrando paquetes instalados.
> **apt-get remove nombre_pkt**

b) Archivos de Configuración   **/etc/apt/sources.list**

Ejemplo de un fichero de fuentes: **sources.list**

> *#las líneas que comienzan por # son comentarios.*
>
> *#Actualizaciones de seguridad! Básicas y necesarias!*
> *deb http://security.debian.org/ stable/updates main*
>
> *deb ftp://ftp.es.debian.org/debian stable main contrib non-free*
> *deb ftp://http.us.debian.org/debian stable main contrib non-free*
>
> *#Paquetes testing*
> *deb http://ftp.rediris.es/debian/ testing main contrib non-free*
> *deb http://ftp.rediris.es/debian-non-US/ testing/non-US main contrib non-free*
>
> *# Paquetes Inestables*
> *deb http://ftp.es.debian.org/debian/ unstable main contrib non-free*
> *deb http://ftp.es.debian.org/debian-non-US/ unstable/non-US main contrib non-free*
> *deb http://ftp.rediris.es/debian/ unstable main contrib non-free*
> *deb http://ftp.rediris.es/debian-non-US/ unstable/non-US main contrib non-free*

Un programa interesante es el **netselect** que sirve para buscar la lista de fuentes más cercanas y que mejor funcionan.
> **netselect-apt tipo_paquete**

Donde tipo de paquete es: **stable, unstable o testing.**
> **/etc/apt/apt.conf.d/70debconf**

Por defecto se instalan los paquetes **stable**, que están harto probados y que en principio no tienen ningún tipo de conflictos de dependencias, sin embargo también es cierto que suelen ser versiones viejas de software, y puesto que muchos programas están en continuo desarrollo tal vez nos interese tener versiones más recientes con mejores características, e incluso paradójicamente más estables al ser versiones con menos errores. Para ello sólo tenemos que añadir **APT::Default-release "tipo_paquete"** dónde tipo de paquete sea **stable, testing o unstable.** Las versiones testing en mi opinión son las más cómodas para los usuarios "normales" ya que ofrecen suficiente estabilidad y es un software actualizado.

> **cat /etc/apt/apt.conf.d/70debconf**
> *// Pre-configure all packages with debconf before they are installed.*
> *// If you don't like it, comment it out.*

DPkg::Pre-Install-Pkgs {"/usr/sbin/dpkg-preconfigure --apt || true";};
APT::Default-Release "stable";

c) **apt-get y dpkg**
   Algunas posibilidades de las herramientas:
   apt-get y dpkg de Debian GNU/Linux
   Listar todos los ficheros de un paquete:
   $dpkg -L nombre_paquete
   Instalar un paquete de una release concreta:
   # apt-get install -t unstable nombre_paquete
   Bloquear (hold) un paquete para que no se actualice en los upgrades:
   # echo nombre_paquete hold | dpkg --set-selections
   Quitar el bloqueo a un paquete:
   # echo nombre_paquete install | dpkg --set-selections
   Ver la versión de un paquete instalado:
   $ apt-cache policy nombre_paquete | grep Installed
   Listar los paquetes que contienen cierta cadena en su nombre:
   $ COLUMNS=120 dpkg -l | grep string
   Obtener el estadoB(hold , purge) de un paquete:
   $ dpkg --get-selections nombre_paquete
   Eliminar un paquete y sus ficheros de configuración:
   # dpkg --purge nombre_paquete
   Ver las dependencias de un paquete y su descripción:
   $ apt-cache showpkg nombre_paquete
   Buscar paquetes relacionados con un término:
   $ apt-cache search string

d) **Posibles problemas**
   Al instalar un paquete, puede ocurrir que su script de post-instalación falle por alguna razón, lo cual impide que el paquete se instale correctamente. Si eso ocurre puedes editar su script correspondiente en:
   /var/lib/dpkg/info/ nombre_paquete .postinst
   e intentar arreglarlo. Después simplemente ejecuta:
   # dpkg --configure -a
   Reinstalar todos los paquetes instalados.
   Útil para limpiar los binarios si el sistema ha sido infectado con un virus o un rootkit.

USAR CON PRECAUCIÓN.
   # for i in $(dpkg --get-selections | grep -v deinstall | awk '{print $1}'); do apt-get install -y --reinstall$i; done

Ejercicios Unidad de Trabajo 4

1. Buscar el fichero que contiene el runlevel de arranque de Ubuntu, Fedora, Slackware.
2. Apagar el ordenador con halt y con shutdown.
3. Reiniciar el ordenador con halt y con shutdown.
4. Reiniciar el sistema con reset y en modo init.
5. Explicar el contenido del fichero /etc/fstab.
6. Instalar la aplicación para visualizar la estructura de directorios (paquetes).
7. Visualizar la estructura de árbol con sus diferentes opciones.
8. Crear el directorio, /practicas, y a su vez crear los directorios:
    a. /practicas/uno/ingles
    b. /practicas/dos/francés
    c. /practicas/lunes /practicas/martes
9. Crear múltiples directorios simultáneamente: mates, lengua, física, química.
10. Borrar el directorio: lunes.
11. Mover directorio quimica dentro de fisica.
12. Borrar el directorio: mates.
13. Borrar el directorio fisica.
14. Explicar que es lo que permite hacer la siguiente orden.

    # cat > salida100.txt
    ^+D
    # ls -l

Actividades de Ampliación

1. Crear una estructura de directorios de cinco niveles y de 3 subdirectorios cada uno.
2. Crear la siguientes estructura de árbol a partir /home/usuario/ampliación, utilizando el mínimo número de ordenes.

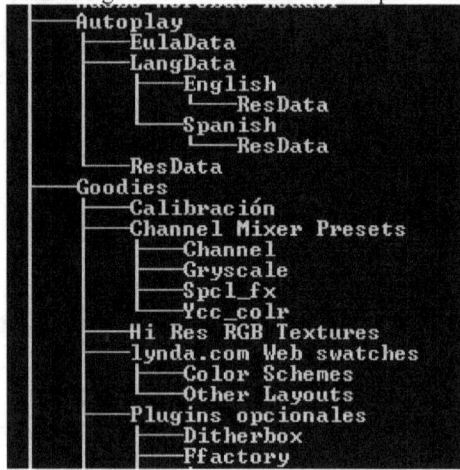

UNIDAD DE TRABAJO V: Archivos en Linux

PRÁCTICA 20: Manejar los Editores de texto.
PRÁCTICA 21: Tipos de ficheros.
PRÁCTICA 22: Cambiar o establecer permisos y propiedades.
PRÁCTICA 23: Manejar ficheros de texto en Linux.
PRÁCTICA 24: Búsqueda de ficheros.
PRÁCTICA 25: Crear y manejar dispositivos.
PRÁCTICA 26: Mostrar ficheros que existen en una estructura de Linux.
PRÁCTICA 27: Tratamiento de ficheros en Linux.
PRÁCTICA 28: Crear accesos o enlaces blandos y duros en Linux.
PRÁCTICA 29: Acceder a la definición de Entorno en Linux.

Contenidos
- Introducción a los archivos.
- Tipos de archivos en Linux.
- Metacaracteres.
- Operaciones con archivos.
- Permisos para archivos.
- Atributos de los archivos.
- Compresión de los archivos.
- Edición de textos en Linux.

Órdenes

vi, touch, nano, pico, echo, umask, cat, less, more, rm, chmod, chown, less, pg, wc, head, tail, cut, locate, slocate, whereis, whatis, find, grep, egrep, mount, umount, lsusb, eject, fuser, sort, comm, diff, gzip, gunzip, zcat, zmore, zcmp, zdiff, symlink, cal, ncal, calendar, date, uptime, lwclock, watch, set, env, alias, unalias

PRÁCTICA 20: Manejar los Editores de texto

DESCRIPCIÓN:

En Linux existen editores de textos, para entornos gráficos, gedit,... o editores para entorno texto, en la línea de comandos y dentro de estos podemos establecer las siguientes diferencias.

Existen diferentes tipos:
- Editor de línea de comando (vi, vim,...).
- Editores de texto. (nano, pico, ee --> workstart).
- Procesadores de texto (aplicación --> en entorno gráfico).

PASO 1: Prácticas con el vi

Existen tres modos o estados en vi:

Modo comando: las teclas ejecutan acciones que permiten desplazar el cursor, recorrer el archivo, ejecutar comandos de manejo del texto y salir del editor. Es el modo inicial de vi.
- Modo texto o modo inserción: las teclas ingresan caracteres en el texto.
- Modo última línea o ex: las teclas se usan para escribir comandos en la última línea al final de la pantalla.

Guía de supervivencia.

Con unos pocos comandos básicos se puede ya trabajar en vi editando y salvando un texto:

vi arch1	Arranca en modo comando editando el archivo arch1
i	Inserta texto a la izquierda del cursor.
a	Agrega texto a la derecha del cursor.
ESC	Vuelve a modo comando.
x	Borra el carácter bajo el cursor.
dd	Borra una línea.
h o flecha izquierda	Mueve el cursor un carácter a la izquierda.
j o flecha abajo	Mueve el cursor una línea hacia abajo.
k o flecha arriba	Mueve el cursor una línea hacia arriba.
l o flecha derecha	Mueve el cursor un carácter a la derecha.
:w	Salva el archivo (graba en disco).
:q	Sale del editor (debe salvarse primero).

Uso avanzado de vi.

Invocación de vi.
    vi
Abre la ventana de edición sin abrir ningún archivo.
    vi arch1
Edita el archivo arch1 si existe; si no, lo crea.
    vi arch1 arch2
Edita sucesivamente los archivos arch1 y luego arch2.
    vi +45 arch1
Edita el archivo arch1 posicionando el cursor en la línea 45.
    vi +$ arch1
Edita el archivo arch1 posicionando el cursor al final del archivo.
    vi +/Habia arch1
Edita el archivo arch1 en la primera ocurrencia de la palabra "Habia".

Cambio de modo.

Comando a texto:
    teclas de inserción i a I a A o O, o tecla de sobre escritura R.
Texto a comando:
    tecla ESC.
Comando a última línea:
    teclas : / ?
Última línea a comando:
    tecla ENTER (al finalizar el comando), o
    tecla ESC (interrumpe el comando).

Confundir un modo con otro la de mayor dificultades para el manejo de vi. Puede activarse un indicador de modo escribiendo:
    :set showmode
Esto hace aparecer una leyenda que indica si se está en modo comando o inserción.

Modo Comando.

El editor vi, al igual que todo UNIX, diferencia entre mayúsculas y minúsculas. Confundir un comando en minúscula digitando uno en mayúscula suele tener consecuencias catastróficas. Se aconseja evitar sistemáticamente el uso de la traba de mayúsculas; mantener el teclado en minúsculas.

Números multiplicadores.

Muchos comandos aceptan un número multiplicador antes del comando. La acción es idéntica a invocar el comando tantas veces como indica el multiplicador. Ejemplos:

    10j

En modo comando avanza 10 líneas;

    5Y

Copia 5 líneas y las retiene para luego pegar.

Ejemplos de manejo.

Los siguientes ejemplos de manejo asumen que el editor se encuentra en modo comando.

Secuencia del ejemplo	Descripción
flechas	mueven el cursor (si el terminal lo permite).
h j k l	mueven el cursor (igual que las flechas).
i*texto*ESC	inserta la palabra "texto" y vuelve a comando.
x	borra el carácter sobre el cursor.
dw	borra una palabra.
dd	borra una línea.
3dd	borra las 3 líneas siguientes.
u	deshace último cambio.
ZZ	graba cambios y sale de vi.
:q!ENTER	sale de vi sin grabar cambios.
/*expresión*ENTER	busca la expresión indicada.
3Y	copia 3 líneas para luego pegar.
:6r arch3	inserta debajo de la línea 6 el archivo arch3

Movimiento del cursor

flechas	Mover en distintas direcciones.
h o BS	Una posición hacia la izquierda.
l o SP	Una posición hacia la derecha.
k o -	Una línea hacia arriba.
j o +	Una línea hacia abajo.
$	Fin de línea.
0	Principio de línea.
1G	Comienzo del archivo.
G	Fin del archivo.
18G	Línea número 18.
Ctrl-G	Mostrar número de línea actual.
w	Comienzo de la palabra siguiente.
e	Fin de la palabra siguiente.
E	Fin de la palabra siguiente antes de espacio.
b	Principio de la palabra anterior.
^	Primera palabra de la línea.
%	Hasta el paréntesis que aparea.
H	Parte superior de la pantalla.
L	Parte inferior de la pantalla.
M	Al medio de la pantalla.
23|	Cursor a la columna 23.

Control de pantalla

Ctrl-f	Una pantalla adelante.
Ctrl-b	Una pantalla atrás.
Ctrl-l	Redibujar la pantalla.
Ctrl-d	Media pantalla adelante.
Ctrl-u	Media pantalla atrás.

Ingreso en modo texto

i	Insertar antes del cursor.
I	Insertar al principio de la línea.
a	Insertar después del cursor.
A	Insertar al final de la línea.
o	Abrir línea debajo de la actual.
O	Abrir línea encima de la actual.
R	Sobrescribir (cambiar) texto.

Borrar

x	Borrar carácter bajo el cursor.
dd	Borrar línea, queda guardada.
D	Borrar desde cursor a fin de línea.
dw	Borrar desde cursor a fin de palabra.
d$	Borrar desde cursor a fin de línea.
d0	Borrar desde cursor a principio de línea.

Copiar y pegar

Y o yy	Copiar línea.
P	Pegar antes del cursor.
p	Pegar después del cursor.
yw	Copiar palabra.
y$	Copiar de cursor a fin de línea.
"ayy o "aY	Copiar línea en buffer llamado 'a'.
'a' "ayw	Copiar palabra en buffer llamado.
"ap	Pegar desde buffer 'a', a la derecha del cursor.
"aP	Pegar desde buffer 'a', a la izquierda del cursor.
"bdd	Borrar línea y guardar en buffer 'b'.
"bdw	Borrar palabra y guardar en buffer 'b'.

Búsqueda

/str	Buscar hacia adelante cadena de caracteres 'str'.
?str	Buscar hacia atrás cadena de caracteres 'str'.
n	Repetir último comando / o ?.
N	Repetir último comando / o ? para el otro lado.
fc	Buscar el siguiente carácter 'c' en la línea.
Fc	Buscar el anterior carácter 'c' en la línea.
tc	Ir al carácter anterior al siguiente 'c'.
Tc	Ir al carácter posterior al precedente 'c'.
;	Repetir el último comando f, F, t, o T.
,	Último comando f, F, t, o T para el otro lado. La cadena a buscar en / o ? puede ser una expresión regular.

La acción de f, F, t y T alcanza sólo a la línea actual; si el carácter buscado no está en esa línea el cursor no se mueve.

Reemplazo

Estos comandos admiten multiplicadores: un número delante del comando. Al dar un comando de reemplazo el editor coloca un símbolo $ en donde termina el pedido de reemplazo. El usuario escribe normalmente, sobrescribiendo, hasta donde necesite, y sale con ESC. Estos comandos admiten multiplicadores: 3cw abre un área de reemplazo para 3 palabras.

REEMPLAZO	
c	Reemplaza caracteres
cw	Reemplaza palabras.
C o c$	Reemplaza hasta el fin de línea.
c0	Reemplaza desde el comienzo de línea.

Otros	
J	Unir dos líneas en una.
ZZ	Grabar cambios si los hubo y salir.
u	Deshacer última acción.
U	Deshacer todos los cambios en una línea.

Modo Texto	
BS	Borrar carácter hacia la izquierda.
ESC	Pasar a modo comando.

Modo ex o última línea	
:q	Salir si no hubo cambios.
:q!	Salir sin guardar cambios.
:w	Guardar cambios.
:w arch1	Guardar cambios en archivo arch1.
:wq	Guardar cambios y salir.
:r arch2	Insertar un archivo.
:e arch2	Editar un nuevo archivo.
:e! arch2	Idem sin salvar anterior.
:r! comando	Insertar salida de comando.
:shell	Salir al shell (vuelve con exit).

Mover	
:1	Mueve a línea 1.
:15	Mueve a línea 15.
:$	Mueve a última línea.

Opciones	
:set	Cambio de opciones.
:set nu	Mostrar números de línea.
:set nonu	No mostrar números de línea.
:set showmode	Mostrar modo actual de vi.
:set noshowmode	No mostrar modo actual de vi.

La sintaxis del comando de búsqueda y reemplazo es la siguiente:
:<desde>,<hasta>s/<buscar>/<reemplazar>/g
<desde>, <hasta> indican líneas en el archivo; <buscar> y <reemplazar> son cadenas de caracteres o expresiones regulares; / es un separador, s (sustituir) y g (global) son letras de comando para el manejo de expresiones regulares.
:1,$s/Martes/martes/g
Cambia Martes por martes en todo el archivo.
:.,5s/ayuda/&ndo/g
Cambia ayuda por ayudando desde línea actual hasta la 5ª línea.

Tipo de terminal.

vi es independiente del tipo de terminal, pero la variable de ambiente TERM debe estar fijada correctamente. Si no se conoce o no existe el tipo exacto de terminal, en la mayoría de los terminales remotos el tipo ANSI da buenos resultados. Para fijar el terminal en tipo ANSI, digitar:

TERM=ansi;export TERM

Algunos comandos, especialmente more y a veces vi, pueden no responder bien en la terminal o el emulador que se está usando. En estos casos, puede usarse Ctrl-L para refrescar la pantalla.

PASO 2: Prácticas con nano y pico.

El editor de texto nano es un reemplazo libre del editor pico. Sus versiones actuales (2.x en adelante) resaltan la sintaxis de la mayoría de los lenguajes de programación, lo cual ayuda mucho a la hora de desarrollar, pero además es posible habilitar muchas funciones prácticas que por defecto vienen deshabilitadas en la mayoría de las distribuciones (en mi caso un servidor Ubuntu 10.04).

El archivo de inicialización /etc/nanorc contiene la configuración por defecto. Desde allí es posible habilitar funcionalidades y características a nivel global (para todos los usuarios, también es posible hacerlo desde el archivo de configuración específico para el usuario ~/.nanorc).

nano /etc/nanorc

Para habilitar funcionalidades simplemente se deben descomentar (eliminar el carácter #):

set autoindent   habilita indentación automática.
set backup   guarda archivos de backup (el mismo nombre de archivo pero finalizado con el carácter ~).
set tabsize 4   por defecto es 8, hace que la indentación sea muy grande.
set tabtospaces   convierte los tabs en espacios (1 tab = #tabsize espacios).

Además de estas configuraciones que facilitan la edición de código dejo algunos atajos de teclado útiles:

Atajos de Teclado	
Ctrl+K:	Corta una línea (o varias si se repite).
Ctrl+U:	Pega las líneas cortadas.
Ctrl+W:	Busca una cadena de texto.
Ctrl+C:	Muestra el número de línea y columna.
Ctrl+X:	Cierra el editor.

Es posible obtener información detallada de todos los atajos de teclado y comandos de nano ejecutando Ctrl+G.

PRÁCTICA 21: Tipos de ficheros

DESCRIPCIÓN:

Los ficheros se identifican por sus permisos, existen 10 caracteres que los identifican: El primer carácter el tipo de fichero (-) es identificativo de fichero, los caracteres de 2 al 4 identifican los permisos del propietario del fichero, del carácter 5 al 7 identifican los permisos del grupo a que pertenece y los tres últimos caracteres identifican los permisos a otros usuarios y otros grupos.

-rwxrwxrwx --> u g o

Permisos de acceso a un fichero

    r   lectura
    w   escritura
    x   ejecutable

Tipos de permisos

    u   - Permisos de usuario (el que lo crear)
    g   - Permisos de grupos
    o   - Otros.

A la hora de crear usuarios, existen los permisos predeterminados, por medio de máscaras.

  r   w   x
  2^2 2^1 2^0 --> Sistema de numeración. (OCTAL)

8 / 2 = 2^3

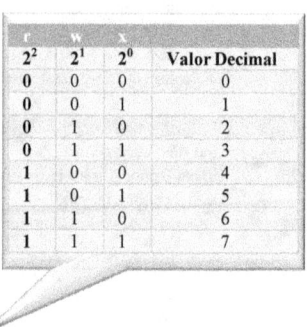

-r-xrw-r--   expresión literal
- 101 110 100   conversión literal en octal- binaria
  5 6 4   Valor de los permisos numéricamente
u=+rx g=+rw   o=+r -> (ugo) permisos usando literales.

Mascara de Permisos

umask: es la abreviatura en inglés de ***user file creation mode mask*** (modo de la máscara de creación de archivos), es decir, el formato de permisos que van a tener los archivos y los directorios que el usuario vaya creando, por lo tanto, este comando sirve para establecer los permisos que tiene por defecto los nuevos ficheros y directorios que vayamos creado.

PASO 1: Crear un fichero de texto

Existen diferentes formas de crear un(os) ficheros de texto, desde la línea de shell.

a) Crear un fichero en línea de órdenes ($,#, >).
a.1) Crear un fichero vacío.
    touch nombre_fichero
a.2) Crear un fichero con direccionamiento.
    cat > fich001
    …..
    CTRL+D

EJ:

    # cd /mnt/local
    # touch eje001
    # cat > eje002
    Buenos días Juan
    Revolcón o puerta grande
           ^D
    # ls -l

b) Crear ficheros utilizando editores de líneas o editores de texto.
    vi eje004
    nano eje004
    pico eje005

c) Utilizando un procesador de texto, …, gedit (en entorno gráfico).

d) Agregar información a un fichero que existe.
    echo otra línea > ejer005
    vi ejer005
    nano ejer005

e) Se puede hacer con cualquier comando, que permita visualizar información.
    echo   este fichero es nuevo > eje006
    ls -l
    cat eje006
    echo   añadir una segunda línea >> eje006
    cat eje006

PASO 2: Máscara de permisos

Para modificar el valor de umask de forma permanente será necesario incluir dicha configuración en */etc/profile* o */etc/bash.bashrc* afectando el cambio a todo el sistema; o en los ficheros *~/.profile* o *~/.bashrc* si se quiere aplicar el cambio para un usuario en concreto.
La orden umask realiza la **diferencia a nivel de bits** utilizando el operador **AND**

      umask

a) Ayuda.
      umask --help
      man umask
      info umask

b) Por defecto, permite visualizar la máscara activa.
      umask

La máscara corresponde a 4 bloques de 3 caracteres. Se expresa numéricamente.
      0 6 2 2 -> el primer digito corresponde a los permisos especiales u ocultos.
      - u g o --> permisos visibles.

c) Comprobar los permisos.
      umask -pS

d) Asignar permisos de máscara en octal.
      umask 0622
      touch eje003
      umask -pS
      ls –l
      umask 0022
      umask -pS

e) Asignar permisos de máscara con literales.
      umask u=rwx,g=rwx,o=
      touch ejer004
      umask -pS

> **umask**
> **Cálculo del permiso final para ARCHIVOS**
> Simplemente puede restar el umask de los permisos de base para determinar el permiso final para el archivo de la siguiente manera:
>   666-022 = 644
> - Permisos de base del archivo: 666
> - Valor umask: 022
> - Restar para obtener permisos de archivo nuevo (666-022): 644 (rw-r- r--)
>
> **Cálculo del permiso final para los directorios**
> Simplemente puede restar el umask de los permisos de base para determinar el permiso final para el directorio de la siguiente manera:
>   777-022 = 755
> - Permisos de bases Directorio: 777
> - Valor umask: 022
> - Resta para obtener permisos de directorio nuevo (777-022): 755 (rwxr-xr-x)

PASO 3: Visualizar el contenido de un fichero de texto plano

Visualiza con cat y equivalentes
      cat
      more
      less

a) Visualizar con cat.
a.1) Ayuda.
      cat --help
a.2) Por defecto.
      cat eje006
a.3) Visualizar el contenido de un fichero, numerando las líneas.
      cat -b eje006

b) Visualizar con more.
Mostrar el contenido de un archivo de texto.
b.1) Ayuda.
      more --help
b.2) Visualizar en SCROLL, pantalla a pantalla.
      more eje006
b.3) No utilizar el scroll.
      more -p eje006
      more /etc/passwd >>eje007
      more /etc/passwd >>eje007
      more /etc/passwd >>eje007
      more /etc/passwd
      more -p /etc/passwd
      more eje007
      more -p eje007

c) Visualizar dentro de programa, con movilidad.
c.1) Ayuda.
      less – help
c.2) Visualizar por defecto.
      less eje007
      (pulsar q--> quit para salir)
Visualizar con direccionamientos, de entrada.

cat
Sintaxis: cat [-s] [-v[et]] [fichero ...]

Opción	Descripción
-v	Muestra caracteres de control (no imprimibles).
-s	Reemplaza varias líneas en blanco por una única línea4
-t	Como –v pero además imprime tabuladores como ^I
-e	Lo mismo que –v pero también imprime $ al final de cada línea.

more
Sintaxis: more [-dpcsu] [-num] [+/patrón] [+linenum] fichero ...

Opción	Descripción
-num	Especifica el tamaño de pantalla (en líneas)
-d	Visualiza el mensaje "[Press space to continue, 'q' to quit]".
-p	No realiza desplazamiento, sino que limpia la pantalla y visualiza el texto.
-c	No realiza "scroll", visualiza línea a línea de arriba a abajo.
-s	Sustituye varias líneas en blanco consecutivas por una sola.
-u S	Suprime subrayado.
+/patrón	Empieza por la página que contiene la palabra patrón.
+linenum	Comienza en la línea linenum.

less
Sintaxis: less [opciones] lista_de_archivos

Opción	Descripción
-e	Hace que less salga automáticamente la segunda vez que alcance el final del fichero. De modo predeterminado la única forma de salir de less es con el comando q.
-E	Hace que less salga automáticamente la primera vez que alcance el final del fichero.
-n	Suprime números de línea, y los sustituye por el nº de byte donde está la línea en el conjunto del fichero.
-Q	Suprime toda señal acústica en la búsqueda.
-s	Hace que varias líneas en blanco consecutivas se compriman en una sola.

cat < eje007
more <eje007
less <eje007

PASO 4: Cambiar el nombre a un fichero o moverlo a otro directorio

   mv
a) Ayuda.
   mv --help
   man mv
   info mv
b) Cambiar el nombre de un fichero.
   mv eje007   eje008
   ls -l
c) Mover un fichero a un directorio.
   mv eje008 vacas
   tree
   mv vacas/eje008 . (El . "pto" hace referencia al directorio actual)

mv
Sintaxis: **mv [-opciones] fichero1 fichero2 ..... directorio**

Opción	Descripción
-i	Pide confirmación antes de sobrescribir.
-f	No pide confirmación.
-b	Crea copias de seguridad de archivos que van a ser sobrescritos o borrados.
-u	No mueve un fichero o directorio que tenga un destino existente con el mismo tiempo de modificación o más reciente.

PASO 5: Copiar ficheros

   cp
a) Ayuda.
   cp --help
b) Copiar un fichero.
   cp eje* vacas
   tree
c) Duplicar un fichero.
   cp eje008 eje007
d) Forzar a borrar un fichero (FICH-DIRECTORIOS).
   cp -f eje* estudias
e) Borrar de forma recursiva.
   cp -r *.* fray
   cp -r /etc fray
f) Visualizar lo que se está copiando.
   cp -r -v /etc fray
   tree
   tree –d

NOTA: caracteres comodín *, ?

cp
Sintaxis: **cp [opciones] ficher_origen fichero_destino**

Opción	Descripción
-b	Crea un backup en el destino en el caso en el que exista un archivo llamado igual que el que queremos generar.
-f	Fuerza el borrado de los archivos destino sin consultar o avisar al usuario.
-i	Informa antes de sobrescribir un archivo en el destino indicado.
-l	Realiza un link en vez de copiar los ficheros.
-p	Realiza la copia de los ficheros y directorios conservando la fecha de modificación de los archivos y carpetas originales.
-r	Copia de forma recursiva.
-S SUFFIX	Añade la palabra "SUFFIX" (o la palabra que le indiquemos, por ejemplo BACKUP) a los archivos de backup creados con el flag "–b".
-u	El comando cp en Linux no copia un archivo o directorio a un destino si este destino tiene la misma fecha de modificación o una fecha de modificación posterior comparándola con el archivo o directorio que queremos mover.
-v	Muestra lo que se está ejecutando.

PASO 6: Borrar un fichero o directorio

   rm
a) Ayuda.
   rm --help
b) Por defecto borra, sin entrar en directorios.
   rm eje008
c) Borrar recursivamente.
   rm -r fray
d) Borrar a la fuerza.
   rm -f fray
e) Preguntar antes de borrar (forma interactiva).
   rm -i fray
f) Borrar a la fuerza y recursivamente.
   rm -fr fray
   rm -f -r -i fray
   rm -ri vacas
   tree

rm
Sintaxis: **rm [-if] fichero1 [fichero2 ...]**
      rm [-ifrR] directorio1 [directorio2 ...]

Opción	Descripción
-i	Interactivo (pide confirmación).
-f	No emite mensajes de error cuando el archivo o directorio no existe.
-r-R	Recursivo. Borra un directorio y todos sus contenidos.

PRÁCTICA 22: Cambiar o establecer permisos y propiedades
DESCRIPCIÓN:

¿A quién se puede otorgar permisos?
Los permisos solamente pueden ser otorgados a tres tipos o grupos de usuarios:
- Al usuario propietario del archivo.
- Al grupo propietario del archivo.
- Al resto de usuarios del sistema (todos menos el propietario).

Permisos:
Se visualizan con ls -l
    drwxrwxr-- Visualizamos permisos e identificación de ficheros.
El primer carácter es identificativo de él tipo de sistema de ficheros.
    d --> identificativo de directorio.
    c --> carácter (dispositivo y el modo de comunicación es a nivel de carácter.
    b --> bloque (dispositivo y el modo de comunicación a nivel de bloque.
    p --> pipe (pipeline o filtro).
    s --> socket.
    l --> nivel de enlace.
Ficheros pueden tener los permisos de:
    r   lectura
    w   escritura
    x   ejecutables
Un fichero según el formato de almacenamiento puede ser:
Son ficheros binarios --> creados por compilador: gcc,cc,...).
Ficheros texto --> SCRIPT (fichero de guion, depender del tipo del Shell: sh, bash, csh, tcsh, kcsk, zcsh, zsh,...).
Nomenclatura
    Numérica (OCTAL) 734   rwx –wx r--
    Literales: u g o (+ |-) rwx
                      a
Existen permisos especiales.
    Se suelen especificar con la máscara umask

Cambiar el propietario y el grupo
Para poder cambiar el usuario propietario y el grupo propietario de un archivo o carpeta se utiliza el comando chown (change owner). Para ello hay que disponer de permisos de escritura sobre el archivo o carpeta. La sintaxis del comando es:
    # chown nuevo_usuario[.nuevo_grupo] nombre_archivo   XZ

Existe 3 tipos de usuarios:
1. **Usuario Normal:** es un individuo particular que puede entrar en el sistema, con más o menos privilegios que harán uso de los recursos del sistema. Como indicador en el prompt utiliza el símbolo $ (dólar). Ejemplo: raul, sergio, mrodriguez, etc. También se les conoce como usuarios de login.
2. **Usuarios de Sistema**, son usuarios propios del sistema vinculados a las tareas que debe realizar el sistema operativo, este tipo de usuario no puede ingresar al sistema con un login normal. Ejemplo: mail, ftp, bin, sys, proxy, etc. También se le conoce como usuarios sin login.
3. **root (superusuario),** todo sistema operativo GNU/Linux cuenta con un superusuario, que tiene los máximos privilegios que le permitirán efectuar cualquier operación sobre el sistema, su existencia es imprescindible ya que se encarga de gestionar los servidores, grupos, etc.

PASO 1: Orden para cambiar los permisos
La orden chmod (change mode) es el comando utilizado par cambiar permisos, se pueden agregar o remover permisos a un o más archivos con + (mas) o – (menos)
    chmod
a) Ayuda.
    man chmod
    info chmod
    chmod --help
b) Cambiar los permisos numéricamente.
    chmod permisos [dicheros|directorio]
    Los permisos son tres números: 777 000
    chmod 770 eje001
c) Crear un fichero.
    cat >eje010

---

chmod
a) Uso de permisos numéricos (en octal).
    chmod [opciones] modo-en-octal fichero
Las opciones podemos indicarlas o no, según queramos. Opciones típicas son:
    -R para que mire también en los subdirectorios de la ruta.
    - v para que muestre cada fichero procesado.
    - c es como -v, pero sólo avisa de los ficheros que modifica sus permisos.
b) Establecer permisos usando literales (modos)
    chmod [opciones] modo[,modo]... fichero
Para ello tenemos que tener claros los distintos grupos de usuarios:
    u: usuario dueño del fichero.
    g: grupo de usuarios del dueño del fichero.
    o: todos los otros usuarios .
    a: todos los tipos de usuario (dueño, grupo y otros).
También hay que saber la letra que abrevia cada tipo de permiso:
    r: se refiere a los permisos de lectura.
    w: se refiere a los permisos de escritura.
    x: se refiere a los permisos de ejecución.

```
!#/bin/bash
clear
echo  buenos días
^D
```
umask
0022 --> 110 100 100

Para que un script sea ejecutable hay que cambiar los permisos:
    chmod 744   eje010
    -rwxr--r--

> La terminación del nombre fichero y aparece:
> - / indica que es un directorio.
> - * indica que es un fichero ejecutable.

PASO 2: Ejecutar un fichero

a) Si es un script se puede preceder por el Shell que quieras que lo ejecute.
    sh eje010
    bash eje010
    csh eje010
o cualquier otro programa.
    Preceder al fichero de la ruta actual
b) Es el identificativo del directorio actual.
    nombre_fichero
Ej.:   . eje010
    ./nombre_fichero
Ej.:   ./eje010
c) Se puede ejecutar directamente, si la ruta de búsqueda del sistema operativo, contempla la ruta actual del fichero ejecutable.
    cp
    mv
Se encuentra defina la ruta búsqueda para ficheros ejecutables, en una variable de entorno.
    PATH
Visualizar las variables de ambiente.
    set
    cd   directorio HOME
    ls -l   hay cero fichero
    ls -la   visualizar en formato largo ficheros ocultos
    less .bash_history   fichero que contiene el histórico de órdenes ejecutadas.
d) Los ficheros que el primer carácter es . son ficheros ocultos.
    cd /mnt/local/deportes
    ls –l
e) Ocultar un fichero, se cambia de nombre y se le pone el primer carácter un punto (.).
    mv   eje010   .eje010
f) Visualizar el contenido del directorio.
    ls -l
g) Visualizar el contenido del directorio y los ficheros ocultos.
    ls -la
h) Desocultar un fichero. Se renombra y se quita el primer carácter (.)
    mv .eje010 eje010
i) Crear un fichero oculto, desde la consola.
    cat   >.eje011
    !#/bin/bash
    echo   segundo fichero script
    echo   es un fichero oculto
    ^D
j) Cambiar los permisos a un directorio.
    mkdir   alumno
    ls -l
    chmod   700 alumno
    ls -l
k) Ocultar un directorio.
    mv   alumno .alumno
    ls -la
    ls –l

> Establecer final de fichero en una línea de comandos es: ^D ó CTRL+D

PASO 3: Cambiar los permisos con literales.

La chmod (change mode) es el comando utilizado para cambiar permisos, se pueden agregar o remover permisos a uno o más archivos con + (mas) o – (menos)
    chmod
a) Cambiar los permisos.

```
chmod  ug-rwx  eje010
ls -l
chmod  ug+rw  eje010
ls -l
chmod  u+x  g-w  o+rx  eje010  --> incorrecto
chmod  u+x  eje010
chmod  g-w  ej010
chmod  o+rw  eje010
```

> Con el fin de modificar y eliminar los permisos para ser útil, uno debe ser capaz de modificar el directorio en el que se encuentra el archivo:
> #chmod ugo + rwx ./

Los literales están todos juntos o han de ser ejecutados en órdenes independientes.

b) Establecer todos los permisos a todos las partes (ugo).
```
chmod  ugo+rwx  eje010
chmod  a+rwx  eje010
chmod  a-rwx  eje010
ls -l
chmod  ugo+rw eje010
chmod  ugo-w+x  eje010
```

c) Conceder acceso de lectura (r) en un archivo a todos los miembros de su grupo (g).
   chmod g + r   eje010

d) Conceder acceso de lectura a un directorio a todos los miembros de su grupo:
   chmod g + rx /practicas

e) Se requiere el permiso "ejecutar" para poder leer un directorio.
   chmod ugo +r /practicas

f) Conceder permisos de leer a todos en el sistema en un archivo que usted es dueño de lo que todo el mundo puede leerlo: (u) uSer, (g) grupo y (o) other.
   chmod ugo + r   ejer010

g) Conceder permisos de lectura y ejecución en un directorio del sistema:
   chmod ugo + rx ejer010

h) Conceder permisos de lectura y modificación a un archivo que usted es dueño:
   chmod ugo + rw   ejer010

i) Denegar el acceso de lectura a un archivo por todo el mundo excepto a sí mismo:
   chmod go -r   ejer010

PASO 4: Cambiar el propietario de un fichero

La orden **chown** permite cambiar el propietario de un archivo o directorio en sistemas Linux. Puede especificarse tanto el nombre de un usuario, así como el identificador de usuario (UID) y el identificador de grupo (GID). Opcionalmente, utilizando un signo de dos puntos (**:**), o bien un punto (**.**), sin espacios entre ellos, entonces se cambia el usuario y grupo al que pertenece cada archivo.

Cada archivo de Linux tiene un propietario y un grupo, que se corresponden con el usuario y el grupo de quien lo creó.

El usuario **root** puede cambiar el propietario de cualquier archivo o directorio.
   chown

a) Ayuda.
   chown --help

b) Cambiar el propietario de un fichero. Primero se pone el propietario y luego el nombre del fichero.
   chown smr eje010

PASO 5: Dar de alta un usuario

Se de alta al usuario smr en el directorio /home/smr si el directorio de trabajo asignado no existe -m permite que se cree directorio.
   useradd -m -d /home/smr   smr

Visualizar el fichero de usuario y observar que la última línea contiene el nombre del usuario smr (less permite la movilidad o desplazamiento en el fichero, arriba y abajo, avanzar página o retroceder página, para salir pulsar q-> quit).
   less /etc/passwd

Una vez dado de alta el usuario smr se establecer la clave o password de este usuario, empleamos la orden passwd.

Nos pide la clave y tecleamos Practica2014*. Las claves se debe introducir dos veces, la segunda es de validación.
   passwd smr

   : Practica2014*

> Si no especificamos el nombre del usuario a cambiar la clave asume por defecto el usuario activo.

Abrir la conexión de una consola nueva, ej.: CTRL+ALT+F2.
   login: smr
   password: Practica014*

PRÁCTICA 23: Manejar ficheros de texto en Linux

DESCRIPCIÓN:

Para Linux todo es un sistema de ficheros, no existen unidades, ni dispositivos, todo se trata como sistema de ficheros, y existe solo un directorio raíz.

Del directorio raíz:
- Solo existe un directorio raíz por sistema operativo de arranque, y todos lo demás parte de él.
- Se representa con símbolo (\).

Las unidades y dispositivos, deben de montarse para manejar.

Una unidad se monta como un directorio más, a partir del punto de montaje. Ej:
    mount /dev/sdb1 /mnt/disco2
    cd   /mnt/disco2
    ls -l

Tratamiento de ficheros.
- Visualizar ficheros.
- Contar palabras.
- Ver cabeceras de los ficheros.
- Ver pie de un fichero.
- Buscar ficheros.
- Comprimir/ficheros.
- Copiar ficheros.
- Montar/desmontar/visualizar sistemas de ficheros.
- Reparar sistemas de ficheros.

PASO 1: Visualizar el contenido de ficheros de texto plano.

Existen diferentes órdenes que permiten visualizar el contenido de un fichero cuyo contenido es texto, o un fichero de texto plano. De todos ellos el más potente es less, aunque todos se pueden utilizar con tuberías o pipeline.

    cat
    more
    less
    pg

a) Ayuda.
    cat --help
    more --help
    less --help
    pg --help

b) Tuberías, filtros, pipe o pipeline.
    Orden1 | orden2 |orden3
    more
    pg
    less

Ejemplos:
    cat eje007
    more eje007
    pg   eje007
    less eje007
    cat eje007|more
    cat eje007|pg
    cat eje007|less
    ls -l /bin |less

c) Direccionamientos y redireccionamientos.
    cat > eje012
    cat <eje007
    pg < eje007
    more <eje007
    less < eje007

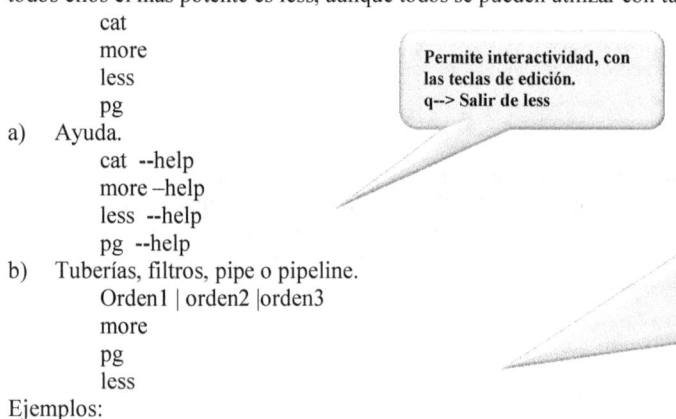

Permite interactividad, con las teclas de edición.
q--> Salir de less

Redirección operator	Descripción
>	Direccionamiento de salida, dispositivo o un fichero (si existe me lo cargo y lo creo de nuevo)
<	Direccionamiento de Entrada
>>	Redireccionamiento de salida, dispositivo o fichero (si no existe crea el fichero y existe lo agrega al final)
>&	Direccionamiento de Salida
<&	Direccionamiento de Entrada
|	Tuberia, filtro o pipeline, la salida que realiza la orden de la izquierda en el dispositivo estándar es recogida y enviada de entrada al orden a su derecha: ORDEN |ORDEN

Handle	Número equivalente al handle	Descripción
STDIN	0	Entrada por Teclado
STDOUT	1	Saldia del comando al prompt
STDERR	2	Error de salida de un comando, visualizado en el prompt
UNDEFINED	3-9	Sin definir, a espera de definen individualmente por la aplicación y son específicos para cada herramienta

PASO 2: Contar palabras de un fiche
    wc

a) Ayuda.
    wc --help
b) Por defecto.
    wc eje007
c) Contar líneas.
    wc -l eje007

wc
Sintaxis:	wc [-opciones] lista_de_archivos
Opción	Descripción
-c	**Visualiza el número de caracteres. Concretamente cuenta el número de retornos de línea.**
-L	Visualiza la longitud de la línea más larga.
-l	Visualiza sólo el número de líneas.
-m	Visualiza el número de caracteres.
-w	Visualiza el número de palabras. Una palabra es una cadena separada por un espacio, un tabulador o una nueva línea.

d) Contar palabras.
    wc -w eje007
e) Contar los bytes.
    wc -c eje007
f) Contar los caracteres.
    wc –m eje007

PASO 3: Visualizar la cabecera o parte inicial de un fichero de texto
    head
a) Ayuda.
    head --help
    man head
b) Por defecto.
    head   eje007
    Visualiza 10 primeras líneas del fichero.
c) Visualizar un número concreto de líneas (el que se es
    head -4 eje007
    head -15   eje007
    head -22 eje007
d) Visualizar un número concreto de bytes.
    head -c256 eje007
    head -c643 eje007
e) Versión del comando.
    head --versión
    head -v
f) Visualizar las cabeceras de varios ficheros.
    head   eje*
    head -v -c110 eje*

head
Sintaxis:	head [opciones] nombre_de_archivo
Opción	**Descripción**
-n	Especifica cuántas líneas quieres mostrar.
-n número	El número debe ser un entero decimal cuyo signo afecte a la localización en el archivo, medido en líneas.
-c número	El número debe ser un entero decimal cuyo signo afecte a la localización en el archivo, medido en octetos.

Caracteres comodín
* sustituye por uno o varios caracteres
? sustituye por un carácter.
[123678]
[1-3,6-8]   Rangos de un carácter
.   Directorio corriente
..   Directorio anterior
~   Home
~user   Home de user
&   Background
<Ctrl>Z   Para un proceso
;   Separa comandos
\   Continua línea de comandos
!!   Repite el comando previo
!n   Ejecuta el comando número "n"
!-n   Selecciona el evento n anterior
!cadena   Selecciona el evento que inicia con "cadena"

PASO 4: Pie de un fichero de texto
Visualizar las últimas líneas de un fichero de texto, por de líneas.
    tail
a) Ayuda.
    tail --help
b) Visualización por defecto, solo visualiza las 10 últimas líneas.
    tail eje007
c) Visualizar el nombre del fichero.
    tail   -v eje007
d) Visualizar un número de líneas concreto.
    tail -5 -v eje007   (incompatible, estas dos opciones juntas.
    tail -2 -v   eje*   (incompatible, estas dos opciones juntas.
    tail -5   eje007   correcto.
    tail   -2   eje*   correcto.
    tail -n5 -v eje007   correcto.
    tail -n2 -v eje*   correcto.
e) e) Visualizar los últimos   xxx bytes
    tail -c210   eje*
f) Ejemplo extraer de un fichero de la línea 5 a la línea 10.
    head -10   eje007 |tail –n6

tail
Sintaxis:	tail [opciones] nombre_de_archivo
Opción	**Descripción**
-l	Especifica las unidades de líneas.
-b	Especifica las unidades de bloques.
-n	Especifica cuántas líneas quieres mostrar.
-c número	El número debe ser un entero decimal cuyo signo afecte a la localización en el archivo, medido en bytes.
-n número	El número debe ser un entero decimal cuyo signo afecte a la localización en el archivo, medido en líneas.

NOTA: tail head, cut se utilizan en tuberías

PASO 5: Cortar, limitar un fichero, visualizar parte de un fichero de texto
Permite seleccionar por una columna siempre que se encuentren establecidas con tabuladores o delimitadores.
    cut
a) Ayuda.
    cut --help
b) Crear un fichero de BBDD, con limitador.
    nano   toros
c) Delimitador de campos.
    cut -d: toros
    cut -d: -f2 toros   solo 2º campo
    cut -d: -f3 toros   solo 3ª campo
    cut -d: -f1,3 toros
    cut -d: -f1,3-5 toros   el campo 1º, el 3º hasta el 5º
    cut -d: -f1   /etc/password

cut
Sintaxis:	cut [opciones]
Opción	**Descripción**
-c	Especifica las posiciones de los caracteres.
-b	Especifica las posiciones de los octetos.
-d flags	Especifica los delimitadores y campos.

        cut -d: -f1 /etc/password > usuarios
d) Mostrar un número de caracteres.
        cat   toros
        cut -c20 toros
        cut -c20-45 toros
e) Mostrar un de bytes.
        cut   -b3 toros
        cut   -b3-8 toros

PRÁCTICA 24: Búsqueda de ficheros.
DESCRIPCIÓN:
Búsquedas con find, este comando puede ser un poco lento cuando necesites buscar en un árbol de directorios muy grande. Aquí el comando locate puede ayudar. Este realmente no busca directamente un archivo en el sistema de ficheros. Busca en una base de datos.
Encontrando ficheros por contenido (buscando cadenas de texto en ficheros).
Las utilidades standard para buscar cadenas de texto en ficheros son grep/egrep para la búsqueda de expresiones regulares y fgrep para buscar cadenas literales.
    find, grep, egrep, fgrep
Existen órdenes de apoyo a las ayudas, para indicar dónde se encuentra un fichero.
    locate, whatis, whereis.
Hay por supuesto otros comandos de búsqueda como awk, sed y grep pero están más enfocados a buscar "dentro" de los archivos

PASO 1: Localización de órdenes.
    locate, slocate, mlocate, rlocate, whatis, whereis.
a) Ayuda.
    locate
b) Por defecto, Localizar en la BBDD, información sobre el comando a buscar.
    locate   ls
    slocate ls
b.1) Instalar la base de datos.
    updatedb
    /var/lib/slocate/slocate.db
b.2) Buscar en las rutas, en las que aparece esta orden.
    whereis ls
c) Localizar información de ayuda sobre un comando.
    whatis ls --> manual de ayuda
    cd /usr/man
    ls -l |pg
d) Información resumida de que hace un comando.
    whatis   ls
    whatis   pwd
    whatis   whereis
    whatis   iptables
e) Información de donde está el fichero.
    whereis ls
    ls: /bin/ls /usr/share/man/man1/ls.1.gz
    whereis pwd
    whereis man
    whereis su
f) Información de la ubicación del fichero ejecutable.
    which ls
    /bin/lsw
g) Información de la referencia en el fichero de ayuda de la base de datos updatebd.
    locate ls

La orden ls visualiza en formato amplio el contenido del directorio actual y se lo pasa por medio de una pipe a la orden pg que los visualiza pantalla a pantalla y aparece en la parte inferior la información de página (page)

whatis
Sintaxis: whatis [Opciones] PALABRA CLAVE...

Opción	Descripción
-d	Emitir mensajes de depuración
-w	Palabras claves contienen comodines
-l	No recortar la salida al ancho del terminal
-r	Interpreta cada palabra clave como una expresión de registro.
-v	Permite mensajes de depuración

whereis
Sintaxis: whereis [opciones] archivo

Opción	Descripción
-f	Define la búsqueda.
-b	Buscar solo en binario
-m	Buscar solo rutas manuales.
-s	Buscar solo rutas originales.

PASO 2: Buscar ficheros.
    find
a) Ayuda.
    find --help
    man find
b) Definir que quiero buscar o búsqueda por nombre.
    find (ruta) modificadores o argumentos.
    find / -name ¿Qué?
    find / -name ls
c) Buscar ficheros por tamaño.
    find /dev -size 100k   --> tamaño exacto
    find /dev -size +100k   --> tamaño superior a 100k
    find /dev -size -100k   --> tamaño inferior a 100k
d) Buscar por usuarios.
    find / -user nombre
    find / -user smr
e) Operadores lógicos -o (OR).
    find / -user alumno1 -o -user alumno2
    find / -user alumno1 -o -user alumno2 -o -user smr

Excepción Se utilizan literales, pero solo se encuentran precedidos con (-).

Se puede cancelar la ejecución de una orden, pulsando ^C.
find antes de buscar por usuarios comprueba la existencia de ese usuario en /etc/passwd.

f) Buscar todos los ficheros que no pertenezcan a un propietario o usuario concreto.
   -not   negación
   find / -not -user smr
   find / -not -user root
g) Buscar aquellos ficheros que no pertenecen a ningún propietario.
   find / -nouser
   useradd -m –d /home/alumno1   alumno1
   useradd -m –d /home/alumno2   alumno2
   passwd alumno1
   clave: alumno1 (repetirlo 2 veces)
   passwd alumno2
   clave: alumno2 (repetirlo 2 veces)
   find / -not –user root   -o –not –user alumno1 –o -nouser
   find / -not –user root   -a –not –user alumno1 –a -nouser
   find / -not –user root   -a –not –user alumno1 –a -not -nouser

> Se puede cancelar la ejecución de una orden, pulsando ^C.

> A partir de la versión del núcleo 2.6 de Linux, cada vez que se crea un usuario se crea un grupo con el mismo nombre del usuario.
> alumno1 --> alumno1
> alumno2 --> alumno2
> smr --> smr

h) Buscar ficheros por grupos.
   find / -group users
   find / -not -group root
h.1) Comprobamos la existencia de los usuarios y grupos creados, en el
   less /etc/group
   find / -group smr -o   -group   alumno1
i) Buscar por tipo de fichero.
   find / -type tipo
   find / -type d
   find / -type f
   find / -type b
   find / -type c
   find / -type s
   find / -type p
   find / -type l
   find / -type f -user alumno1   -size +100k

Tipo	Descripción del fichero
f	fichero
d	directorio
b	bloque
c	carácter
s	socket
p	pipeline
l	link, enlace simbólico

j) Buscar por permisos.
   find / -perm 770 -type f -user root
   find / -perm 700 -type f -user root
   find $HOME   -mtime 0
   find . -perm 664
   find . -perm -220
   find . -perm -g+w,u+w
   find . -perm /220
   find . -perm /220
   find . -perm /u+w,g+w
   find . -perm /u=w,g=w
   find . -perm -444   -perm /222   !   -perm /111
   find . -perm -a+r   -perm /a+w   !   -perm /a+x

Permisos	Valor numérico
rwx	7
rw-	6
r-x	5
r--	4
-rx	3
-r-	2
--x	1
---	0

> Permisos
> -número   -símbolo
> /número   /símbolo

k) Buscar fichero modificados por antigüedad.
k.1) Buscar los ficheros por el último acceso.
   find / -atime +4
   Al fichero se ha accedido en los últimos 4 días.
k.2) Buscar cuando se realizó una modificación anterior a:
   find / -mtime +4
   find / -mtime -4
   find / -mtime 4

> Suponiendo que la fecha actual es 21-03-2014
> +4 se considera entre los días: 18 y 21
> -4 busca por fecha anterior o igual al 18
> 4 busca en una fecha concreta (4 días antes) el 18

k.3) Buscar por fechas la realización del último cambio del fichero.
   find / -ctime -5
   find / -ctime +5
   find / -ctime 5
l) Ejecutar una orden con find.
   find / -type d -exec   echo   Directorio = {} \;
   find / -type d -exec   ls -l {} \;
   find . -type f -exec   file '{}' \;

> El comando a ejecutar con find, debe de terminar siempre en {}\;
> {}   Indicativo de recepción de cada entrada como parámetro de la búsqueda.
> \;   Finalización, los dos caracteres debe ir conjunto, sin espacios.

PASO 3: Comparaciones con -and, -or y -not
find también incluye operadores booleanos que la hace una herramienta aún más útil:
   find / -name 'ventas*'   -and   -mmin 120
   find / -name 'Ejer*'   -not   -user ana

find   /   -iname '*enero*'   -or   -group smr

PASO 4: Buscar información dentro de un fichero
Permite buscar contenidos de información dentro de un fichero.
    grep

El fichero debe ser con formato de texto Plano. (TEXTO).
Se utiliza para buscar en:
- Ficheros Script Shell o de Guion.
- Ficheros exportados de **BBDD,** con formato de:
- Columnas.
- Separadores ; , : "".
- Se usa con tuberías |.
- Se combina con **cut , find.**

a) Ayuda.
    man   grep
    info   grep
    grep   --help

b) Buscar una cadena de texto (por defecto).
b.1) grep "cadena a buscar"   **nombre del fichero.**
b.2) find / -name passwd | cut -d : -f1|grep "alumno1".
Ej.:   find / -name passwd | cut -d : -f1|grep "alumno1"
    grep "alumno1" /etc/passwd
    find / -name passwd |grep "alumno1"

c) Buscar en más de un fichero.
    cd /mnt/local
    ls -l
    nano eje010
    cat eje010
    cp eje010 eje011
    grep "esta" eje010
    grep "esta" eje01?
    grep "esta" eje01*
    grep "esta" eje?1*

d) Buscar una cadena sin tener en cuenta o considerar la diferencia entre mayúsculas y minúsculas.
    grep -i "esta" eje01*
    grep -i "uscu" eje01*

e) Buscar palabras completas (que no formen parte de una palabra), que no sea una subcadena.
    grep -iw "uscu" ej010
    grep -i "uscu" eje010
    grep -i "de"   eje010
    grep -iw "de"   eje010
    grep -i "es"   eje010
    grep -iw "es"   eje010

f) Buscar un número de línea después de encontrar la palabra que coincida con la cadena.
    grep -A2 "ESTA" eje010
    grep -iA2 "ESTA" eje010

g) Buscar en las líneas anteriores a la palabra coincidente. Mostrar las dos líneas anteriores a la coincidente.
    grep -B2 "dos" eje010
    grep -iB3 "dos" eje010

h) Buscar N líneas Anteriores y posteriores a la coincidente.
    grep -C1 "primera" eje010

i) Buscar en todos los archivos de forma recursiva.
Se utilizan rutas y caracteres comodín.
    grep -r -i "root" /etc/*
    grep -r -i -w "root" /etc/*
    grep -riw "root" /etc/*

j) Buscar las palabras que no coincidan con la cadena a buscar.
    grep -v "ESTA" eje010
    grep -v "es"   eje010
    grep -vi "es" eje010
    grep -viw "es" eje010

k) Contar el número de coincidencias, que aparecen.
    grep -c "esta" eje010
    grep -ci "es" eje010
    grep -ciw "es" eje010

Lista de los patrones de búsqueda de modelos que más frecuentemente puede usar con grep.

Carácter	Concuerda
^	El comienzo de una línea de texto.
$	El final de una línea de texto.
.	Cualquier carácter único.
[...]	Cualquier carácter único de la lista o rango entre paréntesis.
[^...]	Cualquier carácter que no esté en la lista o el rango.
*	Cero o más apariciones del carácter precedente o de la expresión regular.
.*	Cero o más apariciones de cualquier carácter único.
\	Ignora el significado especial del próximo carácter.

- Las comillas dobles ("") se utilizan para delimitar el texto que desee que sea interpretado como una palabra.
- Las comillas simples (') se pueden usar para agrupar frases con palabras múltiples formando unidades únicas, o para asegurarse de que determinados caracteres como por ejemplo $ sean interpretados literalmente. Si quiere escribir caracteres como &! $? . ; y \ precedidos de una barra inversa, para que se interpreten como caracteres tipográficos normales.

En Linux pueden existir ficheros
    Hola.Juan.mio.es
Todos los programas configurables tiene ficheros .conf

l) Visualizar solo la cadena a buscar.
  grep -o "ESTA" eje010
  grep -co "ESTA" eje010 --> Es incoherente solo se ejecuta c
m) Visualizar el número de línea en que se encuentra más el contenido.
  grep -n "ESTA" eje010
  grep -no "ESTA" eje010
  grep -nov "ESTA" eje010
  grep -nv "ESTA" e je010
n) Visualizar solo los ficheros que contienen la palabra a buscar.
  grep -l "root" /etc/*
  Los ficheros que en el contienen la cadena .conf son los ficheros de configuración.
  Hola.Juan.mio.es
o) Mostrar la posición en el fichero, de una cadena.
  grep -b "root" /etc/*

Visualizar los ficheros en formato largo y la salida enviarla a la pipe para que la procese el comando grep y extraiga solo los que el primer carácter sea una d: Directorio.
  ls -l | grep '^d'

Extrae del fichero de definición de usuarios (passwd), todas la líneas que definen en el primer campo o comienzan por user más un número entre 0 y 9 ej: user1:....
  grep '^user[0-9]' /etc/passwd

Extrae del fichero archivo.txt, todas las líneas que comienzan por una letra mayúscula/minúscula entre la A..z y contengan cero o más caracteres y el último carácter de la línea sea un número entre 0 y 9.
  grep '^[A-Za-z]*[0-9]$' archivo.txt

Visualizar todos los ficheros, incluso los ocultos, se pasan al dispositivo de salida a una pipeline, que cede los datos como entrada a la orden grep, y busca.
  ls –a | grep '^\.[^.]'

Buscar una cadena dentro del archivo.txt que:
  grep '^.*,[0-9]\{10,\}' archivo.txt

PASO 5: Utilizar expresiones regulares con egrep
  egrep
  La orden grep entiende dos versiones diferentes de expresión regular sintaxis: "básico" y "extendido". La orden egrep maneja formato extendido:
  egrep se utiliza para buscar en los archivos de uno o más argumentos de patrones, pero utiliza la expresión regular que coincide extendida (así como la \ <y \> metacaracteres).
a) Ayuda.
  egrep --help

`egrep <flags>  'expresión regular'  <fichero>`

PASO 6: Utilizar expresiones regulares con fgrep
  fgrep
  La orden fgrep se utiliza para busca en los archivos de uno o más argumentos **de patrones**. No utiliza expresiones regulares; en cambio, lo hace la comparación de cadenas directa para encontrar las líneas que coincidan de texto en la entrada.
a) Ayuda.
  fgrep --help

Probar conocimientos y analizar los resultados.
  # find / -type f \(-perm -04000 -o -perm -02000 \)
  # find / -perm -2 ! -type l -ls
  # find / -nouser -o -nogroup -print
  # find /home -name .rhosts -print

PRÁCTICA 25: Crear y manejar dispositivos.

DESCRIPCIÓN:

Por seguridad, la operación de montar y desmontar solo la puede realizar el superusuario. Para resolver esto se puede usar la opción user en las líneas del fichero /etc/fstab.

    mount
    umount
    mknod
    lsusb
    eject
    fuser

Administración de dispositivos

Linux utiliza carpetas para montar los diferentes dispositivos de almacenamiento.

    /etc/mtab   tabla de sistemas de ficheros montados.
    /etc/fstab   tabla de sistemas de ficheros montados.

PASO 1: Listar los dispositivos existentes

    lsusb

a) Ayuda.

    lsusb

b) Listar por defecto los dispositivos.

    lsusb

c) Listar los dispositivos específicos.

    lsusb -e sda

d) Listar la jerarquía de árbol de dispositivos USB

    lsusb

lsusb	
Sintaxis:	lsusb [opción]...
Opción	DESCRIPCION
-s [devnum]	Mostrar sólo los dispositivos con dispositivo específico y/o las líneas de bús (en decimal).
-d proveedor:[producto]	Mostrar sólo los dispositivos con el proveedor especificado y números de identificación de producto (en hexadecimal).
-D Dispositivo	Selecciona el dispositivo que lsusb examinará.
-t	Volcado de la jerarquía de dispositivos USB física como un árbol.

PASO 2: Montar un dispositivo

a) Ayuda.

    mount --help

Los tipos pueden ser vfat, ext3, ntfs, xfs, reiserfs, minix y, además, para montar un CD-ROM se utiliza el tipo iso9660, para un montaje en red nfs, etc.

En los sistemas Linux más nuevos no es necesario especificar el sistema de ficheros ya que mount los detecta automáticamente.

Los argumentos dispo y punto_montaje hacen referencia al dispositivo y al directorio en donde se va a montar el sistema de ficheros. Este punto de montaje debe ser un directorio que exista y que además esté vacío.

b) Visualizar por defecto las unidades montadas.

    mount

c) Montar un dispositivo usb en la carpeta /media/usb.

    mount -t vfat /dev/sda1 /mnt/usb

d) Permite montar el fichero imagen.iso en /media/cdrom y en modo solo lectura.

    mount -t iso9660 -o ro,loop ~/cd-isodatos.iso /media/cdrom

e) Monta un dispositivos flash con la opción noatime (ello reduce el número de escrituras).

    mount -w -o noatime   /dev/sda1   /memstick

f) Montar dispositivos en FAT.

    mount -t vfat /dev/sdb1 /mnt/usb
    mount -t vfat /dev/hdb1 /mnt/disco1

g) Montar dispositivos en NTFS.

    mount -t ntfs-3g /dev/sdb1 /media/usb

mount	
Sintaxis:	mount [opciones] [-t tipo] [-a] [-o opc] dispo punto_montaje.
Opción	DESCRIPCIÓN
-a	Permite montar todos los sistemas de ficheros especificados en el fichero /etc/fstab.
-f	Realiza un montaje ficticio. Sirve para comprobar si el montaje se realizaría correctamente.
-n	Monta el dispositivo sin escribirlo en el fichero /etc/mtab.
-r	Monta el sistema de ficheros como sólo lectura.
-w	Monta el sistema de ficheros para lectura/escritura (opción por defecto).
-O	
-o	Las opciones se especifican con una bandera -o seguido de una cadena separada por comas de opciones.

PASO 3: Desmontar un dispositivo

Es importante desmontar un disco antes de extraerlo. Esto da al sistema la oportunidad de completar cualquier escritura pendiente y evita dejar inestable el acceso a las estructuras del dispositivo desmontando el sistema de archivos limpiamente.

El uso del comando umount garantiza que toda la información mantenida en memoria por el sistema operativo se escriba en el dispositivo antes de desmontarlo. Para ello también puede usarse el comando sync dispositivo.

    umount

umount	
Sintaxis:	umount dispositivo | punto_montaje
	Para desmontar un sistema se puede utilizar, indistintamente, el dispositivo o el directorio en el que se encuentra montado.

a) Ayuda.

    umount --help

b) Desmonta la unidad de disquete B.

            umount /dev/fd1
c) Desmonta el dispositivo que hubiese sido montado en el directorio /mnt/win.
            umount /mnt/win
d) Permite desmontar todas las unidades.
            umount -a
e) Desmontar todos los sistemas montados del tipo vfat.
            umount -t vfat
f) Desmontar un dispositivo usb montado en nuestro ordenador.
            umount   /dev/sda1
            umount   /dev/sda2

PASO 4: Crear dispositivos
            mknod
a) Ayuda.
            mknod --help
b) Para crear un dispositivo, haremos un nuevo nodo de dispositivo de bloques y lo llamaremos disquete en el /dev y usaremos los mismos números de mayor y menor del dispositivo.
            /dev/fd0
              # mknod /dev/disquete b 1 112
c) Crea una segunda entrada y llamada raw.disquete, el cual ser aun dispositivo de carácter basado en el dispositivo existente /dev/fd0.
              # mknod /dev/raw.disquete c 1 112

PASO 5: Identificar los procesos que usan los dispositivos
Identifica los procesos que hacen uso de un los dispositivos.
            fuser
a) Ayuda.
            fuser --help
            man   fuser
b) Procesos que se ejecutan en el directorio activo.
            fuser   .
            `/usr/sbin:           1540c`
c) Listar los proceso.
            fuser -l
d) Si ejecutamos en un servidor Web el servicio nginx.
            fuser -v nginx
e) Ejecutado sobre un socket que se ejecuta sobre el puerto 80 que arranca nginx.
            fuser -v -n tcp 80 nginx
f) Matar un proceso que usa un fichero o directorio determinado.
            fuser -v -k nginx
g) Matar procesos selectivos de forma interactiva.
            fuser -v -i -k nginx

PRÁCTICA 26: Mostrar ficheros que existen en una estructura de Linux
DESCRIPCIÓN:
Orden estándar es *ls*, con esta orden se utilizan patrones de búsqueda, los metacaracteres.

Metacaracteres.

*	Sustituye entre 1 carácter o varios.
?	Sustituye por 1 carácter.
[]	Patrones o condiciones.
[-]	Rango de caracteres
[^] o [!]	Excepto ese conjunto de caracteres
[a-z]	Rango de caracteres entre a y z ambos inclusive.
[1-6]	Rango numérico entre 1 y 6 ambos inclusive
[1,3,5,6]	Conjunto de elementos (numéricos).
[a,e,i,o,u]	Conjunto de elementos (vocales).
[^e*]	Que no contenga la letra e.
[$a]	Debe terminar en la letra a.
{}	Sustituye string o cadenas dentro de las llaves.
{mi,asa}	Archivos o directorios que contengan mi o asa.

PASO 1: Comando ls
Visualizar o lista el contenido de información del directorio actual.
    ls
a) Ayuda.
        ls --help
b) Visualización por defecto
        ls
    Visualiza en columnas y establece la diferencia por colores y en su terminación.
        /   --> directorios
        *   --> Ejecutables
        ~   --> Copias de seguridad (.bak, bk!)
c) Visualizar en formato amplio o largo.
        ls –l
d) Visualizar todos los ficheros y directorios (incluyen los ocultos).
        ls -a
        ls -la
e) Visualizar el directorio activo.   *(Directorio activo ./)*
        ls -d
        ls -dl
        pwd
    Fichero ejecutables, fuera de la ruta de búsqueda hay que precederlo de ./.
        ls -li   /etc
f) Listar por tiempo de modificación de un inodo.
        ls -t   /sbin
        ls -tl /bin
g) Listar los contenidos del directorio en función de la versión (actualización ficheros).
        ls -v   /bin
        ls -lv /bin
h) Visualizar todos los ficheros o directorios ocultos (sin ignorar. ..).
        ls -la /bin
i) Visualizar todos los ficheros o directorios ocultos, incluidos menos (.) (..)
        ls -lA /bin
    No listar los ficheros de copia de seguridad (~).
        cd /mnt/local
        ls -B
        ls -lB
j) Visualizar información del directorio Actual.
        ls -d
        ls -ld
k) Invertir el orden de visualización.
        ls -lB
        ls -lB -r
l) Visualizar el fichero por Tamaño.
        ls -lS

ls	
Sintaxis: ls [-aAcCdfFgilLmnpqrRstux1] [ruta ...]	
Opción	Descripción
-a	Lista todas las entradas
-F	Pone '/' al final de directorios, '*' al final de ejecutables y '@' al de enlaces simbólicos
-i	Muestra el número de inodo en la columna 1
-l	Listado largo
-n	Con –l muestra UID/GID
-p	Pone '/' al final de los directorios
-r	Invierte el sentido de ordenación
-s	Muestra tamaño en bloques
-u	Sentido de ordenación por la fecha del último acceso
-1	Fuerza el formato de un nombre de fichero en cada línea
-A i	Igual que -a pero no lista los directorios '.' y '..'.
-L	Sigue los enlaces simbólicos
-o	Como -l pero no muestra grupo
-q	Muestra los caracteres no visualizables
-R	Lista recursivamente directorios
-t	Ordena por fechas
-x	Salida multicolumna ordenada horizontalmente

m) Invertir, lo contrario.
    ls -lS -r
n) Visualizar él una columna con el tamaño de bloques.
    ls -ls
o) El número de bloques es la primera columna que aparece.
    ls -lsS
    ls -lsSr
p) Invertir la selección.
    ls -lsSi
  Se agrega una columna (1ª) con el número de inodo de inodo.
    ls -lsSir
q) Listar los ficheros por fecha de creación o última modificación.
    ls -t
    ls -lt
r) Desactivar el color y visualizar en columnas.
    ls -f
    ls -lf
s) Visualizar en formato largo los ficheros omitiendo la columna del propietario.
    ls -g
    ls -lg
t) Visualizar en formato largo los ficheros omitiendo la columna del grupo.
    ls -G
    ls -LG

PRÁCTICA 27: Tratamiento de ficheros en Linux

DESCRIPCIÓN:

Los sistemas Unix, y Linux en particular disponen de herramientas avanzadas que permiten la manipulación de ficheros de texto para poder extraer información y modificarlos. Esto es realmente importante ya que la mayoría de los ficheros de configuración de un sistema Linux son ficheros de texto que habitualmente tendremos que manipular.

Manipular información de los ficheros:
- Comparar ficheros.
- Comprimir/descomprimir ficheros.
- Compactar ficheros.

PASO 1: Comparar ficheros IGUALES

La comparación binaria se realiza hasta el final de los archivos, siempre y cuando la cantidad de bytes a comparar es la misma.

   cmp

a) Ayuda.
   man cmp
   cmp --help
   info cmp

b) Comparar ficheros.
   Usar direccionamientos
   ls -l /bin > salida1
   ls -l /sbin > salida2
   cmp -c salida1 salida2

c) Visualizar ficheros de texto.
   cat
   more
   less
   cat salida1
   cat salida2

c.1) Invertir la visualización.
   cat eje010
   tac eje010
   cat   salida1 > salida3
   tac   salida1 > salida4
   ls -l
   cmp -c salida1   salida3
   cmp -c salida1   salida4

d) Visualizar diferencias a nivel de byte.
   cmp -b salida1 salida4

cmp
Sintaxis:	cmp [opciones..] file1 file2
Opción	**Descripción**
-c	Muestra los octetos distintos como caracteres.
-l	Muestra el número de octetos (decimal) y el valor de octetos distintos (octal) para cada diferencia.
-s	No muestra nada para archivos distintos, devuelve el estado de salida únicamente.

cmp --> primero compara es el tamaño igual asume que contiene la misma información.

PASO 2: Mostrar diferencias.

Permite comparar dos ficheros línea a línea y nos informa de las diferencias entre ambos ficheros.

   diff

a) Ayuda.
   diff --help

b) Mostrar las diferencias entre ficheros por defecto.
   diff salida1 salida4
   cat salida1 >salida5
   cat salida1 >>salida5

c) Visualizar diferencias de forma de página.
   diff -l salida1 salida5

d) Permite compara directorios (recursiva).
   diff -r /bin /sbin

e) Compara los archivos uno junto al otro, ignorando los espacios en blanco.
   diff -by salida1 salida5

f) Compara los archivos ignorando las mayúsculas/minúsculas.
   diff -iy salida1 salida5

diff
Sintaxis:	diff [opciones...] fichero1 fichero2
Opción	**Descripción**
-a	Trata todos los archivos como texto y los compara línea-a-línea.
-b	Ignora cambios en la cantidad de espacios blancos.
-c	Usa el formato de salida del contexto.
-e	Hace que la salida sea un script ed válido.
-H	Usa la heurística para acelerar el manejo de grandes archivos que tienen pequeños cambios dispersos.
-i	Ignora los cambios entre mayúsculas y minúsculas, las considera equivalentes.
-n	Mostrar en formato RCS, como -f excepto que cada comando especifica el número de líneas afectadas.
-q	Mostrar diffs en formato RCS, como -f excepto que cada comando especifica el número de líneas afectadas.
-r	Cuando compara directorios, compara repetidamente cualquier subdirectorio encontrado.
-s	Informa cuando dos archivos sean iguales.
-w	Ignora los espacios en blanco cuando compara líneas.
-y	Utiliza el formato de salida uno junto al otro.

PASO 3: Mostrar diferencias comparando ficheros por columnas
   cd /mnt/local
   cat > datos

a) Ayuda.
    comm --help
b) Defecto.
    comm -1 -1 datos datos1
c) Comparar por columnas.
    comm -1 -2 salida salida1
    comm -3 salida salida1

comm

Sintaxis:	comm [opciones]... fichero1 fichero2
Opción	**Descripción**
-1	Suprimir líneas exclusivas de archivo izquierda
-2	Suprimir líneas exclusivas de archivo correcto
-3	Suprimir las líneas que aparecen en ambos archivos

PASO 4: Ordenar ficheros de texto
    sort
a) Ayuda.
    sort --help
b) Por defecto.
    sort datos
    sort datos > salida
    cat salida
    sort datos1 >salida1

sort

Sintaxis:	sort [opciones] nombre_de_archivo
Opción	**Descripción**
-r	Ordena en orden inverso.
-u	Si la línea está duplicada la muestra sólo una vez.
-o nombre_archivo	Envía la salida ordenado a un archivo.

PASO 5: Compresión/Descompresión de archivos
    gzip
a) Ayuda.
    gzip --help
b) Defecto.
    Crear un fichero que contenga información.
    ls -lR / > comprime
    ls -lR / > comprime &2>error
    ls -l
    gzip comprime
    ls -l
    El origen --> comprimir desaparece me queda el fichero comprimido con la extensión .gz
c) Descomprimir directamente con gzip.
    gzip -d comprime.gz
    ls -l
    Desaparece el fichero comprimido y aparece el fichero descomprimido.
d) Redirecciona la salida de un fichero comprimido. El comando *gzip* si no lleva ficheros, entonces lee de la entrada estándar y para guardar la compresión tenemos que mandarla a la salida estándar y redireccionarla a un fichero.
    man ln | gzip -c > salida.ln.man.gz
e) Comprobar la integridad de un fichero comprimido.
    gzip -t comprime.gz
f) Orden de descomprimir.
    gzip comprime
    ls -l
    gunzip comprime.gz
    ls -l
g) Comprime un directorio, incluido el contenido de un subdirectorio.
    gzip -r tmp
h) Cambiar la extensión de salida del/los ficheros.
    gzip -S .gzip ls.man rm.man

gzip

Sintaxis:	gzip
Opción	**Descripción**
-l	Información sobre la compresión de un fichero .gz
-S	Cambiar la extensión .gz
-r	Comprimir directorios.
-c	Redireccionar la salida de un fichero comprimido
-t	Comprobar la integridad de un fichero comprimido
-d	Descomprimir ficheros .gz.

PASO 6: Comprimir ficheros y directorios (Empaquetar|Desempaquetar)
    tar
a) Ayuda.
    tar --help
b) Comprimir utilizando el formato .tar (si se utilizan cintas de copias de seguridad streamer la compresión se realiza con bar).
    tar cf salida01.tar *.* --> mal
    tar cf salida01.tar /etc
    ls -l
c) Comprimir un fichero compactado.
    ls -l
    gzip salida01.tar
    ls -l
    gunzip salida01.tar.gz
d) Visualizar el contenido de un fichero compactado.

tar

Sintaxis: tar <opciones> archivo_a_crear <archivos_a_adicionar>	
Opción	**Descripción**
-c	Indica a tar que cree un archivo.
-v	Indica a tar que muestre lo que va empaquetando.
-f	Indica a tar que el siguiente argumento es el nombre del fichero.tar.
-x	Indica a tar que descomprima el fichero.tar.
-v	Indica a tar que muestre lo que va desempaquetando.
-t	Lista el contenido del fichero .tar
-r	Añadir un fichero al final de un archivo .tar.
z	Formato del fiechero gz

tar   tf   salida01.tar
Descomprimir--> Descompactar
tar   xf salida01.tar   ./estudiar
e) Agregar información a un fichero compactado.
tar   rf salida01.tar   /bin
tar   -tf salida01.tar
tar   rf salida01.tar   ./estudiar
tar   tf   salida01.tar
rm -r   estudiar
tar   xf   salida01.tar
f) Actualizar un fichero compactado.
tar   uf   salida01.tar ./nuevo
g) Comprimir en formato .gz.
tar   czvf salida02.gz /etc
mv   salida02.tar salida02.gz
h) Borrar directorios.
rm -rf   etc
ls   -l
tar   xzvf   salida02
i) Descomprimir un fichero .tar .gz.
tar   xvf   copia.tar   ./local
tar   xzvf copia2.gz   ./local1
Ejemplo:
tar   czvf   salida001.gz   /bin
tar   czvf   salida002.gz   /etc
ls   -l /   > texto01
ls   -l /etc > texto02
gzip   texto01
gzip   texto02
j) Ayuda.
bzip2   --help
i) Para comprimir ficheros en formato bz2, se utiliza el siguiente comando:
bzip text02
j) Para descomprimir ficheros .bz2, se usa el comando siguiente:
bzip2 -d fichero.bz2

PASO 7: Manipular ficheros comprimidos de texto
zcat, zmore, zcmp, zdiff
a) Ayuda.
zcat   --help
zmore   --help
zcmp   --help
zdiff   --help
b) Visualizar el contenido de un fichero comprimido de texto.
zcat   texto01.gz
zcat   texto02.gz
zcat   texto01.gz | less
zcat   texto02.gz | less
c) Visualizar el contenido de un fichero comprimido, por pantalla, por scroll.
zless texto01.gz
zless texto02.gz
d) Visualizar el contenido de un fichero comprimido de texto pausadamente (pantalla a pantalla) scroll.
zmore   texto01.gz
zmore   texto02.gz
e) Comparar ficheros comprimidos iguales.
zcmp texto01.gz   texto02.gz
f) Comparar ficheros de texto diferentes.
zdiff   texto01.gz   texto02.gz

Ejemplos:
cat /etc/passwd   >salida03
cat /etc/group   >salida04

gzip   salida03

bzip2
Sintaxis: bzip2 [opciones] fichero

Opción	Descripción
-d	Fuerza a la decompresión.
-z	Fuerza a la compresión.
-k	Mantener (no eliminar) los archivos de entrada.
-f	Sobrescribir los archivos de salida existentes.
-t	Textea la integridad del fichero de compresión.
-c	Salida estándar out.
-q	Suprimir los mensajes de error no críticos.
-v	Visualizar la compresión.
-s	Usar menos memoria (como máximo 2500K).
-1 .. -9	Establecer el tamaño de bloque entre 100k..900k.
--fast	Alias para -1.
--best	Alias para -9.

Orden	Uso
tar	Empaquetar: tar -cvf fichero.tar /pract/mi/todo/ Desempaquetar: tar -xvf fichero.tar Ver contenido tar -tf fichero.tar
gz	Comprimir: gzip -9 fichero Descomprimir: gzip -d fichero.gz
bz2	Comprimir: bzip fichero Descomprimir: bzip2 -d fichero.bz2 gzip ó bzip2 sólo comprimen ficheros [no directorios, para eso existe tar]. Para comprimir y archivar al mismo tiempo hay que combinar el tar y el gzip o el bzip2 de la siguiente manera, pasos siguientes de la tabla
tar.gz	Ficheros Comprimir: tar -czfv fichero.tar.gz ficheros Descomprimir: tar -xzvf fichero.tar.gz Ver contenido: tar –tzf fichero.tar.gz
tar.bz2	Comprimir: tar -c ficheros	bzip2 > ficheroar.bz2 Descomprimir: bzip2 -dc fichero.tar.bz2	tar -xv Ver contenido: bzip2 -dc fichero.tar.bz2	tar -t
zip	Comprimir: zip fichero.zip ficheros Descomprimir: unzip fichero.zip Ver contenido: unzip -v fichero.zip
lha	Comprimir: lha -a fichero.lha ficheros Descomprimir: lha -x fichero.lha Ver contenido: lha -v fichero.lha Ver contenido: lha -l fichero.lha
arj	Comprimir: arj a fichero.arj ficheros Descomprimir: unarj fichero.arj Descomprimir: arj -x fichero.arj Ver contenido: arj -v fichero.arj Ver contenido: arj -l fichero.arj
zoo	Comprimir: zoo a fichero.zoo ficheros Descomprimir: zoo -x fichero.zoo Ver contenido: zoo -L fichero.zoo Ver contenido: zoo -v fichero.zoo
rar	Comprimir: rar -a fichero.rar ficheros Descomprimir: rar -x fichero.rar Ver contenido: rar -l fichero.rar Ver contenido: rar -v fichero.rar

gzip   salida04

zcat   salida03.gz
zmore salida03.gz

zcat   salida04.gz
zmore salida04.gz

zcmp   salida04.gz   salida03.gz
zdiff   salida03.gz   salida04.gz

Muestra el número de línea.
zdiff -n   salida03.gz   salida04.gz

Mostrar y marcar las diferencias.
zdiff -c   salida03.gz   salida04.gz

PRÁCTICA 28: Crear accesos o enlaces blandos y duros en Linux.

DESCRIPCIÓN:

¿Qué son? ¿Para qué sirven?

Linux, **cada archivo en el sistema está representado por un inodo**. Un inodo no es más que un bloque que almacena información de los archivos, de esta manera a cada inodo podemos asociarle un nombre. A simple vista pareciera que a un mismo archivo no podemos asociarle varios nombres, pero gracias a los enlaces esto es posible.

Enlaces Simbólicos

Un enlace simbólico (enlace blando, o acceso directo) es un archivo especial que contiene un nombre de camino. Así, los enlaces blandos pueden apuntar a ficheros en sistemas de ficheros diferentes (posiblemente montados por NFS desde máquinas diferentes, unidades extraíbles), y no tienen por qué apuntar a ficheros que existan realmente.

Un enlace simbólico permite dar a un fichero el nombre de otro, pero no enlaza el fichero con un inodo, es decir, en realidad lo que hacemos es enlazar directamente al nombre del fichero. Los enlaces simbólicos son ampliamente usados para las librerías compartidas. Para compréndelo mejor, un "enlace simbólico" no es más que una referencia (enlace) a una carpeta (directorio) o fichero que está situado en un lugar físico distinto.

Enlaces duros

Los enlaces duros lo que hacen es asociar dos o más ficheros compartiendo el mismo inodo. Esto hace que cada enlace duro sea una copia exacta del resto de ficheros asociados, tanto de datos como de permisos, propietario, etc. Esto implica también que cuando se realicen cambios en uno de los enlaces o en el fichero este también se realizará en el resto de enlaces.

En sistemas GNU/Linux, los enlaces duros, tienen varias limitaciones:
1. Sólo se pueden hacer enlaces duros a archivos, y no a directorios.
   - No pueden expandirse a través de distintos sistemas de archivos. Esto significa que no puede crear un enlace permanente desde /usr/bin/bash hacia /bin/bash si sus directorios / y /usr pertenecen a distintos sistemas de archivos.

Conclusión:
- Los enlaces simbólicos se pueden hacer con ficheros y directorios, los enlaces duros solo con ficheros.
- Los enlaces simbólicos se pueden hacer entre distintos sistemas de archivos, los enlaces duros no.
- En los enlaces simbólicos si se borra el archivo o directorio original la información se pierde, en los enlaces duros no.
- Los enlaces duros son copias de los originales que comparten el número de inodo, mientras de los enlaces simbólicos son meros punteros.
- Existen diferentes formas de borrar enlaces; unlink ,rm7

Órdenes:
    ln
    symlinks
    unlink

PASO 1: Crear acceso directos a ficheros y directorios

Crear enlaces duros y enlaces simbólicos a ficheros.
    ln
a) Ayuda.
    ln --help
    man ln
    info ln
b) Asignación por defecto.
    cd /mnt/local
    ls -l
    ln   eje011   eje012
c) Por defecto se crea un enlace duro, copia del fichero original.
    ls -l
    Editar el fichero eje011.
    nano eje011
d) Observa el resultado en eje011 y eje012.
    cat eje011
    cat eje012
e) Crear enlaces simbólicos (enlaces blandos).
    ln -s   eje012 eje014
    ln -s   eje014 eje015
    ln -s   eje014 eje016
    ln -s   eje012 eje017
    ls -l
    ln   eje011 eje013
    rm eje011
    ls -l
    rm   eje012
    cat   eje014

ln	
Sintaxis:	ln [opciones] nombre_arch_existente(o directorio) nuevo_nombre_de_archivo(o directorio)
Opción	**Descripción**
-f	Enlaza archivos sin preguntar al usuario, incluso si el modo de archivo prohíbe la escritura. Esto es por defecto si el input estándar no es un terminal.
-n	No sobrescribe archivos existentes.
-s	Se utiliza para crear enlaces suaves, blandos.

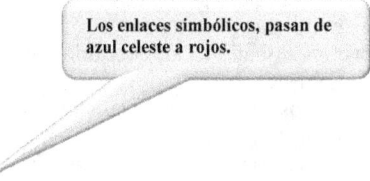

Los enlaces simbólicos, pasan de azul celeste a rojos.

f) Crear accesos simbólicos a un directorio.
    ln   -s   deportes   futbol
    ln   eje013   eje012

PASO 2: Buscar a partir de un directorio, enlaces simbólicos
Comprueba los enlaces simbólicos del sistema de archivos.
    symlinks

a) Ayuda.
    symlinks --help
    man symlinks
    info symlinks

b) Buscar enlaces relativos en un directorio.
    symlinks -v /bin
    symlinks -v /mnt/local/deportes
    symlinks -v .
    apt-get install symlinks

c) Buscar enlaces duros y cambiar por enlaces simbólicos.
    symlinks -c /bin

d) Buscar de forma recursiva -r.
    symlinks -r /
    symlinks -r .
    symlinks -r -v .

> symlinks
> apt-gets   install symlinks

PASO 3: Borrando enlaces duros
    unlink

a) Ayuda.
    unlink --help

b) Igual que con los enlaces simbólicos podemos usar dos comandos para borrar los enlaces duros:
    unlink /home/baldo/enlace-duro2

c) Usar rm para borrar enlaces.
    rm /home/baldo/enlace-duro2

Analizar: root@alumno-svr:/home/alumno#
    ls l > salida
    ln salida salida1
    ln salida1 salida2
    ln -s salida2 salida3
    ln -s salida3 salida4
    ls -l

```
-rw-r--r--      3 root  root    102 oct 12 00:27 salida
-rw-r--r--      3 root  root    102 oct 12 00:27 salida1
-rw-r--r--      3 root  root    102 oct 12 00:27 salida2
lrwxrwxrwx      1 root  root      7 oct 12 00:29 salida3 -> salida2
lrwxrwxrwx      1 root  root      7 oct 12 00:29 salida4 -> salida3
```

  La segunda columna indica el número de inodos que forman el enlace duro, el número 3 indica que existen 3 enlaces duros o tres copias del mismo inodo y el mismo contenido, la quinta columna indica el tamaño, se puede observar el tamaño de los tres primeros ficheros es el mismo, la fecha y hora es la misma, el nombre es distinto, se actualizan los tres si se modifica uno de ellos.
  Los dos últimos indican en la primera columna el primer carácter l--> enlace blando, no existe replicación inodos, sino una referencia al mismo iniodo, salida 2 indica que enlace blando es salida3. Se encuentra referenciadas de dos ficheros al mismo inodo, si se borra el fichero original desaparece el enlace al inodo.

PASO 4: Listar atributos de un directorio
El comando lsattr se usa para listar los atributos de directorios o archivos especificados.
    lsattr

a) Ayuda.
    lsattr --help
b) Listar los atributos por defecto.
    lsattr
c) Listar los atributos de los directorios en profundidad de forma recursiva.
    lsattr -R
d) Listar todos los atributos incluso los ocultos (. ..)
    lsattr -a
e) Listar directorios como si fueran archivos, en lugar de listar su contenido.
    lsattr -d

> **lsattr**
> **Sintaxis: lsattr [opciones]**
>
> | Opción | Descripción |
> |---|---|
> | -R | Lista reiterativamente los atributos de los directorios y su contenido. |
> | -a | Lista todos los archivos en directorios, incluyendo archivos que empiecen por '.'. |
> | -d | Lista directorios como otros archivos, en vez de listar su contenido |

PRÁCTICA 29: Acceder a la definición de Entorno en Linux

DESCRIPCIÓN:
Linux proporciona utilidades ncal y cal que se pueden utilizar para mostrar el calendario en línea de comandos. Una vez que te acostumbras a ellos, se dará cuenta de que las cosas son más rápidas con estas utilidades en comparación con mirar manualmente para los calendarios de GUI. Ambas utilidades, al combinarse, ofrecen un amplio conjunto de opciones a través del cual se puede mostrar el calendario de casi cualquier manera.

PASO 1: Calendario
Existen dos formas de visualizar el calendario en columnas y en filas con las órdenes:
>   cal
>   ncal

a) Ayuda.
>   cal --help
>   ncal --help

b) Visualizar el calendario de un año.
>   cal 2014

c) Visualizar el calendario por un mes.
>   cal mes año
>   cal 6 2010

d) Visualizar por defecto.
>   Ncal

e) Calendario con visualización horizontal.
>   ncal 2014

f) Visualizar en formato hoz. Un mes.
>   ncal 6 2013

g) Ejemplos varios:
>   cal -m1
>   cal -m1 1968
>   cal -3 -m1
>   ncal -w
>   ncal -M
>   ncal -p

cal
Sintaxis:
cal [opcional] [-hjy] [[month] year]
cal [opcional] [-hj] [-m month] [year]
ncal [opcional] [-bhJjpwySM] [-s country_code] [[month] year]
ncal [opcional] [-bhJeoSM] [year] Opcional : [-NC3] [-A months] [-B months]

Opción	Descripción
-1	Muestra un sólo mes como salida.
-3	Muestra el mes previo/actual/siguiente como salida.
-s	Muestra el domingo como primer día de la semana.
-m	Muestra el lunes como primer día de la semana.
-j	Muestra fechas julianas (días ordenados, numerados desde el 1 de Enero).
-y	Muestra un calendario para el año actual.

ncal
Opción	Descripción
-h	Desactiva el resaltado de hoy.
-J	Mostrar Calendario Juliano, si se combina con la opción-e, fecha de presentación de Pascua de acuerdo con el calendario juliano.
-e fecha	Pantalla de Pascua (para las iglesias occidentales).
-j	Visualizar días julianos (día uno-basan, numeradas del 1 de enero).
-m mes	Muestra el mes especificado. Si se especifica el mes como un número decimal, puede ser seguido de la letra 'f' o 'p' para indicar lo siguiente o el mes de ese número, respectivamente.
-o	Mostrar fecha de la Pascua Ortodoxa (griega y las Iglesias ortodoxas rusas).
-p	Imprime los códigos de país y los días de conmutación de Julian en el calendario gregoriano, ya que se supone por NCAL. El código de país que viene determinada por el entorno local es marcado con un asterisco.
-s cod_pais	Asumir el cambio de Julian el calendario gregoriano, en la fecha asociada con la country_code. Si no se especifica, tries NCAL de adivinar la fecha de cambio de local medio ambiente o cae de nuevo a 2 de septiembre de 1752 Esto fue cuando Gran Bretaña y sus colonias cambiaron al calendario gregoriano.
-w	Muestra el número de la semana por debajo de cada columna de la semana.
-Y	Mostrar un calendario para el año especificado.

PASO 2: Extraer información sobre eventos ocurridos en una fecha concreta
>   calendar -t   2009-05-02
>   calendar -t   2012-5-

PASO 3: Fecha y hora
>   date

a) Ayuda.
>   date --help
>   man date

b) Cambiar fecha.
>   date   -s 2005-05-01
>   date

c) Cambiar la hora.
>   date -s 11:10
>   date

d) Cambiar la fecha y la hora.
>   date -s "2012-05-28 10:41
>   date

e) Utilizar un fichero para cambiar

date
Sintaxis: date[opciones][+formato][fecha]

Opción	Descripción
-a	Ajusta lentamente la hora en sss.fff segundos (fff representa fracciones de segundo). Este ajuste puede ser positivo o negativo. Sólo el administrador de sistema o superusuario puede ajustar la hora.
-sdate-string	Establece la fecha y hora al valor especificado en el datestring. El datestr puede contener los nombres de los meses, zona horaria, "am", "pm", etc.
-u	Muestra (o establece) la fecha en Greenwich Mean Time (GMT-hora universal).

Formato:

Opción	Descripción
%a	Día de la semana abreviado(Tue).
%A	Día de la semana completo(Martes).
%b	Nombre del mes abreviado(Jan).
%B	Nombre del mes completo(Enero).
%c	Formato de hora y fecha específico del país.
%D	Fecha en formato %m/%d/%y.
%j	Día del año juliano (001-366).
%n	Inserta una nueva línea.
%p	Cadena para indicar a.m. o p.m.
%T	Hora en formato %H:%M:%S.
%t	Espacio de tabulación.
%V	Número de la semana en el año (01-52); comienzo de la semana en Lunes.

```
            cat  > fecha
            2012-05-28  11:30  ^D
f)    Lee la información desde un fichero -f.
            date  -f  fecha
```

PASO 4: Visualizar el tiempo que lleva un usuario en una conexión

Muestra la hora, tiempo de funcionamiento, número de usuarios conectados y la carga media.
```
            uptime
```
a)   Ayuda.
```
            uptime  --help
```
b)   Visualizar por defecto
```
            uptime
```

PASO 5: Mostrar el reloj de equipo HW, y su configuración
```
            hwclock
```
a)   Ayuda
```
            hwclock  --help
```
b)   Muestra el reloj Hardware o reloj de la BIOS.
```
            hwclock   --show
            hwclock   -r
```
c)   Asignar al reloj de Hardware la hora del sistema operativo.
```
            hwclock   -systohc
            hwclock   -w
```
d)   Asignar al reloj del sistema la hora del reloj de la BIOS.
```
            hwclock   --hctosys
            hwclock   -s
```
e)   Depuración.
```
            hwclock   --hctosys  --debug
            hwclock   --systohc  --debug
```

hwclock [función] [option]	
Función	**Descripción**
-r --show	Lee el Reloj del Hardware y muestra la hora en la salida estándar.
--set	Pone el Reloj del Hardware a la hora dada por la opción --date
-s --hctosys	Pone el Tiempo del Sistema a partir del Reloj del Hardware.
-w --systohc	Pone el Reloj del Hardware a la hora del sistema actual.
--adjust	Añade o sustrae tiempo del Reloj del Hardware para tener en cuenta el desvío sistemático desde la última vez que el reloj se puso o se ajusta.
--getepoch	Muestra en la salida estándar el valor de la época del Reloj del Hardware del núcleo.
--setepoch	Pone el valor de la época del Reloj del Hardware del núcleo al valor especificado por la opción --epoch
--date=nuevafecha	Especifica la hora a la cual poner el Reloj del Hardware. hwclock --set --date=9/22/96 16:45:05
--epoch=año	Especifica el año que es el principio de la época del Reloj del Hardware. hwclock --setepoch --epoch=1952
Opción	**Descripción**
-u --utc	Indica que el Reloj del Hardware se mantiene en el Tiempo Universal Coordinado (UTC).

PASO 6: Ejecuta una orden cada cierto tiempo
```
            watch
```
a)   Ayuda.
```
            watch --help
```
b)   Ejecuta una orden cada x segundos (por defecto cada 2 segundos).
```
            watch -n  5   hwclock -r
```

PASO 7: Borrar la pantalla
```
            clear
```
a)   Ayuda.
```
            clear  --help
            man clear
```

PASO 8: Variables de ambiente o entorno.
```
            set
            env
```
a)   Ayuda.
```
            set --help  --> error: implica  visualizar la línea de ayuda
            man  set
```
b)   Visualizar las variables de entorno.
```
            set
            set  > salida
            less  salida
```
c)   Variables solo de entorno de usuario.

c.1.) Ayuda
```
            env  --help
            help  env
```
c.2.) Visualización por defecto.
```
            env
            env  > salida2
```
d)   Definir una variable de entorno, se establece el nombre de la variable igual a un valor (variable = Valor).
```
            HOLA=buenos días
```
d.1) Visualizar todas las variables.
```
            set
```
d.2) Visualizar las variables que comienzan por H.

> Las variables de ambiente que utiliza, UNIX, Linux, todas se encuentran definidas con nombres en mayúsculas. (En la orden en minúsculas).
> - Se definen, asignaciones en lenguaje script Shell (guion), de directivas o funciones.
> - Las directivas definidas en el entorno se pueden invocar o llamar en cualquier momento.

            set   H
d.3) Visualizar el contenido de la variable concreta.
            echo $HOLA
            **
e)   Borrar una variable de entorno.
            unset HOLA
Las variables siempre definen parámetros o rutas. Si definen rutas las rutas se separan por (:).

Variable	Descripción
PATH	Ruta por defecto de búsqueda alternativa.
HOME	Directorio de trabajo del usuario, (casa)
PWD	Ruta activa
USER	Nombre de usuario
SHELL	Ruta del intérprete de órdenes, caparazón.
PS1	Parámetros del prompt root
PS2	Parámetros del prompt usuarios

UID: identificación de usuario, el usuario se identifica por un número.
EUID: identificación especial de usuario. Referencia a los derechos.
Derechos reales. --> chmod, umask
Derechos heredados.
Derechos (especiales, implícitos) Efectivos umask

set
env
echo $PS2 $PS1

MAIL	Ruta el fichero o ficheros de correo. Directorio del correo
LOGNAME	Nombre de la conexión o usuario de conexión.
HOSTNAME	Nombre del equipo
HISTFILE	Ruta y fichero de almacenamiento del histórico, el conjunto de ordenes escritas en una sesión o sesiones.
HISTFILESIZE	Número máximo de ficheros abiertos de históricos
HISTSIZE	EL Tamaño máximo por fichero o conjunto de órdenes o entradas que se puede almacenar en el fichero histórico
BASH	/bin/bash la ruta y nombre del intérprete de órdenes.
PPID	Identificación del proceso padre.

PASO 9: Acrónimos o ALIAS.
El comando alias te permite crear un atajo a un comando. Como el nombre indica, puedes establecer el nombre del alias/atajo para los comandos/rutas que sean muy largos para recordarlos.
            alias
a)   Ayuda.
            alias --help
            man alias
b)   Visualizar por defecto los alias establecidos en el sistema.
            alias
c)   Definir un alias. El comando va entre comillas simples (tecla ?/').
            alias   nombre= 'valor'
            alias   fichero='ls -la'
            alias   fich='ls –la |less'
            alias   busca='fichero|find   -name salida'

alias
Sintaxis: alias [opciones] [NombreAlias [=String]]
-a   Eliminar todas las definiciones de alias del entorno de ejecución Shell actual.
-p   Mostrar la lista de alias de la forma nombre alias=valor en el salida estándar.

d)   Realizar la ejecución de buscar y se agrega un el valor a buscar y lo admite con un parámetro reemplazable.
            alias buscar='find / -name '
            alias ll='ls -l'
            alias la='ls -A'
            alias l='ls -CF'
e)   Ejecutar un alias
            ll
            la
            l
            fich
            busca

¿Dónde ponemos esto?
Pues si queremos que solo sea temporal, simplemente lo escribimos en la consola y durará hasta que la cerremos.
Ahora, si lo queremos de forma permanente, esto lo ponemos dentro del fichero **~/.bashrc** el cual está en nuestro **/home**, y si no está, pues lo creamos (siempre con el punto delante). Cuando ya tengamos añadida la línea del alias en este fichero, simplemente ponemos en consola y ejecutar:
            # . .bashrc

PASO 10: Borrar acrónimos o ALIAS
Retire cada nombre de la lista de definidos los alias.
            unalias
a)   Ayuda.
            unalias --help
            man   unalias
b)   Borrar por defecto.
            unalias fichero
            unalias busca

unalias
Sintaxis: unalias [-a] nombre [nombre ...]
-a   Especifica el nombre del alias que desea eliminar

Los alias prevalecen durante el tiempo que la sesión esta activa.
Para usar siempre hay que definir los alias en el fichero personal de secuencia de arranque.

Ejercicios Unidad de Trabajo 5

1. Comprobar los dispositivos que se encuentran montados y lista los dispositivos usb, reconocidos o montados.
2. Montar un en /mnt/discoWin (sino existe crear el directorio), montar el contenido de una partición Windows identificada como /dev/sdb1, acceder y comprobar los atributos que tiene los ficheros de la partición. Desmontar el disco y la partición, explicar cómo se realiza.
3. Ahora de formato a un disquete utilizando su nuevo dispositivo. Use el sistema de archivos ext2.
4. ¿Cuál de los dos nuevos nombres de dispositivos creados utilizaría usted para llevar la operación acabo?
5. ¿Puede usted escribir archivos al disquete recién formateado?
6. Explicar los resultados obtenidos al ejecutar las siguientes ordenes de calendario:

    cal -3
    cal -A 2
    cal -B 2
    cal -j
    cal -m1
    cal -m1 1980
    cal -3 -m1
    ncal -w
    ncal -M
    ncal -p
    ncal -j
    ncal -e
    ncal -o
    ncal -y 2010
    ncal 2010

7. Visualizar la hora del sistema operativo, actualizar la hora del sistema operativo con la de la BIOS. Volver a modificar la hora del sistema estableciendo de nuevo la hora al sistema, y posteriormente actualizar la hora de la BIOS (Hardware).
8. Visualizar los alias del sistema, establecer un alias nuevo solo para esta sesión y realizar la definición de un nuevo alias, que permanezca siempre en el sistema, es decir, que este vigente siempre que se arranque el sistema.
9. Fijar una orden que se ejecute cada 5 minutos, para comprobar que usuarios se encuentran conectados.
10. Visualizar todos los enlaces que se encuentran en el directorio /usr/sbin, utilizando tuberías, la orden ls con find y el tipo de fichero.
11. Crear un fichero con direccionamiento que contenga la salida del directorio /etc, en el fichero SalidaEtc, posteriormente ordenar el contenido del fichero SalidaEtc en la consola, salida de la ordenación creciente a SalidaEtcCreciente, y la salida ordenada decrecientemente al fichero SaldiaEtcDecrece.
12. Crear 4 ficheros de texto, de 30 líneas, con diferencias y establecer las diferentes comparaciones entre los cuatro ficheros.
13. Comprimir uno a uno los 4 ficheros del ejercicio anterior, comprobar el tamaño, visualizar el contenido de los ficheros comprimidos, comparar los ficheros comprimidos.
14. Compactar el directorio /home y consultar el contenido de la compactación. Descompactar en /pruebas.
15. Visualizar las variables del entorno y las variables del Shell.
16. Definir variables temporales y variables fijas, que se encuentren siempre que se abra un nuevo shell.
17. Explicar cómo borro y el motivo de: un enlace duro MioDuro y un enlace MioBlando.
18. Explicar y ejecutar estas órdenes:

    date --set "2015-01-27 19:03"
    hwclock --set --date="2015-01-27 19:03"
    hwclock --set --date="`date '+%D %H:%M:%S'`"
    date +%F -s 2013-06-02

UNIDAD DE TRABAJO VI: Operaciones generales sobre sistemas operativos Linux.

PRÁCTICA 30: Arranque y parada de Linux.
PRÁCTICA 31: Niveles de Arranque, runlevel en Linux.
PRÁCTICA 32: Configurar la red en Linux.
PRÁCTICA 33: Agregar aplicaciones o repositorios en Linux.
PRÁCTICA 34: Configurar los datos básicos de un servidor UBUNTU.
PRÁCTICA 35: Información de dispositivos en Linux.

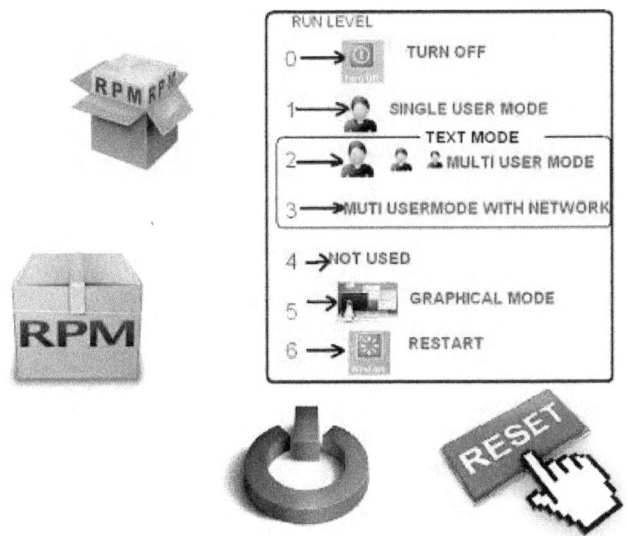

Órdenes

uname, login, exit, logout, logname, last, lastb, lastlog, init, halt, poweroff, shutdown, sync, startx, /etc/resolv.conf /etc/networks/interfaces /etc/hostname /etc/apt/sources.list ifconfig, reboot, apt-get, ping, hostname, w, tty, sty, who

Contenidos
- **Configuración inicio y cierre de sesión.**
- **Gestión de discos en Linux.**
- **Actualización del sistema operativo.**
- **Gestionar hardware del sistema operativo.**
- **Monitorización y rendimiento del sistema.**
- **Agregar/Eliminar/Actualizar software en el sistema operativo.**
- **Programación de tareas en Linux.**

PRÁCTICA 30: Arranque y parada de Linux.
DESCRIPCIÓN:

Obtener información de la máquina y sistema Linux, a nivel de la secuencia de arranque.

El proceso de arranque en GNU/Linux es la forma en la cual los sistemas operativos basados en el núcleo Linux se inicializan. Es similar a la forma en que arranca BSD y otros sistemas Unix.

Todo el proceso de arranque se lleva a cabo en 4 etapas reconocidas por el código que en ese momento tiene control sobre la CPU; al inicio solo el BIOS tiene control, después será el cargador de arranque quien tenga en control, más adelante el control pasa al propio kernel Linux, y en la última etapa será cuando tengamos en memoria los programas de usuario conviviendo junto con el propio sistema operativo y serán ellos quienes tengan el control del CPU.

La etapa del cargador de arranque no es totalmente necesaria, determinadas BIOS pueden cargar y pasar el control a GNU/Linux sin hacer uso del cargador de arranque, usar un cargador de arranque facilita al usuario la forma en que el kernel será cargado.

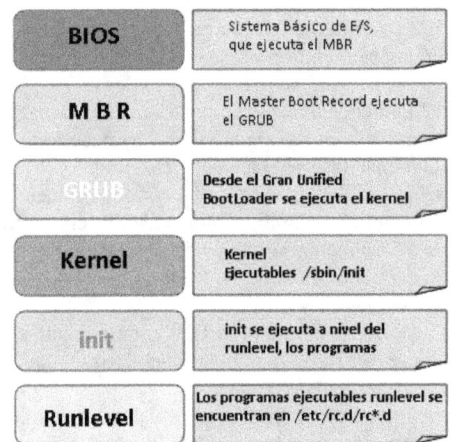

BIOS

Al encender la computadora las primeras operaciones las realiza el BIOS. En esta etapa se realizan operaciones básicas de hardware. El proceso de arranque será diferente dependiendo de la arquitectura del procesador y el BIOS.

Una vez reconocido y listo el hardware, el BIOS carga en memoria el código ejecutable del cargador de arranque y le pasa el control. Hay variedad de BIOS que permiten al usuario definir en qué dispositivo/partición se encuentra dicho cargador de arranque.

Cargador de arranque

Un cargador de arranque (boot loader en inglés) es un programa diseñado exclusivamente para cargar un sistema operativo en memoria. La etapa del cargador de arranque es diferente de una plataforma a otra.

Como en la mayoría de arquitecturas, este programa se encuentra en el MBR, el cual es de 512 bytes, no es suficiente para cargar en su totalidad un sistema operativo. Por eso, el cargador de arranque consta de varias etapas.

Para las plataformas x86, el BIOS carga la primera etapa del cargador de arranque (típicamente una parte de LILO o GRUB). El código de esta primera etapa se encuentra en el sector de arranque (o MBR). La primera etapa del cargador de arranque carga el resto del cargador de arranque.

Los cargadores de arranque modernos típicamente preguntan al usuario cual sistema operativo (o tipo de sesión) desea inicializar.

GRUB

GRUB se carga y se ejecuta en 4 etapas:
1. La primera etapa del cargador la lee el BIOS desde el MBR.
2. La primera etapa carga el resto del cargador (segunda etapa). Si la segunda etapa está en un dispositivo grande, se carga una etapa intermedia (llamada etapa 1.5), la cual contiene código extra que permite leer cilindros mayores que 1024 o dispositivos tipo LBA.
3. La segunda etapa ejecuta el cargador y muestra el menú de inicio de GRUB. Aquí se permite elegir un sistema operativo junto con parámetros del sistema.
4. Cuando se elige un sistema operativo, se carga en memoria y se pasa el control.

GRUB soporta métodos de arranque directo, arranque chain-loading, LBA, ext2 y hasta "un pre-sistema operativo totalmente basado en comandos". Tiene tres interfaces: un menú de selección, un editor de configuración y una consola de línea de comandos.

Dado que GRUB entiende los sistemas de archivos ext2 y ext3 y además provee una interfaz de línea de comandos, es más fácil rectificar o modificar cuando se malconfigura o se corrompe. La nueva versión 2 de GRUB, soporta sistema de archivos ext4.

LILO

LILO es más antiguo, es casi idéntico a GRUB en su proceso, excepto que no contiene una interfaz de línea de comandos. Por lo tanto todos los cambios en su configuración deben ser escritos en el MBR, y reiniciar el sistema. Un error en la configuración puede arruinar el proceso de arranque a tal grado de que sea necesario usar otro dispositivo que contenga un programa que sea capaz de arreglar ese defecto.

De forma adicional, LILO no entiende sistema de archivos, por lo tanto no hay archivos y todo se almacena en el MBR directamente. Cuando el usuario selecciona una opción del menú de carga de LILO, dependiendo de la respuesta, carga los 512 bytes del MBR para sistemas como Microsoft Windows, o la imagen del kernel Linux.

Loadlin

Otra forma de cargar GNU/Linux es desde DOS o Windows 9x, dado que ambos sistemas permiten ser reemplazados, se puede reemplazar por el kernel Linux sobre el sistema operativo ya cargado. Esto puede ser útil en el caso en que el hardware está solo disponible para DOS y no para GNU/Linux, dado a cuestiones de secretos industriales y código propietario. Sin embargo, esta tediosa forma de arranque ya no es necesaria en la actualidad ya que GNU/Linux tiene drivers para multitud de dispositivos hardware, aun así, esto fue muy útil en el pasado.

Otro caso es cuando GNU/Linux se encuentra en un dispositivo que el BIOS no lo tiene disponible para el arranque. Entonces, DOS o Windows pueden cargar el driver apropiado para dicho dispositivo superando dicha limitación del BIOS, y a partir de entonces cargar el núcleo Linux. Si se dispone del fichero .img que arranque el siguiente sistema operativo.

Kernel

El kernel Linux se encarga de lo principal del sistema operativo, como el manejo de memoria, planificador de tareas, entradas y salidas, comunicación interprocesos, y demás sistemas de control.

El proceso del kernel se lleva en dos etapas; la etapa de carga y la etapa de ejecución.

El kernel generalmente se almacena en un archivo comprimido con zlib. Este archivo comprimido se carga y se descomprime en memoria, también se cargan los drivers necesarios por medio de un disco RAM (initrd). El disco RAM es un sistema de archivos temporal usado en la fase de ejecución del kernel.

Una vez que el kernel se ha cargado en memoria y está listo, se lleva a cabo su ejecución. Esto se realiza llamando la función startup del kernel (en los procesadores x86, se encuentra en la función startup_32() del archivo /arch/i386/boot/head), esta función establece el manejo de memoria (tablas de paginación y paginación de memoria), detecta el tipo del CPU y funcionalidad adicional como capacidades de punto flotante. Después cambia a funcionalidades que no dependen del hardware por medio de la llamada a la función start_kernel().

El proceso de arranque en GNU/Linux monta el disco RAM que fue cargado anteriormente como un sistema de archivos temporal. Esto permite que los módulos que contienen drivers puedan ser cargados sin depender de otros drivers de dispositivos físicos, y además mantiene el kernel más pequeño.

Se inicializan dispositivos virtuales con la intención de ser usados para crear sistemas de archivos, como LVM o software RAID antes de desmontar la imagen initrd. El sistema de archivos es cambiado por medio de la función pivot_root() la cual desmonta el sistema de archivos temporal y lo reemplaza con el real, el cual más tarde estará totalmente disponible liberando la memoria que ocupaba el temporal.

Una vez listo el manejador de excepciones, el planificador de tareas y demás, por fin el sistema se considera totalmente operacional a nivel de procesos, por lo tanto se ejecuta el proceso init (el primer proceso en espacio de usuario), y luego inicia una tarea de inactividad por medio de cpu_idle().

Proceso init

El proceso init establece el entorno de usuario. Verifica y monta los sistemas de archivos, inicia servicios de usuario necesarios y cambia a un entorno basado en usuario cuando el proceso de inicio termina.

Es similar a los procesos init de Unix y BSD del cual deriva, pero en algunos casos tiene diferencias y personalizaciones. En un sistema GNU/Linux estándar, init se ejecuta con un parámetro, conocido como runlevel, que toma un valor de 0 a 6, y que determina cuales subsistemas serán operacionales.

Cada runlevel tiene sus propios scripts los cuales involucran un conjunto de programas. Estos scripts se guardan en directorios con nombres como "/etc/rc...". El archivo de configuración de init es /etc/inittab.

Cuando el sistema se arranca, se verifica si existe un runlevel predeterminado en el archivo /etc/inittab, si no, se debe introducir por medio de la consola del sistema. Después se procede a ejecutar todos los scripts relativos al runlevel especificado.

PASO 1: Información del S.O.
      uname
a) Ayuda.
      uname --help
b) Por defecto.
      uname
      ¿Qué manejas?
c) Visualizar toda la información del S.O.
      uname -a
d) Versión del sistema operativo y sistema del kernel.
      uname -s
e) Última revisión de la versión.
      uname -r
f) Kernel y la revisión.
      uname -r -s
g) Versión del sistema operativo.
      uname -v
h) El nodo dentro de una red o sino el nombre de la máquina.
      uname -n
i) Tipo de microprocesador hay en esta máquina.
      uname -m
j) Tipo de procesador dentro de la familia.
      uname -p

uname
Sintaxis: uname [opción] ...

Opción	Descripción
-a	Visualizar toda la información, en orden:
-s	Visualizar el nombre del núcleo, igual que sin la opción por defecto.
-n	Visualizar el nombre de host del nodo de red
r	Visualizar la versión del núcleo
v	Visualizar la versión del núcleo
-m	Visualizar el nombre de hardware de la máquina
p	Visualizar el tipo de procesador
i	Visualizar la plataforma de hardware
-o	Visualizar el sistema operativo

PASO 2: Establecer conexión de un usuario
La conexión puede realizarse:
      login

su
a) En una consola de texto.
   login
a.1) Ayuda.
   login --help
a.2) Conexión por defecto.
   login
a.3) Conexión conservando el entorno.
   login -p
a.4) Conexión con el nombre de un equipo remoto (nombre equipo: puesto-01).
   login -h puesto-01 -f alumno
a.5) Conectar un usuario preservando el entorno.
   login -p -f alumno
b) Conectar con una aplicación ej. Putty, utilizando el servicio SSH.

login	
Sintaxis:	login [opciones] usuario
Opción	Descripción
-p	Conservar el entorno.
-h host	Conexión equipo remoto login.
-r host	Conexión equipo remoto rlogin.
-f user	El usuario esta preautoconfigurado.

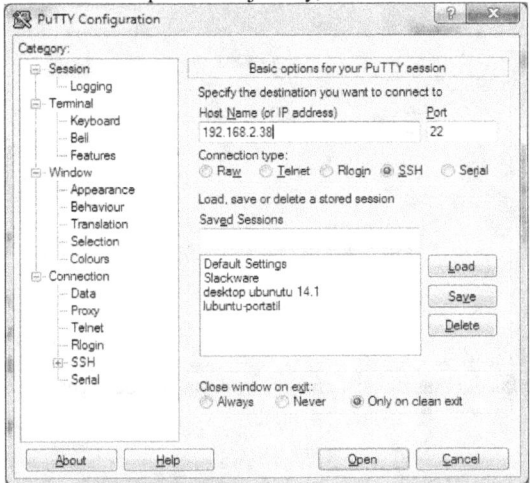

Para poder manejar una aplicación, que utilice el protocolo SSH, previamente hay que configurar el servicio SSH, su configuración se encuentra en la práctica.

Dirección de descarga del **PUTTY**
http://www.putty.org/

c) Conectar con la aplicación.
Inicialmente es a nivel de una cuenta de usuario ej.: alumno, no debe ser a nivel de root. Esto lo tiene bien definido Ubuntu, no permite realizar la conexión a nivel de root, sino de usuario, una vez realizada la conexión puedes cambiar de usuario a root u otro.

PASO 3: Cerrar una conexión.
   exit
a) Ayuda.
   exit --help
   Salir, ha salido sin mostrar la ayuda,…
b) Ayuda con man.
   man exit

PASO 4: Salir con logout abierta
   logout
a) Pertenece a la **capa 6: SESION.**
   logout Cerrar la conexión
   login   establecer una nueva conexión
b) Cerrar conexión.
   logout
c) Abrir una conexión nueva.
   login   -->nombre y passwd
d) Solicitar solo la passwd de un usuario de conexión.
   login alumno3
e) Se abre una nueva sesión.
   exit
   login alumno3
   logname
   logout --> no permite en este caso cerrar la conexión
   exit
   logout --> última conexión la que cierra.
f) ¿Se puede considerar que su es abrir una nueva conexión?
   su alumno10

El primer usuario que realiza la conexión a un Linux por ssh, a partir de kernel 2.6 no puede ser el root. La conexión inicial es con usuario normal y una vez dentro se puede cambiar el usuario de conexión, a root.

PASO 5: Mostrar los últimos usuarios conectados al sistema
    last

a) Ayuda.
    last --help
b) Por defecto.
    last
    last > usuarios5
c) Visualiza el número de líneas a mostrar 5.
    last -n
d) No visualizar el campo del hostname.
    last -R
e) Muestra las entradas realizadas durante el apagado del sistema y los cambios de ejecución de nivel.
    last -x
f) Visualiza el hostname en la última columna.
    last -a

last	
Sintaxis:	last [opciones]
Opción	Descripción
-n	Especifica cuántas líneas mostrar.
-R	No muestra el campo del hostname.
-x	Muestra las entradas de apagado del sistema y los cambios en los niveles de ejecución.
-a	Muestra el hostname en la última columna. Útil en combinación con la siguiente bandera.

PASO 6: Mostar los últimos usuarios que han intentado conectarse
    lastb

a) Ayuda.
    lastb --help
b) Por defecto.
    lastb
    lastb -d
    lastb -f
    lastb -oar

PASO 6: Fecha y hora del último login realizado por el usuario activo
El comando lastlog se usa para mostrar la última hora de conexión de las cuentas del sistema. La información de acceso se lee del archivo /var/log/lastlog.
    lastlog

a) Ayuda.
    lastlog --help
b) Por defecto.
    lastlog
c) Visualizar el registro lastlog con los valores de los últimos 5 días.
    lastlog -b 5
d) Información más reciente.
    lastlog -t 10
e) Login de un usuario concreto.
    lastlog -u root
    lastlog -u alumno10
    lastlog -u alumno3

Fichero de base de datos de tiempos de conexión /var/log/lastlog

lastlog	
Sintaxis:	lastlog [opciones]
Opción	Descripción
-t n	Muestra sólo los accesos desde hace menos de "n" días...
-u nombre_usuario	Muestra sólo la información de acceso para el nombre de usuario.

PRÁCTICA 31: Niveles de Arranque, runlevel en Linux
DESCRIPCION:

Runlevel
El **runlevel** (del inglés, **nivel de ejecución**) es cada uno de los estados de ejecución en que se puede encontrar el sistema Linux. Existen 7 niveles de ejecución en total: (Máximo 9, de los cuales se encuentran definidos 7).

- **Nivel de ejecución 0:** Apagado.
- **Nivel de ejecución 1:** Monousuario (sólo usuario root; no es necesaria la contraseña). Se suele usar para analizar y reparar problemas. (boot: init 1).
- **Nivel de ejecución 2:** Multiusuario sin soporte de red.
- **Nivel de ejecución 3:** Multiusuario con soporte de red.
- **Nivel de ejecución 4:** Como el runlevel 3, pero no se suele usar.
- **Nivel de ejecución 5:** Multiusuario en modo gráfico (X Windows).
- **Nivel de ejecución 6:** Reinicio.

> **Ubuntu es distinto** El archivo **/etc/inittab** fue sustituido a partir de la versión 6.10 por **/etc/upstart**
> El cual ahora también ha cambiado. Y los niveles de ejecución son los siguientes:
> 0 - shutdown
> 1 - modo monousuario
> 2 - modo gráfico monousuario
> 6 - reboot
> En /etc/init/rc.conf (ver. Ubuntu 14.04)

Este sistema de niveles de ejecución lo proporciona el sistema de arranque por defecto de la mayoría de distribuciones GNU/Linux (init). Sin embargo, Canonical ha estado desarrollando un nuevo sistema de arranque llamado upstart para sustituir a init, ya que init no se adapta a las necesidades actuales.

Modificar el runlevel por defecto
Por defecto, el sistema suele arrancar en el nivel de ejecución 5 (modo gráfico). Si se quisiera modificar este comportamiento, habría que editar el fichero */etc/inittab*.

    id:niveles_ejecución:acción:proceso

Más concretamente, habría que modificar en el fichero */etc/inittab* la línea.

    id:5:initdefault:

Donde el número 5 indica que el nivel de ejecución por defecto es el 5. Este número es el que hay que modificar para cambiar el nivel de ejecución en el que arranca el sistema por defecto.

    cat   /etc/inittab

¿Comprobar el nivel de ejecución actual?

    who -r

        `run-level' 2 2014-09-08 12:12

    runlevel

        N 2

PASO 1: Apagar el equipo
Existen diferentes formas de apagar el sistema Linux, pero todas hacen referencia a init 0.

    init 0
    halt
    poweroff
    shutdown

a) Ayuda.
    halt --help
b) Aconsejable.
    halt -p
c) Temporizar el apagado y mandar mensajes a los usuarios conectados shutdown.
c.1.) Ayuda.
    shutdown --help
c.2.) Apagar con el envío previo de un mensaje, de notificación "El equipo se apagará en breve".
    shutdown -k   El equipo se apagará en breve -c 30 –h

PASO 2: Reiniciar el sistema
Existen diferentes formas de reiniciar el sistema Linux, pero todas hacen referencia a init 6.

    init 6
    reset
    halt -w
    shutdown -r
    reboot

PASO 3: Sincronización de unidad unidades de almacenamiento y buffer
La **sincronización** escribe los datos almacenados temporalmente en la memoria al disco. Esto puede incluir (pero no se limitan a) superbloques modificados, inodos modificados, y el retraso en las lecturas y escrituras.

    sync

a) Ayuda.
   sync --help
b) Por defecto.
   sync

> Obligatorio utilizarlo en disco raid, particiones LVM.

PASO 4: Arrancar en modo texto y pasar al entorno gráfico
Si el sistema se arrancó en runlevel 3, y deseamos pasar a modo runlevel 5.
   startx
Para iniciar o levantar el modo gráfico (xinit).

Orden	Descripción
startx -- :DISPLAY	Arrancar el servidor gráfico indicándole el DISPLAY, por defecto el primer DISPLAY es 0 (al cual accedemos con Cntrl+Alt+F7).
startx -- :1	Iniciamos el servidor gráfico en el DISPLAY 1, es decir en la consola que se accede mediante Control+ALT+F2, en la cual luego de presionar esa combinación de teclas (Control+ALT+F2) e iniciar cesión podremos ejecutar aplicaciones gráficas.
X :DISPLAY	Si no queremos arrancar ningún escritorio y queremos hacer uso de las X (ejecutar aplicaciones gráficas sin levantar GNOME).
X :3	Arranca el cuarto servidor gráfico. La mayoría de los programas gráficos en GNU/Linux soportan la opción -display o --display con la que se le indica el servidor gráfico donde queremos que se ejecute.

De haber arrancado las X en un display :3 nos puede ser útil sacar una consola en el para poder ejecutar cosas como: gnome-terminal --display :3.

Ir al DISPLAY :3 mediante la combinación de teclas Cntrl+Alt+F10 veremos una Xterm donde poder ejecutar comandos, ya sea para arrancar un escritorio o bien otra aplicación como puede ser un juego.

Si queremos arrancar las X junto con una consola podemos hacer uso del comando xinit, el cual por defecto arranca una Xterm.

PRÁCTICA 32: Configurar la red en Linux

DESCRIPCION:

Configurar la tarjeta de red. Se puede realizar:
  a) En entorno gráfico.
  b) Desde la consola de texto.
   - Ficheros de configuración.
   - Línea de orden.

Se explica la configuración desde la consola, en los ficheros de configuración, puede cambiar de una versión a otra.

Al fichero de configuración de la tarjeta de red.

/etc/init/networking.conf --> iniciar los parámetros de arranque.

/etc/resolv.conf --> Resolución de los DNS (PRIMARIO, SECUNDARIO)
/etc/network/interfaces --> Configuración de tarjetas de red.

auto lo
iface lo inet loopback

auto eth0
iface eth0 inet static
   address   *192.168.0.170*
   netmask   *255.255.255.0*
   network   *192.168.0.0*
   broadcast   *192.168.0.255*
   gateway   *192.168.0.100f*

> La configuración de la tarjeta de red es obligatoria si deseamos que se puedan descargar, las aplicaciones y actualizar los repositorios, así como la configuración del servicio SSH, para poder utilizar la administración remota.

cat /etc/resolv.conf
ifconfig
cat /etc/network/intefaces

PASO 1: Modificar el fichero /etc/network/interfaces
nano /etc/network/interfaces
ctrl+x --> grabar
¿ sí ?   S [enter]

PASO 2: Nombre del equipo
/etc/hostname
nano /etc/hostname
ctrl+x

grabar si
con el nombre hostname [enter].

PASO 3: Modificar el fichero de resolución de DNS
/etc/resolv.conf
nano /etc/resolv.conf

PASO 4: Configurar en la línea de orden o PROMPT
Se utilizar la orden ifconfig, se asigna dispositivo de red una dirección y una máscara.
   ifconfig eth0   192.168.2.197   netmask 255.255.255.0
Asignar un alias a una tarjeta de red.
   ifconfig eth0:1   192.168.2.198   netmask 255.255.255.0

PASO 5: Reiniciar los cambios /etc/init.d/
Fichero a ejecutar networking
cd /etc/init.d
ls –l networking
Ejecutar el fichero.
   ./networking   restart
   . networking   restart
Si estoy en modo root, me expulsa a modo usuario.

PRÁCTICA 33: Agregar aplicaciones o repositorios en Linux en Debian o Ubuntu
DESCRIPCIÓN:

¿En qué consiste un repositorio de aplicaciones Linux Debian o Ubuntu?

Un repositorio consiste en al menos un directorio con algunos paquetes DEB en él, y dos ficheros especiales que son el **Packages.gz** para los paquetes binarios y el **Sources.gz** para los paquetes de las fuentes.

Una vez que tu repositorio esté listado correctamente en el **sources.list,** si los paquetes binarios son listados con la palabra clave *deb* al principio, apt buscará en el fichero índice Packages.gz, y si las fuentes son listadas con las palabras claves *deb-src* al principio, éste buscará en el fichero índice Sources.gz.

Esto se debe a que en el fichero **Packages.gz** se encuentra toda la información de todos los paquetes, como nombre, versión, tamaño, descripción corta y larga, las dependencias y alguna información adicional que no es de nuestro interés. Toda la información es listada y usada por los Administradores de Paquetes del sistema tales como dselect o aptitude.

Sin embargo, en el fichero **Sources.gz** se encuentran listados todos los nombres, versiones y las dependencias de desarrollo (son los paquetes necesitados para compilar) de todos los paquetes, cuya información es usada por *apt-get source* o herramientas similares.

Una vez que hayas establecido tus repositorios, serás capaz de listar e instalar todos sus paquetes junto a los que vienen en los discos de instalación Debian; una vez que hayas añadido el repositorio deberás ejecutar en la consola:

    # aptitude update

Esto es con el fin de actualizar la base de datos de nuestro APT y así el podrá "decirnos" cuales paquetes disponemos con nuestro nuevo repositorio. Los paquetes serán actualizados cuando ejecutemos en consola.

    # aptitude upgrade

Usaremos apt-get para agregar paquetes
Existe un repositorio se encuentra.   /etc/apt
    ls -l /etc/apt

sources.list
Contiene las referencias de los servidores de repositorio, es un fichero de texto.

PASO 1: Editar el fichero /etc/apt/sources.list
a) Acceder al directorio
    cd   etc/apt
    ls -l sources.list
b) Editar el fichero sources.list, para agregar la actualización de los repositorios:
- Los ficheros especiales: *deb*
- Los paquetes binarios: *deb-src*

    # nano sources.list

PASO 2: Agregar ciertas ordenes, aplicaciones…
a) Agregar la orden tree.
    apt-get   install   tree
   Sino no funciona se necesitan revisar los pasos siguientes:
a.1) Paso previo para instalar, hay que resolver DNS.
    nano /etc/resolv.conf
    search 192.168.0.100   80.58.61.250   80.58.61.254   8.8.8.8
    nameserver 80.58.61.250
    nameserver 80.58.61.254
    nameserver 8.8.8.8
    cd /etc/init.d
a.2) Reiniciar el servicio de red, para cargar los nuevos valores.
    ./networking restart
a.3) Comprobar la configuración e instalar.
    ifconfig
    apt-get   install   tree
b) Agregar un núcleo de GNOME.
    Apt-get install   xorg   gnome-core
c) Instalar aplicaciones de lenguaje (español):
    apt-get install   language-pack-es
    apt-get install language-pack-es-base
d) Instalar el paquete de lenguajes para el gnome.
    apt-get install language-pack-gnome-es
    apt-get install language-pack-gnome-es-base
e) Instalar un selector.
    apt-get install language-selector
    apt-get install language-support-es

> La ayuda man puede aparecen en español en muchos órdenes.

PASO 3: ACTUALIZAR VERSIONES

a) Realizar una actualización de la versión de nuestro sistema, para asegurarnos que se encuentra en la más reciente, empleando la siguiente línea de orden:
   sudo do-release-upgrade
   do-release-upgrade

b) Es aconsejae o conveniente actualizar a la última los distintos paquetes que se encuentren instalados:
   sudo apt-get update && sudo apt-get -y dist-upgrade
   apt-get update && sudo apt-get -y dist-upgrade

PASO 4: Instalar el entorno gráfico en UBUNTU SERVER

   sudo apt-get install Ubuntu-desktop

a) Tras la ejecución de esta instrucción habremos instalado el entorno gráfico Gnome al completo, lo cual incluye bastantes herramientas de escritorio que normalmente no son necesarias en un servidor, como Libre Office, y que además consumen recursos. Para evitar esto, es posible utilizar una segunda alternativa, que tan solo instala una configuración mínima de escritorio:

   sudo apt-get install x-window-system-core gnome-core

b) Después de la instalación, para arrancar el entorno gráfico, ejecutar lo siguiente:
   startx

c) Para configurar el idioma en español será necesario instalar los siguientes paquetes:
   sudo apt-get install language-pack-es
   sudo apt-get install language-pack-es-base
   sudo apt-get install language-pack-gnome-es
   sudo apt-get install language-pack-gnome-es-base
   sudo apt-get install language-selector-gnome

Aplicación	Configuración repositorio
Medibuntu	deb http://packages.medibuntu.org/ intrepid free non-free Instala los paquetes medibuntu-keyring y app-install-data-medibuntu.
Wine	deb http://wine.budgetdedicated.com/apt intrepid main el paquete wine
OpenOffice.org 3.0	deb http://ppa.launchpad.net/openoffice-pkgs/ubuntu intrepid main
Opera	deb http://deb.opera.com/opera/ stable non-free e instala el paquete opera.
Banshee	deb http://ppa.launchpad.net/banshee-team/ubuntu intrepid main e instalaremos el paquete banshee
VideoLAN Client (VLC)	deb http://ppa.launchpad.net/c-korn/ubuntu intrepid main Una vez actualizada la lista de fuentes sólo tenemos que instalar el paquete vlc
Boxee	deb http://apt.boxee.tv intrepid main El paquete a instalar, boxee
Elisa	deb http://ppa.launchpad.net/elisa-developers/ppa/ubuntu intrepid main y el paquete a instalar, como era de esperar, elisa
Netbook Remix	deb http://ppa.launchpad.net/netbook-remix-team/ubuntu intrepid main Para poder disfrutar de UNR es necesario instalar los paquetes go-home-applet, human-netbook-theme, maximus, netbook-launcher y window-picker-applet y ejecutar al inicio netbook-launcher y maximus
Gnome Do	deb http://ppa.launchpad.net/do-core/ppa/ubuntu intrepid main
Deluge	deb http://ppa.launchpad.net/deluge-team/ubuntu intrepid main y el nombre del paquete a instalar, deluge
Google Gadget	deb http://ppa.launchpad.net/googlegadgets/ppa/ubuntu hardy main El paquete que nos interesa es google-gadgets
Mythbuntu	deb http://ppa.launchpad.net/mythbuntu/ubuntu hardy main
Compiz	deb http://ppa.launchpad.net/compiz/ubuntu intrepid main y actualiza el sistema.
Miro	deb http://ftp.osuosl.org/pub/pculture.org/miro/linux/repositories/ubuntu intrepid/ y el paquete a instalar, miro
Mundo geek	deb http://ppa.launchpad.net/zootropo/ppa/ubuntu intrepid main

Firmas GPG

Las firmas GPG de los repositorios que las requieren, para el caso de que el gestor de paquetes se queje:

Aplicación	URL de las firmas GPG para los repositorios
OpenOffice	http://keyserver.ubuntu.com:11371/pks/lookup?op=get&search=0x60D11217247D1CFF
Gnome-DO	http://keyserver.ubuntu.com:11371/pks/lookup?op=get&search=0x28A8205077558DD0
Deluge	http://keyserver.ubuntu.com:11371/pks/lookup?op=get&search=0xC5E6A5ED249AD24C
Google	https://dl-ssl.google.com/linux/linux_signing_key.pub
WineHQ	http://wine.budgetdedicated.com/apt/Scott%20Ritchie.gpg

PRÁCTICA 34: Configurar los datos básicos de un servidor UBUNTU

DESCRIPCIÓN:
Configuración de la tarjeta de red.

    ifconfig --> Permite ver datos de la configuración y establecer datos de configuración.
        eth0:   Tarjeta de red, la primera de las tarjetas de red. Ethernet.
        lo: localhost, 127.0.0.1
    ping localhost
    ping 127.0.0.1

PASO 1: Ver la configuración de red
    ifconfig
    192.168.2.245

Según CIDR el número de bits que forman las máscaras se indican ir/n_bits el n_bits depende de las categorías de las máscaras: a, b, c y otras.

    8 -> a
    16-> b
    24 ->c

a) Ayuda.
    ifconfig --help
b) Defecto, muestra la información de las tarjetas de red.
    ifconfig
c) Establecer una dirección IP y la máscara, pruebas o de forma temporal.
    ifconfig eth0 192.168.0.150 netmask 255.255.255.0
    ifconfig
    ifconfig eth0:1 192.168.0.180 netmask 255.255.255.0
    ifconfig

> NOTA: se utiliza con la orden route, para realizar tablas de enrutamientos.

PASO 2: Nombre del equipo
    hostname
a) Ayuda.
    hostname --help
b) Por defecto.
    hostname
c) Visualizar el dominio al que pertenece.
    hostname -d
d) Ver todas las direcciona IPs.
    hostname -I
e) Ver la dirección IP asignada.
    hostname -i
f) Ver el servidor asignado por defecto, arranque.
    hostname -b   (boot)

hostname
Sintaxis:	hostname [Opciones]
Opción	Descripción
-a	Muestra el alias del host, si existe.
-d	Muestra el nombre de dominio DNS
-f	Muestra el fully qualified nombre de dominio.
-h	Muestra mensajes de ayuda.
-i	Muestra la dirección IP del host.
-s	No muestra el nombre de dominio.

> NOTA: El resto de las opciones se utilizan con los servidores de dominio, especialmente con el protocolo LDAP--> Active Directory.

PASO 3: Ver la configuración de la Equipo a nivel de versión y núcleo del S.O.
    w
a) Ayuda.
    man w
    w --help
b) Por defecto.
    w
c) Visualizar versión.
    w -V
d) Eliminar el título de la cabecera.
    w -h
e) Ignorar la identificación de procesos por
    w -u

w
Sintaxis:	w [-husfV] [usuario]
Opción	Descripción
-h	No escribe la cabecera.
-u	No tiene en cuenta el nombre de usuario cuando se comprueba el tiempo del proceso actual y de CPU. Para mostrar esto, haga un "su" y haga un "w" y un "w -u".
-s	Usa el formato corto. No escribe el tiempo de conexión, ni JCPU, ni PCPU.
f	Cambia la escritura del campo from (nombre del nodo remoto). Por defecto es que el campo from no se escribe, pero el administrador de su sistema o el supervisor de la distribución puede haber compilado una versión en la que el campo from se muestre por defecto.
-V	Muestra información sobre la versión.
usuario	Muestra solamente información sobre el usuarios especificado.

PASO 4: Ver los terminales conectados
Visualiza los dispositivos serie, terminales virtuales (accesibles por orden con las pulsaciones Alt-F1 a Alt-F*nn* en la consola local), " /dev/pts/0 ", que designa que el usuario está utilizando el dispositivo " /pts /0 ", pero no muestra ninguna información sobre este dispositivo

    tty
    stty

a) Ayuda.
   tty –help
b) Por defecto.
   tty
   a
c) Ayuda.
   stty --help   //Terminales serie
d) Por defecto.
   stty

> **tty**
> Sintaxis: tty [opciones]
> -s   No muestra nada

> **/etc/utmp** información sobre quien está conectado en el momento
> **/proc** información sobre procesos

PASO 5: Quien soy
   who a im
   whoami
a) Ayuda .
   whoami --help
b) Nombre de usuario.
   Whoami

PASO 6: Visualizar información de los usuarios que están actualmente conectados.

El comando who puede listar los nombres de los usuarios conectados actualmente, su terminal, el tiempo que han estado conectados, y el nombre del host desde el que se han conectado.
   who
a) Ayuda.
   who --help
   man who
b) Por defecto.
   who
c) Fecha y hora de arranque del sistema.
   who -b
d) Nivel de ejecución.
   runlevel 0-6   --->   init <runlevel>
   who -r
e) Visualizar los procesos muertos.
   who -d
f) Visualizar los procesos de inicio de conexión.
   who -l
g) Visualizar toda la información.
   who -a

who
Sintaxis:	who [opciones] [archivo]
Opción	Descripción
am i	Muestra el nombre de usuario de quien lo invoca. El "am" y el "i" deben ir separados.
-b	Muestra la hora del último arranque del sistema.
-d	Muestra los procesos muertos.
-H	Muestra los encabezados de columna encima de la salida.
-i	Incluye el tiempo parado como HORAS:MINUTOS. Un tiempo parado e indica actividad en el último minuto.
-m	Igual que who am i.
-q	Muestra sólo los nombres de usuario y la cuenta de usuarios activos.
-T,-w	Incluir el mensaje de estado del usuario en la salida.

Ejercicios Unidad de Trabajo VI

1. Visualizar quién soy en una conexión y cuantas conexiones se encuentran activas terminal o terminales serie.
2. Visualizar toda la información de los usuarios que están actualmente conectados y del tiempo que llevan conectados.
3. Ver el nombre del equipo la dirección IP que tiene asignada. Asignar un alias a la dirección IP del dispositivo eth0:2, alias 2, con la dirección 192.168.14.191/24. Reiniciar el servicio de red de nuevo.
4. Extraer toda la información del Sistema Operativo, versión S.O,. kernel y revisión del Sistema Operativo, nodo de una red o nombre de máquina tipo de procesador de la máquina y dentro de la familia.
5. Cerrar una conexión.
6. Salir de la conexión, pero no apagar la consola.
7. Mostrar los últimos usuarios conectados al sistema.
8. Mostrar los últimos usuarios que han intentado conectarse al sistema.
9. Comprobar el nivel de ejecución.
10. Reiniciar el equipo con un nivel runlevel prestablecido consta anterioridad, localizar el fichero que contiene el modo de ejecución de arranque runlevel.
11. Apagar el aquí, con su nivel de ejecución correspondiente.
12. Ver la configuración de red.
13. Ver el nombre del equipo, ver todas las IP's.
14. Ver la configuración del equipo Linux, su versión, nucleo ignorar la identificación del UID por proceso.
15. Ver los terminales conectados y sus opciones.
16. Comprobar quien soy.
17. Visualizar toda la información de los usuarios conectados actualmente.

UNIDAD DE TRABAJO VII: Administración del sistema I. Configuración de red. Administración de usuarios y grupos

PRÁCTICA 35: Administrar grupos en Linux.
PRÁCTICA 36: Administrar usuarios en Linux.

Contenidos
- Administración del sistema.
- Grupos en Linux.
- Usuarios en Linux.

Órdenes

groupadd, groupmod, groupdel, gpasswd, groups, newgrp, useradd, users, usermod, userdel, passwd, id, logname, chown, pwck, grpck

PRÁCTICA 35: Administrar grupos en Linux

DESCRIPCIÓN:
La administración de un sistema operativo Linux, precisa previamente una instalación y configuración correcta, posteriormente el sistema debe arrancar sin errores.

A partir de este punto comienza las tareas de planificación del arranque y parada del sistema, monitorización sistema, copias de seguridad, opciones sobre grupos y usuarios: crear, modificar y borrar, etc...

PASO 1: Crear nuevas cuentas de grupo
    groupadd
a) Ayuda.
    groupadd --help
b) Crear un grupo sin especificaciones.
    groupadd toreros
c) Crear un grupo asignándole una identificación.
    groupadd -g 1300 cuadrilla
    es /etc/grupo
    root:x:0:
    root--> nombre del grupo
    x --> la clave se encuentra en el fichero /etc/gshadow
    0 --> GID o GUID
    Blanco -> usuarios que forman parte del grupo.
    groupadd prensa
d) Crear un grupo de dispositivos (-r).
    groupadd -r -g 197 usbdata
e) Crear un grupo con el mismo id de otro grupo (-o).
    groupadd -o -g 1300 ciclos

groupadd
Sintaxis: groupadd [opciones] nombre_de_grupo

Opción	Descripción
-f	Termina si el grupo ya existe, y cancela
-g	Si el GID ya se está en uso.
-g	Utiliza GID para el nuevo grupo.
-h	Muestra este mensaje de ayuda y termina.
-K CLAVE=VALOR	Sobrescribe los valores predeterminados de /etc/login.def
-o	Permite crear grupos con GID (no únicos) duplicados.
-p CONTRASEÑA	Utiliza esta contraseña cifrada para el nuevo grupo.
-r	Crea una cuenta del sistema.
-R CHROOT_DIR	Directorio en el que hacer chroot.

La siguiente GUID es a partir del último número asignado, previamente, inicialmente es 1000.

PASO 2: Modificar los parámetros de un grupo
    groupmod
a) Ayuda.
    groupmod --help
b) Modificar la identificación de un grupo.
    groupmod -g 1350 toreros
c) Modificar o cambiar la identificación para coincida con otro grupo.
    groupmod -o -g 1350 ciclos
d) Modificar la gid de un dispositivo.
    groupmod -g 297 ciclos
e) Cambiar el nombre a un grupo.
    groupmod -n ies ciclos

groupmod
Sintaxis: groupadd [opciones] nombre_de_grupo

Opción	Descripción
-g GID	Cambia el identificador del grupo a GID.
-n GRUPO_NUEVO	Cambia el nombre a GRUPO_NUEVO.
-o	Permite utilizar un GID duplicado (no único).
-p CONTRASEÑA	Cambia la contraseña a CONTRASEÑA (cifrada).
-R CHROOT_DIR	Directorio en el que hacer chroot.

PASO 3: Borrar grupos
    groupdel
a) Ayuda.
    groupdel --help
b) Borrar por defecto.
    groupadd nuevo
    cat /etc/group
    groupdel nuevo
    cat /etc/group
c) Borrar el directorio.
    groupdel -R

groupdel
Sintaxis: groupdel [opciones] GRUPO

Opción	Descripción
-R ROOT_DIR	Directorio en el que hacer chroot

PASO 4: Establecer el password a un grupo
    gpasswd
a) Ayuda.
    gpasswd --help
b) Establecer password a un grupo por defecto.
    groupadd -g 1350 torero
    groupadd -g 1400 informatica
    groupadd -g 1500 bachillerato
    groupadd -g 1600 eso

gpasswd
Sintaxis: groupadd [opciones] nombre_de_grup

Opción	Descripción
-a USUARIO	Añade USUARIO al GRUPO.
-d USUARIO	Elimina USUARIO del GRUPO.
-Q CHROOT_DIR	Directory to chroot into.
-r	Elimina la contraseña de GRUPO.
-R	Restringe el acceso a GRUPO a sus miembros.
-M USUARIO,...	Establece la lista de miembros de GRUPO
-A ADMIN,...	Establece la lista de administradores de GRUPO

Excepto las opciones -A y -M, las opciones no se pueden combinar.

```
           gpasswd   torero
             passwd...:
             repetir....:
           useradd   -m  -d  /home/user1   user1
           useradd   -m  -d  /home/user2   user2
           useradd   -m  -d  /home/user3   user3
    c)  Añadir usuarios a un grupo.
           gpasswd  -a user1  torero
           gpasswd  -a user2  torero
           gpasswd  -a user3  torero
           cat   /etc/group
    d)  Borrar usuarios de un grupo.
           gpasswd -d user3  torero
           cat   /etc/group
           gpasswd -d user2  torero
           gpasswd -d user1  torero
           cat   /etc/group
    e)  Agregar una lista de miembros a un grupo.
           gpasswd  -M   user1,user2,user3   torero
           cat /etc/passwd
    f)  Asignar a un usuario como administrador del grupo.
           gpasswd  -A   user1   torero
    g)  Borrar la clave de un grupo.
           gpasswd –r   torero
```

> La contraseña de un grupo sirve para, establecer cambios de grupos a un usuario. Pide la contraseña.

Grupos preconfigurados

Group ID	GID
bin	1
sys	3
adm	4
tty	5
disk	6
lp	7
mem	8
kmem	9
wheel	10
mail	12
man	15
floppy	19
named	25
rpm	37
xfs	43
apache	48
ftp	50
lock	54
sshd	74
nobody	99
users	100

PASO 5: Ver el grupo al que pertenece un miembro, usuario

Muestra la pertenencia a grupo de cada NOMBREUSUARIO, o, si no se especifica NOMBREUSUARIO, el proceso actual (que puede ser distinto si la base de datos de grupos ha cambiado).

```
           groups
```
a) Ayuda.
```
           groups –help
```
b) Defecto.
```
           groups  user1
```

PASO 6: Especificar el grupo por defecto de un usuario.

Especifica cuál es el grupo por defecto de un usuario, el grupo por defecto se usa por ejemplo para especificar el grupo de un nuevo fichero creado.
```
           newgrp
```
a) Ayuda
```
           newgrp  --help
```
b) Asignación por defecto

Grupos del sistema

root	Dueño de la mayoría de ficheros del sistema
daemon	Dueño del correo, impresora y otro software del sistema y directorios
kmem	Gestiona el acceso directo a la memoria del kernel
sys	Dueño de ficheros del sistema, ficheros de intercambio, e imágenes de memoria
nobody	Dueño de software sin permisos especiales
tty	Ficheros de dispositivos que controlan las terminales
users	Usuarios del sistema

PRÁCTICA 36: Administrar usuarios en Linux
DESCRIPCIÓN:
Qué es lo que podemos hacer con los usuarios:
- Dar de alta usuarios.
- Modificar usuarios.
- Borrar usuarios.
- Ver el fichero de claves y restricciones.
- Establecer password.
- Visualizar la identificación de un usuario.
- Bloquear cuentas de usuarios.
- Desbloquear cuentas de usuarios.

Permiso	Descripción
r	El permiso para leer un archivo
	El permiso para leer un directorio (también requiere "x")
w	El permiso para borrar o modificar un archivo
	El permiso para borrar o modificar archivos en un directorio
x	El permiso para ejecutar un archivo / script
	El permiso para leer un directorio (también requiere "r")
s	ID de usuario o grupo en la ejecución Set.
u	Permisos concedidos al usuario propietario del archivo
t	Ajuste "sticky bit. Ejecutar fichero / script como usuario root para el usuario normal.

Tipos de Usuarios
Usuario root
- También llamado supe usuario o administrador.
- Su UID (User ID) es 0 (cero).
- Es la única cuenta de usuario con privilegios sobre todo el sistema.
- Acceso total a todos los archivos y directorios con independencia de propietarios y permisos.
- Controla la administración de cuentas de usuarios.
- Ejecuta tareas de mantenimiento del sistema.
- Puede detener el sistema.
- Instala software en el sistema.
- Puede modificar o reconfigurar el kernel, controladores, etc.

Usuarios especiales
- Ejemplos: bin, daemon, adm, lp, sync, shutdown, mail, operator, squid, apache, etc.
- Se les llama también cuentas del sistema.
- No tiene todos los privilegios del usuario root, pero dependiendo de la cuenta asumen distintos privilegios de root.
- Lo anterior para proteger al sistema de posibles formas de vulnerar la seguridad.
- No tienen contraseñas pues son cuentas que no están diseñadas para iniciar sesiones con ellas.
- También se les conoce como cuentas de "no inicio de sesión" (nologin).
- Se crean (generalmente) automáticamente al momento de la instalación de Linux o de la aplicación.
- Generalmente se les asigna un UID entre 1 y 100 (definifo en /etc/login.defs)

Usuarios normales
- Se usan para usuarios individuales.
- Cada usuario dispone de un directorio de trabajo, ubicado generalmente en /home.
- Cada usuario puede personalizar su entorno de trabajo.
- Tienen solo privilegios completos en su directorio de trabajo o HOME.
- Por seguridad, es siempre mejor trabajar como un usuario normal en vez del usuario root, y cuando se requiera hacer uso de comandos solo de root, utilizar el comando su.
- En las distros actuales de Linux se les asigna generalmente un UID superior a 1000, a partir del kernel 2.6.
- Cada vez que se crea un usuario se crea un grupo con el mismo nombre y coinciden el UID, con el GUID.

useradd

Sintaxis:	useradd [opciones] nombre_usuario
Opción	Descripción
-b	Directorio base para el directorio personal de la nueva cuenta.
-c COMENTARIO	Campo GECOS de la nueva cuenta.
-d DIR_PERSONAL	Directorio personal de la nueva cuenta.
-D	Imprime o cambia la configuración predeterminada de useradd.
-e	Fecha de caducidad de la nueva cuenta.
-f	Periodo de inactividad de la contraseña de la nueva cuenta.
-g GRUPO	Nombre o identificador del grupo primario de la nueva cuenta.
-G GRUPOS	Lista de grupos suplementarios de la nueva cuenta.
-k DIR_SKEL	Utiliza este directorio skeleton alternativo
-K	Sobrescribe los valores predeterminados de /etc/login.defs .
-l	No añade el usuario a las bases de datos de lastlog y faillog.
-m	Crea el directorio personal del usuario.
-M	No crea el directorio personal del usuario.
-N	No crea un grupo con el mismo nombre que el usuario.
-o	Permite crear usuarios con identificadores (UID) duplicados (no únicos).
-p CONTRASEÑA	Contraseña cifrada de la nueva cuenta.
-r	Crea una cuenta del sistema.
-R CHROOT_DIR	Directorio en el que hacer chroot.
-s CONSOLA	Consola de acceso de la nueva cuenta.
-u UID	Identificador del usuario de la nueva cuenta.
-U	Crea un grupo con el mismo nombre que el usuario.
-Z USUARIO_SE	Utiliza el usuario indicado para el usuario de SELinux.

Al crear un usuario por defecto se asigna en el directorio /home un directorio con el mismo nombre, que deberíamos tener creado previamente (mkdir). Si el directorio no está creado previamente, el usuario está asignado a un directorio de trabajo que no existe. Para que el directorio se cree al mismo tiempo debe utilizarse las opciones:

    useradd -m -d /home/mialumno mialumno

PASO 1: Dar de alta usuarios
Añadir nuevos usuarios o crear nuevas cuentas en Linux.
  useradd
a) Ayuda.
  man useradd
  useradd --help
b) Dar de alta un usuario por defecto.
  No se establece el directorio de trabajo.
  Hay que definir el directorio de trabajo con mkdir.
    ls
    mkdir /home/user4
    useradd user4
    cat /etc/passwd

```
            useradd  user5
            passwd  user5
            ctrl+alt+F3
            pwd  -->  /
            mkdir user5
```
c) Desconectar al usuario:
```
            logout
            exit
            login
```
   Dar de alta un usuario y crear al mismo tiempo un directorio.
c.1) Dar de alta y asignar directorio de trabajo. Debería de estar creado antes el directorio.
```
            useradd  -d /PRÁCTICA/alumno   alumno
            mkdir   /PRÁCTICA
            mkdir   /PRÁCTICA/alumno
```
c.2) Dar de alta un usuario y crear el directorio
```
            useradd   -m  -d /PRÁCTICA/alumno1   alumno1
```
d) Crear un usuario asignando un grupo principal.
```
            useradd  -m –d /PRÁCTICA/alumno2   -g torero  alumno2
            passwd  alumno2
            passwd       --> cambio el password al usuario con el que trabajo.
```
e) Asignar a un usuario a diferentes grupos, sea miembro secundario de diferentes grupos.
```
            useradd  -m  -d /PRÁCTICA/alumno3  -g torero –G bachillerato,eso   alumno3.
            passwd  alumno3
            groups  alumno3
            gpasswd -A alumno3   eso
            groups alumno3
```
f) Establecer la identificación de usuario –u número.
```
            useradd  -m –d /PRÁCTICA/alumno4 -g eso  -u 1500 alumno4
            passwd  alumno4
            groups  alumno4
            id   alumno4
```

> Se puede especificar la clave con –p, pero hay que darla encriptada. ---> usar passwd

g) Asignar la misma identificación a otro usuario, es la opción -o.
```
            id  root
            id
            useradd  -m –d /PRÁCTICA/picador  -g root  -G torero –u 0  -o  picador
            passwd picador
            id picador
```
h) Agregar una línea de comentario al fichero /etc/passwd.
```
            useradd   -m –d /PRÁCTICA/alumno6  -g torero  -c "alumno perezoso, si ilusión"  alumno6
            cat /etc/passwd
```
i) Asignar el tipo de intérprete de comandos (SHELL).
```
            useradd   -m –d /PRÁCTICA/alumno7 -g torero -c "alumno perezoso, si ilusión"  -s /bin/sh  alumno7
```
j) Establecer restricciones de la asignación de la fecha de expiración de la clave.
```
            useradd –m –d /PRÁCTICAs/alumno8  -e 04/06/2014 alumno8
```
k) Establecer el número de días que la cuenta de un usuario va a estar habilitada después de la fecha de expiración o caducidad ("7 días").
```
            useradd -m -d /PRÁCTICAs/alumno9  -e 05/06/2014 –f 12 alumno9
```
   -f 12   es el número de días, que se puede acceder con el usuario después de caducada la clave o la cuenta.
l) Notificación, previa a la caducidad de una cuenta -W número de días.
```
            useradd -m –d /PRÁCTICAs/alumno10 –e 05/07/2014 –f 12 –W 20  alumno10
```
   20 días antes de la caducidad de la cuenta, cada vez que se acceda se comunica que la cuenta caducada, en un periodo de tiempo.
```
            useradd  -m –d /PRÁCTICAs/alumno10 –e 05/07/2014 –f 12  –W 35  alumno10
```

PASO 2: Modificar la cuenta de un usuario usermod

Todas opciones de useradd se utilizan igual además incorpora dos opciones [-L|-U] permite bloquear o desbloquear la cuenta de un usuario, igual que con la orden passwd, cuyas opciones son en minúsculas.
```
            usermod
```
a) Bloquear y desbloquear una cuenta de usuario.
a.1) Bloquear una cuenta de usuario.
```
            usermod -L  alumno10
```
a.2) Desbloquear una cuenta de usuario.
```
            usermod -U   alumno10
```
b) Acceder desde consola
```
            login
            passwd
```

> Si el usuario está conectado hay que matar el proceso para expulsar al usuario.

c) Visualizar procesos activos.
   ps -aux
d) Matar un proceso.
   kill -9 1926

PASO 3: Borrar una cuenta de usuario

Borra la cuenta de un usuario /etc/passwd, permite borrar el usuario y todos sus datos o solo el usuario.
   userdel

a) Ayuda.
   userdel --help
b) Borrar solo el usuario.
   userdel alumno10
c) Borrar toda la información respecto al usuario.
   /etc/passwd
   /etc/shadow
   /etc/group
   /PRÁCTICA/alumno10 (borrar el vínculo), no se borra la información ni la carpeta.
d) Borrar el usuario y todo el contenido de su trabajo.
   userdel –r alumno9
   Borrar los ficheros + directorios que referencie este usuario, como propietario en su directorio de trabajo (defecto /home/alumno9).

userdel

Sintaxis: userdel [opciones] usuario

Opción	Descripción
-a	Informa del estado de las contraseñas de todas las cuentas.
-d	Borra la contraseña para la cuenta indicada -e -expire fuerza a que la contraseña de la cuenta caduque.
-f	Forzar la eliminación de los ficheros, incluso si no pertenecen al usuario.
-h	Muestra este mensaje de ayuda y termina.
-k	Cambia la contraseña sólo si ha caducado.
-i	Establece la contraseña inactiva después de caducar a INACTIVO.
-l	Establece el número máximo de días AS_MIN.
-q	Modo silencioso de la contraseña a .
-r	Cambia la contraseña en el repositorio REP.
-R	Directorio en el que hacer chroot.
-S	Informa del estado de la contraseña la cuenta AS_MAX establece el número máxima AS_MAX antes de cambiar la contraseña a vida indicada.
-Z	Eliminar cualquier asignación de usuario SELinux para el usuario.

PASO 4: Establecer la clave aun usuario

Solicita la clave de un usuario dado de alta, permite bloquear/desbloquear la cuenta de un usuario, deben de estar creados.
   passwd

a) Ayuda.
   passwd –help
b) Establecer la clave a un usuario.
   passwd user4
c) Bloquear una cuenta.
   passwd –l alumno8
d) Desbloquear una cuenta.
   passwd -u alumno8
e) Borrar un password o clave.
   passwd -d alumno8
f) Informar del estado de la contraseña de todas las cuentas.
   passwd -a
g) Informa del estado de la contraseña.
   passwd -S
   root P 05/20/2014 0 99999 7 -1

PASO 5: Identificación de usuarios y grupos a los que pertenecen

Muestra la información de usuario y grupo para el NOMBRE USUARIO especificado, o (cuando se omite NOMBRE DE USUARIO) para el usuario actual.
   id

a) Ayuda.
   id --help
b) Por defecto.
   id
   Asumen que lo que preguntamos es por el usuario con el que trabajamos.
c) Preguntar por un usuario concreto.
   id alumno8
   id root
   uid=0(root) gid=0(root) grupos=0(root)
d) Visualizar el grupo principal al que pertenece el usuario.
   id -g alumno4
e) Visualizar los grupos secundarios a los pertenece.
   id -G alumno3
f) Identificar los permisos reales.
   id -r
   id -r alumno3

id

Sintaxis: id [opciones] usuario

Opción	Descripción
-a	Sin efecto, para compatibilidad con otras versiones.
-Z	Muestra sólo el contexto de seguridad del usuario actual.
-g	Muestra sólo el ID de grupo principal.
-G	Muestra sólo los grupos suplementarios, secundarios.
-n	Muestra un nombre en lugar de un número, para -ugG.
-r	Muestra el ID real en lugar del ID efectivo, para -ugG.
-u	Muestra sólo el ID efectivo del usuario.

g) Identificar un usuario.
   id -u
   id -u alumno3
h) Visualizar el nombre del usuario.
   id -n
   id -n -g
   id -n -G
   id -n -u
   id -n -g alumno3
   id -n -G alumno3
   id -n -u alumno3

PASO 6: Identificar el nombre del grupo(s) a que pertenece un usuario.

Muestra la pertenencia al grupo de cada USUARIO, o, si no se especifica el nombre del usuario, el proceso actual (que puede ser distinto si la base de datos de grupos ha cambiado).
   groups

groups
Sintaxis: groups usuario

a) Ayuda.
   groups --help
b) Por defecto.
   groups alumno
   alumno :   alumno adm cdrom sudo dip plugdev lpadmin sambashare

PASO 7: Muestra el nombre del usuario actual.
   logname

logname
Muestra el nombre del usuario actual.

a) Ayuda.
   logname --help
b) Por defecto.
   logname
c) Versión de la orden.
   logname --version

PASO 8: Establecer o cambiar el propietario de un fichero o directorio

Se usa para cambiar el propietario / usuario del archivo o directorio. Es un comando de administrador, sólo el usuario root puede cambiar el propietario de un archivo o directorio.
   chown

chown	
Sintaxis:	chown [opcion] nuevo_usuario nom_archivo/directorio
Opción	**Descripción**
-R	Cambia el permiso en archivos que estén en subdirectorios del directorio en el que estés en ese momento.
-c	Cambia el permiso para cada archivo.
-f	Previene a chown de mostrar mensajes de error cuando es incapaz de cambiar la titularidad de un archivo.

a) Ayuda.
   chown --help
b) Establece el usuario y el grupo solamente al usuario root para el directorio /backup:
   chown root:root /backup
c) El dueño del archivo "testo.txt" es root, cambia al nuevo usuario baldo.
   chown baldo testo.txt
d) El dueño del directorio "testo01.txt" es root, con la opción -R el usuario de los archivos y subdirectorios también se cambia.
   chown -R baldo testo01.txt
e) Aquí cambia el dueño sólo para el archivo "textp02.txt".
   chown -c baldo texto02.txt
f) Establecer como propietario al usuario root y permitir cualquier miembro del grupo ftp que tenga acceso al archivo cosa.txt (verificar que se tenga suficientes permisos de escritura/lectura).
   chown root:ftp /home/data/cosa.txt

SUID
Permite ejecutar un fichero, y se ejecuta como si el que lo ejecuta fuera el dueño del Fichero.
   chmod o+s fichero

g) Establecer el propietario al nombre de cualquier usuario y un grupo.
   chown root:ftp /home/data/cosa.txt
h) Establecer el propietario al nombre de un usuario en cualquier grupo.
   chown root:ftp /home/data/cosa.txt
i) Establecer el propietario sea ningún usuario de ningún grupo.
   chown root:ftp /home/data/cosa.txt

PASO 9: Verificar la integridad de los archivos de contraseñas
   pwck

pwck	
Sintaxis:	pwck [Opción] [passwd [shadow]]
Opción	**Descripción**
-q	Informa solo de los Errores
-r	Ejecute el comando pwck en modo de sólo lectura.
-s	Ordenar las entradas en /etc/passwd y /etc/shadow por UID.

a) Ayuda
   pwck --help
b) Verificar la integridad sin opciones
   pwck /etc/passwd

> *user 'lp': directory '/var/spool/lpd' does not exist*
> *user 'news': directory '/var/spool/news' does not exist*
> *user 'uucp': directory '/var/spool/uucp' does not exist*
> *user 'www-data': directory '/var/www' does not exist*
> *user 'list': directory '/var/list' does not exist*
> *user 'irc': directory '/var/run/ircd' does not exist*
> *user 'gnats': directory '/var/lib/gnats' does not exist*
> *user 'nobody': directory '/nonexistent' does not exist*
> *user 'syslog': directory '/home/syslog' does not exist*
> *user 'whoopsie': directory '/nonexistent' does not exist*

c) Visualizar la salida solo con los informes de error
    pwck -q /etc/passwd
d) Ejecutar en modo solo de lectura
    pwck -r /etc/passwd
e) Ordenar las entradas por UID en el fichero passwd y shadow
    pwck -s /etc/passwd

PASO 10: Verificar la integridad de los archivos del grupo
    grpck

a) Ayuda
    grpck --help
b) Información por defecto
    grpck
c) Ejecutar solo en modo lectura
    grpck -r /etc/group
d) Ejecuta las entradas en /etc/group y las ordena por GID y las compara con gshadow.

grpck

Sintaxis:	grpck [-r] [-s] [group [gshadow]]
Opción	**Descripción**
-r	Ejecute en modo de sólo lectura. Esto hace que todo preguntas con respecto a los cambios que hay que responder sin ningún usuario intervención.
-s	Escribe texto o la dirección de un sitio web, o bien, traduce un documento. Ordenar las entradas en / etc / group y / etc / gshadow por GID.

Ejercicios de la Unidad de Trabajo 7

1. Comprobar la identificación del usuario en el sistema.
2. Crear 5 grupos, (clase, aula, eso, bachillerato, ciclo)
3. Crear 10 alumnos (user1, ..., user10), establecer las limitaciones de uso a 1 mes y 10 días antes deben notificar que va a cancelar la conexión.
4. Establecer las password de los usuarios.
5. Crear un nuevo usuario delegado con la misma prioridad que root, y debe pertenecer al grupo 0.
6. Visualizar los grupos creados en los ficheros de grupos.
7. Buscar los usuarios dentro del grupo a que pertenecen.
8. Asignar a un usuario como administrador de un grupo y además como miembro de otros grupos, como grupos secundarios.
9. Verificar la integridad de los ficheros de contraseñas y de los archivos de grupos.
10. Arrancar terminales comprobando el acceso de los usuarios creados y su password.
11. Cerrar la consola de prueba de alumnos.

ACTIVIDADES AVANZADAS

1. Qué gestiona Nautilus en el gestor gráfico, por ej. ubuntu 14.
2. ¿cómo desactivar nautilus en entorno gráfico? ¿cómo afectaría al Sistema Operativo Ubuntu 14.04?

UNIDAD DE TRABAJO *VIII*: Administración del sistema II. Ajustes del sistema

PRÁCTICA 37: Información de dispositivos en Linux.
PRÁCTICA 38: Procesos y operativa.
PRÁCTICA 39: Requisitos para instalar SAMBA en Linux.

Contenido
- **Gestión de discos en Linux.**
- **Gestión de memoria en Linux.**
- **Actualización del sistema operativo.**
- **Gestionar hardware del sistema operativo.**
- **Monitorización y rendimiento del sistema.**
- **Agregar/Eliminar/Actualizar software en el sistema operativo.**
- **Programación de tareas en Linux.**

Órdenes

free, df, du, file, vmstat, pmap, ps, sar, time lock, pstree, top, kill, sleep, bg, fg, jobs, nice, renice, nohup, stop

PRÁCTICA 37: Información de dispositivos en Linux

DESCRIPCIÓN:
Memoria.
Espacio de disco.

Memoria Virtual Compartida

Existe la necesidad de compartir la memoria entre procesos. Pueden existir varios procesos corriendo en el sistema, procesos del tipo comando de la Shell de bash, más que múltiples copias de bash, cada una con su propio espacio de direcciones virtuales de memoria, sin duda sería mucho mejor "tener una sola copia en memoria física y que todos los procesos que corran bash la compartiecen".

El espacio de memoria de intercambio o **Swap** es lo que se conoce como **memoria virtual**. La diferencia entre la memoria real y la virtual es que está última utiliza espacio en la unidad de almacenamiento en lugar de un módulo de memoria. Cuando la memoria real se agota, el sistema copia parte del contenido de esta directamente en este espacio de memoria de intercambio a fin de poder realizar otras tareas.

Utilizar memoria virtual tiene como ventaja el proporcionar la memoria adicional necesaria cuando la memoria real se ha agotado y se tiene que continuar un proceso. Como consecuencia de utilizar espacio en la unidad de almacenamiento como memoria es que es considerablemente más lenta.

PASO 1: Disposición de la memoria

El comando free muestra información sobre la memoria libre y usada del sistema.

    free

a) Ayuda.

    free --help

b) Por defecto.

    free

	total	usado	libre	compart.	búffers	almac.
Mem:	1025940	868832	157108	2272	99188	373444
-/+ buffers/cache:		396200	629740			
Intercambio:	1046524	440	1046084			

free

Sintaxis:	free [opciones]
Opción	**Descripción**
-b	Mostrar la salida en bytes.
-k	Mostrar la salida en kilobytes.
-m	Mostrar la salida en megabytes.
-g	Mostrar la salida en gigabytes.
--tera	Mostrar la salida en terabytes.
-h	Muestra salida en formato legible por humanos.
--si	Usar potencias de 1000 no de 1024.
-l	Mostrar estadísticas detalladas de memoria baja y alta.
-o	Usar formato antiguo (sin línea -/+buffers/cache)
-t	Mostrar el total para RAM + swap.
-s N	Repetir la salida cada N segundos.
-c N	Repetir la salida N veces y luego terminar.

c) Visualizar la salida en diferentes formatos de unidades.

    free -b
    free -k
    free -m
    free -g
    free --tera

d) Visualizar con detalles.

    free -l

	total	usado	libre	compart.	búffers	almac.
Mem:	1025940	868836	157104	2272	99188	373444
Bajo:	890828	762136	128692			
Alto:	135112	106700	28412			
-/+ buffers/cache:		396204	629736			
Intercambio:	1046524	440	1046084			

e) Visualizar la totalidad de la memoria.

    free -t

	total	usado	libre	compart.	búffers	almac.
Mem:	1025940	868832	157108	2272	99188	373444
-/+ buffers/cache:		396200	629740			
Intercambio:	1046524	440	1046084			
Total:	2072464	869612	1202852			

f) Usar formato antiguo.

	total	usado	libre	compart.	búffers	almac.
Mem:	1025940	868832	157108	2272	99188	373444
Intercambio:	1046524	440	1046084			

PASO 2: Espacio del sistema de ficheros.

    df

a) Ayuda.

    df --help

b) Por defecto.

    df

df

Sintaxis:	df [opción]... [fichero]...
Opción	**Descripción**
-a	Incluir sistemas de archivos que tienen los bloques 0
-B	*TAMAÑO* **bloques de tamaño bytes**
-h	Tamaños de impresión en formato legible por el hombre (por ejemplo, 1K 234m 2G)
-H	De igual modo, pero el uso de poderes de 1000 no 1024
-i	Listar información inodo en lugar del uso de bloque
-k	Como **tamaño --block** = *1K*
-l	Listado límite a los sistemas de archivos locales
--no-sync	No invocar la sincronización antes de obtener información de uso (por defecto)
-P	Utilizar el formato de salida de POSIX
-t	Listado límite a los sistemas de archivos de tipo TIPO
-T	Visualizar el tipo de sistema de archivos
-x	Limitar la lista de sistemas de ficheros no de tipo TIPO

PASO 3: Espacio usado por los ficheros
du
a) Ayuda.
   du --help
b) Por defecto.
   du
c) Visualizar toda la información.
   du -a
d) Visualizar toda la información de un directorio
   du -a   alumnos
e) Visualizar solo el total del espacio usado.
   du -s
f) Muestra el tamaño de cada archivo en el directorio
   du -s   curso2014
g) Muestra el espacio total en disco utilizado por el d cificado.
   du -h
h) Muestra la capacidad de la carpeta actual.
   du -h   practica.doc

du
Sintaxis: **du [opción]... [fichero]**

Opción	Descripción
-a	Escribir el recuento de todos los archivos, no sólo los directorios
-B	uso *TAMAÑO* bloques de tamaño bytes
-b	tamaño de la impresión en bytes
-c	producir un gran total
-D	Ficheros que son referencia para los enlaces simbólicos
-h	tamaños de impresión en formato legible por el hombre (por ejemplo, 1K 234m 2G)
-H	del mismo modo, pero el uso de poderes de 1000 no 1024
-k	como tamaño --block = *1K*
-l	recuento de los tamaños muchas veces si vinculado duro
-L	eliminar la referencia de todos los enlaces simbólicos
-S	no incluyen el tamaño de subdirectorios
-s	mostrar solamente un total para cada argumento
-x	saltarse directorios en sistemas de ficheros diferentes

PASO 4: Infomar si el objeto que ves es un directorio o un archivo.
El comando file te dice si el objeto que ves es un directorio o un archivo.
   file
a) Ayuda.
   file --help
b) Por defecto.
   file   /etc/passwd
   file   /etc/init.d/networking
c) Visualizar la información de un directorio.
   file *
   Descargas: directory
   Documentos: directory
   Escritorio: directory
   examples.desktop: UTF-8 Unicode text

file
Sintaxis: **file [opciones] nombre_de_archivo/directorio**

Opción	Descripción
-c	Comprobar el archivo mágico para errores de formato. Por razones de eficiencia, esta validación normalmente no se lleva a cabo
-h	No sigue enlaces simbólicos.
-m	Utiliza mfile como archivo mágico alternativo.
-f	Contiene una lista de los archivos a examinar.

PASO 5: Muestra el estado de la memoria virtual (partición swap)
   vmstat
a) Ayuda.
   vmstat --help
b) Visualizar la memoria virtual por defecto.
   vmstat
c) Si el argumento es un número, éste especifica el intervalo en segundos para que se repita el listado.
   vmstat 5
   Muestra la información cada cinco segundos.

PASO 6: Información del uso de la memoria
El fichero ubicado en el directorio **/proc/meminfo** contiene toda la información del uso de tu memoria.
   meminfo
a) Listar el contenido del fichero /proc/meminfo
   cat   /proc/meminfo
   less /proc/meninfo

PASO 7: Mostrar o examinar el mapa de memoria y las librerías de un proceso
En un servidor Linux, puedes listar fácilmente los detalles de u activo y visualizar su consumo real de memoria. A veces vem ordenador se ralentiza y tenemos que ser capaces de **saber c proceso que está saturando la RAM**. Una vez hecho login com
   pmap
a) Ayuda.
   pmap
b) Solicitar el mapa de memoria de un proceso (PID).
   ps -aux
   pmap   2281
c) Solicitar el mapa de memoria de un proceso y los detalles.
   pmap   2281   -x
   2281: su

pmap
Sintaxis: **pmap [-rslF] [pid | core] ...**
            pmap -x [-aslF] [pid | core] ..

Opción	Descripción
-a	Imprime anónimo y reservas de intercambio para compartir asignaciones.
-F	Agarra el proceso de destino, incluso si otro proceso tiene control.
-l	Muestra nombres del mapa enlazador dinámico no resueltos.
r	Imprime direcciones reservadas del proceso.
-s	Imprime página HAT información del tamaño.
-S	Intercambian información de reserva por la cartografía.
-x	Información adicional por la cartografía

Directorio ubicación /usr/bin.

Dirección	Kbytes	RSS	Sucio	Modo	Asignaciones
0008048000	32	28	0	r-x--	su
0008050000	4	4	4	r----	su
0008051000	4	4	4	rw---	su
0008052000	16	12	12	rw---	[anon]
00082cc000	132	76	76	rw---	[anon]
00b70d0000	96	56	0	r-x--	libpthread-2.19.so
00b70e8000	4	4	4	r----	libpthread-2.19.so
00b70e9000	4	4	4	rw---	libpthread-2.19.so

d) Solicitar el mapa de memoria de un proceso y todos los detalles.
   pmap   2281   -X

```
2281: su
Dirección Perm Desplazamiento Dispositivo  Inodo Size  Rss Pss Referenced Anonymous Swap Locked Asignaciones
08048000  r-xp  00000000       08:01       131230  32   28  28    28          0         0    0      su
08050000  r--p  00007000       08:01       131230   4    4   4     0          4         0    0      su
08051000  rw-p  00008000       08:01       131230   4    4   4     4          4         0    0      su
08052000  rw-p  00000000       00:00            0  16   12  12     0         12         0    0
082cc000  rw-p  00000000       00:00            0 132   76  76    24         76         0    0      [heap]
b70d0000  r-xp  00000000       08:01       918613  96   56   0    56          0         0    0      libpthread-2.19.so
b70e8000  r--p  00017000       08:01       918613   4    4   4     0          4         0    0      libpthread-2.19.so
```

PASO 8: Muestra estadísticas de paginación
   sar
a) Ayuda.
   sar
b) Visualizar la estadística de paginación.
   sar -B

> Instalar los paquetes: sysstat, atsar
> **apt-get   install   sysstat**
> **apt-get   install   atsar**
> Actualización previa
> **apt-get   upgrade**

PASO 9: Mostrar información de la página del sistema
   time
a) Ayuda.
   time --help

> Se debe especificar es path completamente cualificado del comando "**/usr/bin/time**" para evitar el uso del comando "time" de la shell bash.

b) Información de la página por defecto.
   time
   /usr/bin/time
c) Muestra el tamaño de página del sistema, los errores de página, etc de un proceso durante su ejecución:
   time -v
      /usr/bin/time -v

PASO 10: Información de las páginas libres.
El fichero ubicado en /p**roc/freepages** contiene información de las "páginas libres" de la memoria virtual.
   cat /proc/sys/vm/freepages
Es posible aumentar/disminuir este límite: echo 300 400 500 > /proc/sys/vm/freepages.

PASO 11: Bloquear un terminal
Permite bloquear el terminal, para ello pide un password, dos veces.
   lock
a) Ayuda.
   lock --help
b) Bloquear el terminal por defecto.
   lock

PRÁCTICA 38: Procesos y operativa
DESCRIPCIÓN:
a) Procesos Linux.
a.2) Operaciones con procesos.
  Ver procesos.
  Matar proceso.
  Ejecutar procesos en primer plano.
  Ejecutar procesos en segundo plano.
  Ver la lista de procesos en segundo plano.

b) Gestión de procesos en Android.
b.1) Introducción.

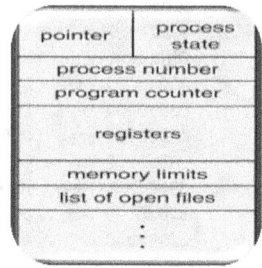

Android OS es un sistema operativo desarrollado por Google para su uso en dispositivos móviles. Esto significa que ha sido diseñado para sistemas con poca memoria y un procesador que no es tan rápido como los procesadores de escritorio. Android está basado en el kernel Linux 2.6. Hay importantes modificaciones que se han hecho en el núcleo, pero tiene el mismo núcleo. El sistema operativo Android está diseñado como un único usuario del sistema operativo, así que Android se aprovecha de esto y se ejecuta cada componente como un usuario distinto. Esto permite Android para usar el modelo de seguridad de Linux y mantener los procesos en su propia caja de arena.

b.2) Descripción de los procesos.
La gestión de procesos en un sistema operativo típico implica muchas estructuras de datos y algoritmos complejos, pero no va mucho más allá del nivel de la gestión del proceso típico de estructura de datos. Android es similar en que en el nivel de base de las estructuras de control tienen el mismo aspecto.

b.3) Estructura de procesos
Esta estructura de datos es administrada por una gestión de procesos estándar, que es algo como esto: Android OS termina un proceso cuando no hay suficiente memoria para otros procesos.

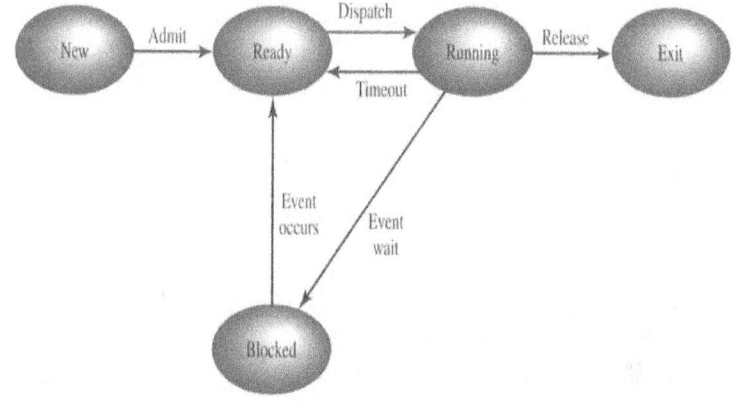

Todos los componentes de aplicaciones que se ejecutan en el proceso que se está terminando por el sistema operativo se destruyen.

Un nuevo proceso se iniciará por aquellos componentes cuando estos componentes deben funcionar de nuevo

Android OS decide que procesa a finalizar en función de su importancia relativa para el usuario, por ejemplo, todos los componentes de un proceso no son visibles.

Cuando un componente de aplicación se inicia y la aplicación no tiene ningún otro componente en funcionamiento, el sistema Android inicia un nuevo proceso de Linux para la aplicación con un solo hilo de ejecución. De forma predeterminada, todos los componentes de la misma aplicación se ejecutan en el mismo proceso y subproceso (llamado el "principal" hilo). Si un componente de aplicación se inicia y que ya existe un proceso para dicha aplicación (porque otro componente de la aplicación existe), entonces el componente se inicia dentro de ese proceso y usa el mismo hilo de ejecución. Sin embargo, usted puede hacer arreglos para diferentes componentes de la aplicación se ejecute en procesos separados, y se pueden crear subprocesos adicionales para cualquier proceso.

b.4) Procesos del ciclo de vida.
El sistema Android trata de mantener un proceso de aplicación para el mayor tiempo posible, pero con el tiempo necesario para eliminar los antiguos procesos para reclamar memoria para los procesos nuevos o más importantes. Para determinar qué procesos a seguir y que matar, el sistema coloca cada proceso en una "jerarquía de importancia", basada en los componentes que se ejecutan en el proceso y el estado de los componentes. Los procesos con menor importancia se eliminan primero, luego los que tienen la importancia más baja siguiente, y así sucesivamente, según sea necesario para recuperar los recursos del sistema.

PASO 1: Jerarquía de procesos
  ps
a) Visualizar procesos ps.
a.1) Ayuda.
  ps -help
a.2) Visualización por defecto.

ps [opciones]	
-a	Listar información sobre todos los procesos más frecuentemente solicitados: todos excepto los líderes de grupo de procesos y los procesos no asociados con un terminal.
-A ó e	Lista información para todos los procesos.
-d	Lista información sobre todos los procesos excepto los líderes de sesión.
-e	Listar información sobre todos los procesos en ejecución.
-f	Genera un listado completo.
-j	Mostrar identificador de sesión y de grupo de proceso.
-l	Genera un listado largo.

Modulo Sistemas Operativos Monopuesto

ps
a.3) Visualización completa de todos los procesos
　　　ps -aux
b) Visualizar el árbol de procesos pstree.
b.1) Estructura del árbol de procesos.
　　　pstree --help
b.2) Visualizar por defectos la estructura de árbol
　　　pstree
b.3) Visualizar con argumentos.
　　　pstree -a
b.4) Visualizar los procesos de un usuario.
　　　pstree –u root
b.5) Visualizar los procesos con su PID.
　　　pstree -p
b.6) Visualizar a partir de un proceso concreto.
　　　pstree PID
　　　pstree 0
　　　pstree 438
b.7) Muestra organizado por PID.
　　　pstree -n
　　　pstree -n -p
b.8) Muestra un proceso por PID.
　　　pstree 1001

> Un **proceso** no es un programa sino un programa en ejecución, la pila del programa, las variables que cambian de valor, etc.
> Un **demonio** (daemon) de un sistema multiusuario es el que se está ejecutando siempre en segundo plano, desde que se arranca el sistema hasta que se apaga, por lo que se dice que están vivos.
> Algunos demonios son:
> - **Cron.** Se encarga de ejecutar los programas que le indiquemos con el comando crontab a determinadas horas.
> - **Sendmail.** Empleado para gestionar el correo electrónico.
> - **Inetd.** Es el superdemonio de Internet.

```
    ├─gnome-terminal(1838)─┬─gnome-pty-helpe(1839)
    │                     ├─bash(1840)───su(1863)───bash(1872)
────pstree(19+
                          └─{gnome-terminal}(1841)
```

c) Visualizar los procesos con una aplicación top.
　　　top
　　　ctop   para entorno gráfico
　　　atop
　　　mtop

PASO 2: Atributos de un proceso
　　　ps
Procesos activos en el terminal.
　　　ps
Visualiza todos los procesos que se ejecutan en el terminal.
　　　ps -a
Visualizar todos los procesos que se están ejecutando en el terminal.
　　　ps -A
　　　ps -e
Visualizar información con formato de control de tareas.
　　　ps -j

PID	PGID	SID	TTY	TIME	CMD
1863	1863	1840	pts/0	00:00:00	su
1872	1872	1840	pts/0	00:00:00	bash
1950	1950	1840	pts/0	00:00:00	ps

Identificación relativa a los procesos que se están en ejecución.
　　　ps -r

PID	TTY	STAT	TIME	COMMAND
1952	pts/0	R+	0:00	ps -r

Visualizar todos los procesos que están en ejecución de un propietario o usuario.
　　　ps -u 0
　　　ps U root
Secuencia más útil.
　　　ps aux
Ver todos los procesos con todas identificaciones además aparece una columna denominada STAT, con el estado de ejecución.
　　　ps j U root |**more**

PPID	PID	PGID	SID	TTY	TPGID	STAT	UID	TIME	COMMAND
0	1	1	1	?	-1	Ss	0	0:00	/sbin/init
0	2	0	0	?	-1	S<	0	0:00	[kthreadd]
2	3	0	0	?	-1	S<	0	0:00	[migration/0]
2	4	0	0	?	-1	S<	0	0:00	[ksoftirqd/0]

> **Columnas de información orden ps**
> **PID:** número de id. del proceso
> **PGID:** Identificación del grupo o grupos a los que pertenece el padre.
> **SID:** Identificación de la sesión (número de proceso de sesión).
> **TTY:** Tipo de dispositivo.
> 　pts/0 --> dispositivo de entrada/salida.
> **TIME:** tiempo en ejecución.
> **CMD:** orden en ejecución.

> **STAT: Estado**
> R: procesos en ejecución.
> d: proceso dormido (sueño ininterrumpido).
> n: proceso de baja prioridad.
> s: dormido o en espera.
> t: proceso en seguimiento o detenido.
> z: zombie.
> w: proceso de intercambio.
> x: (dead) Procesos parados (MUERTOS).
>
> **Plano de ejecución, prioridad**
> + Ejecución en primer plano.
> < Alta prioridad.
> N baja prioridad.
> l existen múltiples hilos.
> L bloqueado en Memoria (REAL TIME I/O).
> r residente en memoria.

> **PPID:** Identificación del proceso padre.
> **SID:** Identificación de sesión.
> **UID:** identificación de usuario.
> **TPGID:** id. de grupo de procesos de tareas.

2	5	0	0 ?	-1	S<	0	0:00	[watchdog/0]
2	6	0	0 ?	-1	S<	0	0:00	[events/0]
2	7	0	0 ?	-1	S<	0	0:00	[cpuset]
2	8	0	0 ?	-1	S<	0	0:00	[khelper]
2	9	0	0 ?	-1	S<	0	0:00	[netns]
2	10	0	0 ?	-1	S<	0	0:00	[async/mgr]
2	11	0	0 ?	-1	S<	0	0:00	[kintegrityd/0]
2	12	0	0 ?	-1	S<	0	0:00	[kblockd/0]
2	13	0	0 ?	-1	S<	0	0:00	[kacpid]
2	14	0	0 ?	-1	S<	0	0:00	[kacpi_notify]
2	15	0	0 ?	-1	S<	0	0:00	[kacpi_hotplug]
2	16	0	0 ?	-1	S<	0	0:00	[ata/0]
2	17	0	0 ?	-1	S<	0	0:00	[ata_aux]
2	18	0	0 ?	-1	S<	0	0:00	[ksuspend_usbd]
2	19	0	0 ?	-1	S<	0	0:00	[khubd]
2	20	0	0 ?	-1	S<	0	0:00	[kseriod]
2	21	0	0 ?	-1	S<	0	0:00	[kmmcd]
2	22	0	0 ?	-1	S<	0	0:00	[bluetooth]

ps -aux

USER	PID	%CPU	%MEM	VSZ	RSS	TTY	STAT	START	TIME	COMMAND
root	1	0.0	0.2	4460	2540	?	Ss	sep10	0:01	/sbin/init
root	2	0.0	0.0	0	0	?	S	sep10	0:00	[kthreadd]
root	3	0.0	0.0	0	0	?	S	sep10	0:06	[ksoftirqd/0]
root	5	0.0	0.0	0	0	?	S<	sep10	0:00	[kworker/0:0H]
root	7	0.0	0.0	0	0	?	S	sep10	0:05	[rcu_sched]
root	8	0.0	0.0	0	0	?	S	sep10	0:00	[rcu_bh]

CAMPO	DESCRIPCION
F	PROCESS FLAGS: 1 Bifurcado pero no ejecutado 4 Tiene privilegios de root.
USER	Nombre del usuario que lanzó el proceso.
UID	ID de usuario.
PID	ID del proceso padre
PPID	ID del proceso padre.
PGID	ID de grupo de un proceso.
%CPU	Porcentaje de uso de la CPU por este proceso.
%MEM	Porcentaje de ocupación de memoria por el proceso.
PRI	Prioridad del proceso. Este es el campo contador de la estructura de la tarea. Es el tiempo en HZ de la posible rodaja de tiempo del proceso.
NI	Nice, valor nice (prioridad) del proceso, un número positivo significa menos tiempo de procesador y negativo más tiempo (-19 a 19), número más elevado menor prioridad.
VSZ	Tamaño de la memoria virtual del proceso en Kb.
RSS	Tamaño de la parte residente; de la memoria física usada en Kb.
WCHAN	para los procesos que esperan o dormidos, enumera el evento que espera.
STAT	Estado del proceso: R Ejecutable. (runnable) D Letargo ininterrumpió. (uninterruptible sleep) S Suspendido. (sleeping) s Es el proceso líder de la sesión. T Detenido, parado o trazado (traced) Z Zombie. N Tiene una prioridad menor que lo normal (indicado en el campo NI). < Tiene una prioridad mayor que lo normal. W si el proceso no tiene páginas residentes.
TTY	Nombre de la terminal a la que está asociado al proceso, si no hay terminal aparece entonces un '?'.
START TIME	Tiempo que lleva en ejecución.
COMMAND	Nombre del comando/orden/fichero en ejecución.

PASO 3: Visualizar los estados de los procesos en ejecución en tiempo "real".
Monitorizar los procesos en tiempo de ejecución.
     top
     ctop
     mtop
     atop (aplicación a descargar más amplia)
a) Ayuda, ordenes de aplicación de monitorización.
     top --help
b) Visualización por defecto.

top

```
top - 20:25:56 up 9:12,  3 users,  load average: 0,03, 0,03, 0,05
Tareas: 154 total,   1 ejecutar, 153 hibernar,   0 detener,   0 zombie
%Cpu(s):  4,0 usuario,  0,5 sist,  0,0 adecuado, 95,5 inact,  0,0 en espera,  0,0 hardw int,  0,0 softw int,  0,0 robar tiempo
KiB Mem:   1025940 total,   870288 used,   155652 free,    99296 buffers
KiB Swap:  1046524 total,      440 used,  1046084 free.   374116 cached Mem

  PID USUARIO   PR  NI    VIRT    RES    SHR S %CPU %MEM     HORA+ ORDEN
 1514 alumno    20   0  321172  87720  35084 S  9,3  8,6  54:24.51 compiz
 1000 root      20   0  126372  26808   8500 S  0,7  2,6   3:52.27 Xorg
    3 root      20   0       0      0      0 S  0,3  0,0   0:07.44 ksoftirqd/0
 2190 root      20   0       0      0      0 S  0,3  0,0   0:06.97 kworker/u4:0
 2229 alumno    20   0   11264   1860   1076 S  0,3  0,2   0:01.22 sshd
    1 root      20   0    4584   2564   1444 S  0,0  0,2   0:01.56 init
    2 root      20   0       0      0      0 S  0,0  0,0   0:00.00 kthreadd
    4 root      20   0       0      0      0 S  0,0  0,0   0:00.00 kworker/0:0
    5 root       0 -20       0      0      0 S  0,0  0,0   0:00.00 kworker/0:0H
    7 root      20   0       0      0      0 S  0,0  0,0   0:01.06 rcu_sched
    8 root      20   0       0      0      0 S  0,0  0,0   0:00.00 rcu_bh
    9 root      rt   0       0      0      0 S  0,0  0,0   0:00.40 migration/0
   10 root      rt   0       0      0      0 S  0,0  0,0   0:01.36 watchdog/0
   11 root      rt   0       0      0      0 S  0,0  0,0   0:01.12 watchdog/1
```

c) Matar un proceso en otra consola.
   CTRL+ALT+F2
   (Acceso con root, visualizar los procesos y matar un proceso luego cambiar de consola)
   ps
   kill -9 numero_proceso
d) Visualizar los procesos.
   ps
   kill -9 1234
   kill SIGKILL 1234
   Lanzar un proceso de dormir en segundo plano.
   sleep 20 &
   Lanzar un proceso en segundo plano, background.
   bg ls -l
   ls -l >/dev/null &
   sleep 100 >/dev/null &
e) Visualizar procesos.
   ps aux

SIGINT	2	Term	Interrupt from keyboard
SIGQUIT	3	Core	Quit from keyboard
SIGILL	4	Core	Illegal Instruction
SIGABRT	6	Core	Abort signal from abort(3)
SIGFPE	8	Core	Floating point exception
SIGKILL	9	Term	Kill signal
SIGSEGV	11	Core	Invalid memory reference
SIGPIPE	13	Term	Broken pipe: write to pipe with no readers
SIGALRM	14	Term	Timer signal from alarm(2)
SIGTERM	15	Term	Termination signal
SIGUSR1	30,10,16	Term	User-defined signal 1
SIGUSR2	31,12,17	Term	User-defined signal 2
SIGCHLD	20,17,18	Ign	Child stopped or terminated
SIGCONT	19,18,25		Continue if stopped
SIGSTOP	17,19,23	Stop	Stop process
SIGTSTP	18,20,24	Stop	Stop typed at tty
SIGTTIN	21,21,26	Stop	tty input for background process
SIGTTOU	22,22,27	Stop	tty output for background process

PASO 4: Matar un proceso

El comando kill se usa para detener procesos en segundo plano y además, forzar a matar un proceso enviando una señal.
   kill
   killall
   pkill

a) Ayuda.
   kill --help
   kill SIGNAL PID
   kill -numero_señal PID
b) Matar proceso (-9) número de proceso 1980.
   kill -9 1980
   ps aux
   jobs
c) Mantar un proceso.
   kill SIGKILL 1001
   kill -9 1001
Terminar un proceso.
   kill -15 1002
   kill SIGTERM 1002
d) Ayuda
   killall --help
e) Usando el nombre de un proceso

kill [-s] [-l] %pid	
-s	Especifica la señal a enviar. La señal puede ser un nombre de señal o un número.
-l	Escribe todos los valores de señal soportados por la implementación, si no se da ningún operando.
-pid	Identificador de proceso o trabajo.
-9	Fuerza el kill de un proceso.

killall   ejemplo001
killall mysqld

f) Ayuda
   pkill --help
g) Borrado por defecto
   pkill ejemplo02
   pkill mysqld

> killall [signal or option] Nambre_del _proceso
> signal   Señal, igual que kill

PASO 5: Lanzar un proceso de parada
    sleep
a) Ayuda.
   sleep --help
b) Asignar un valor por defecto.
   sleep   tiempo
   sleep   1000

PASO 6: Lanzar un proceso en segundo plano
La ejecución en **primer plano** es la ejecución normal, es decir, que el intérprete no admite otro comando hasta que se haya terminado de ejecutar el proceso en curso.
En un terminal **sólo se permite la ejecución de un único proceso en primer plano.**
El intérprete permite ejecutar más de un proceso en segundo plano.
Background, es ejecutar un proceso en segundo plano, existen diferentes formas de lanzar un proceso en segundo plano.

   bg orden
   orden &

   CTRL+Z

> bg [opciones] [proceso]
> -l   Informa del identificador del grupo de proceso y la carpeta de trabajo de las operaciones.
> -p   Informa únicamente del identificador del grupo de proceso de las operaciones.
> -x   Sustituye cualquier job_id encontrado en el comando o argumentos con el identificador de grupo de proceso correspondiente, después ejecuta el comando dándole argumentos.
> job Especifica el proceso que quiere ejecutarse en segundo plano.

a) Ayuda bg.
   bg –help
b) Lanzar dos procesos en Segundo plano.
   bg sleep 1000
   sleep 1000 &
c) Detener un proceso en ejecución, en primer plano, pasarlo a estado stopped
   sleep 2000
   pulsamos ^Z y el proceso pasa a estado parado (stopped)

   # jobs
   ….
   [5]+ Detenido   sleep 2000 &

Lo pasamos a segundo plano una vez realizada la parada del proceso, con bg más con **%** y el número del trabajo.
   bg   %5
El proceso [5]   que está detenido pasa a ejecutarse en segundo plano.

PASO 7: Visualizar los procesos en segundo plano
   jobs
a) Ayuda.
   jobs --help
b) Consultar los procesos en ejecución en segun
   jobs
   [1]+ Ejecutando   sleep 2999 &

> jobs [opciones]
> -l   Informa del identificador del grupo de proceso y la carpeta de trabajo de las operaciones.
> -n   Muestra sólo los trabajos que se han detenido o cerrado desde la última notificación.
> -p   Muestra sólo el identificador de proceso para los líderes de grupo de procesos de los trabaios seleccionados.

PASO 8: Pasar un proceso de segundo plano a primer plano
   fg
a) Ayuda.
   fg --help
b) Foreground.
   fg (jobs)

> fg [especifica proceso]

c) Visualizar primero los procesos en ejecución en segundo plano, identificar el número [2] de proceso que deseas ejecutar en primer plano.
   jobs
   fg 2

PASO 9: Los niveles de ejecución de usuarios
   nice   visualizar
   renice   reasignar/cambiar

Los niveles de ejecución se encuentran contemplados entre los siguientes valores: -20....0 ...19   niveles de ejecución el -20 tiene mayor prioridad de ejecución 19 menor prioridad, lo normal es lanzar un proceso con prioridad 0, o superior (0..19), el resto de los niveles, por defecto los controla el planificador de procesos o Shellduler.

a) Ayuda.
   nice --help
   renice --help
b) Visualizar el nivel de ejecución que tiene un usuario.
   nice
c) Asignar el nivel de ejecución de los procesos de este usuario, el valor por defecto para un usuario es 10.
   nice -n 5
d) Reasignar el nivel de prioridad de ejecución a un proceso.
   renice -n -2 -p 1834
e) Reasignar el nivel de prioridad de ejecución a un usuario.
   renice -n 4 -u alumno3
f) Reasignar el nivel de prioridad de ejecución a un grupo.
   renice -n -2 -g smr1

renice [-n] <priority> [-p] <pid> [<pid> ...]	
renice [-n] <priority> -g <pgrp> [<pgrp> ...]	
renice [-n] <priority> -u <user> [<user> ...]	
Opción	Descripción
-g	Interpretar como grupo de proceso ID.
-n	Establecer el valor mínimo de incremento.
-p	Fuerza para ser interpretado como ID del proceso.
-u <name|id>	Interpretar como nombre de usuario o ID de usuario.

PASO 10: Lanzar un proceso y que no termine aunque reinicie el equipo
   nohup
a) Ayuda
   nohup --help
b) Lanzar un proceso y perdure aunque se reinicie el sistema.
   nohup sleep 1000
   nohup

PASO 11: Parar un proceso en ejecución
   stop
a) Ayuda.
   stop --help
b) Para un proceso por su PID, por su identificación del proceso. (ej.: PID =4587).
   stop 4587

PASO 12: Cambiar al sistema de nivel de ejecución
El nivel de ejecución argumento debería ser uno de los niveles de ejecución multiusuario **2-5** , **0** para detener el sistema, **6** para reiniciar el sistema o **1** para que el sistema hacia abajo en modo de usuario único.

Normalmente se usaría la herramienta para detener o reiniciar el sistema, o para reducirla a modo de un solo usuario.

El nivel de ejecución también puede ser **S** o **s** que se coloque el sistema directamente en el modo de un solo usuario sin tener que detener los procesos en primer lugar, no suele ser lo deseado.

   telinit
a) Ayuda.
   telinit --help
b) Cambiar al modo 5.
   telinit 5
c) Reiniciar el sistema ("init 6").
   telinit 6
d) Cambiar en modo usuario
   telinit S

init, telinit	
Sintaxis: init [-a] [-s] [b] [-z xxx] [0123456Ss]	
telinit [-t seg] [0123456sSQqabcUu]	
0, 1, 2, 3, 4, 5 o 6	Niveles init que cambie al nivel de ejecución especificado.
u n , b , c	Comunicar a init que procese sólo con aquellos entradas en /etc/inittab que tienen el nivel de ejecución de un , b , o c .
Q o q	Comunicarle a init para reexaminar el archivo /etc/inittab
S o s	Comunicarle a init que cambie a modo de usuario único.
U o u	Se comunica a init para volver a ejecutarse (preservando el estado). No volver a examinar el archivo /etc/inittab. Nivel de ejecución debe ser uno de S , s , 1 , 2 , 3 , 4 , o 5 , de lo contrario

PRÁCTICA 39: Requisitos para instalar SAMBA en Linux
DESCRIPCIÓN:

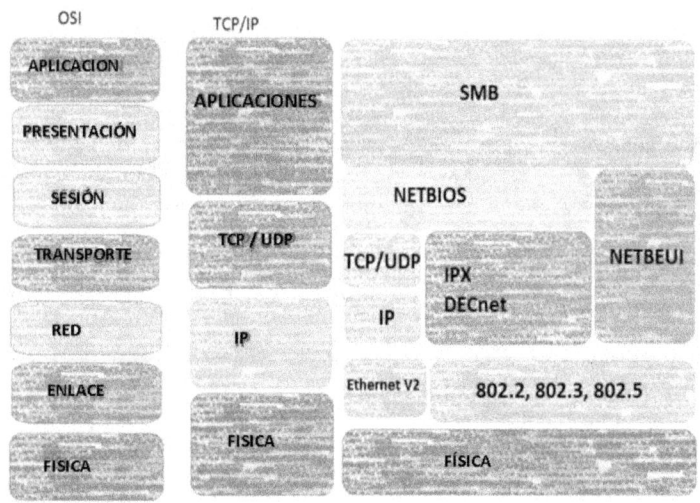

Samba es una implementación libre del protocolo de archivos compartidos de Microsoft Windows (antiguamente llamado SMB, renombrado recientemente a CIFS) para sistemas de tipo UNIX. De esta forma, es posible que computadoras con GNU/Linux, Mac OS X o Unix en general se vean como servidores o actúen como clientes en redes de Windows. Samba también permite validar usuarios haciendo de Controlador Principal de Dominio (PDC), como miembro de dominio e incluso como un dominio

Protocolo: Es el conjunto de reglas y normas, que permiten establecer una comunicación.
Existe un organismo que establece unas pautas organizativas genéricas para poder establecer una comunicación.
El organismo internacional se denomina I.S.O., "PAUTAS" un sistema abierto de comunicaciones O.S.I. y establece unas CAPAS genéricas, bien definidas en el establecimiento de la comunicación.
Comparativa entre las CAPAS ISO del OSI-RM, en comparación con otros organización de protocolos como es ARPANET, SNA y TCP/IP que son anteriores a las normas ISO y se encuentra superpuestas.
Ubicación del protocolo SMB.

Active Directory para redes basadas en Windows; aparte de ser capaz de servir colas de impresión, directorios compartidos y autentificar con su propio archivo de usuarios.

Es software con licencia GPL, para sistemas operativos multiplaforma, lanzado inicialmente en 1992.

Para que un protocolo funcione en Windows, hay que instalar el servicio, en cambio en Linux hay que instalar aplicaciones.
    SMB: SMB II --> CIFS (SAMBA)

PASO 1: Instalar aplicaciones, para establecer conexiones externas
Uso de servicios telnet.
        apt-get install telnetd
a) Instalar SAMBA.
        apt-get   install   samba
        apt-get   install   samba-common
        apt-get   install   system-config-samba
o bien
        apt-get   install   samba samba-common
        apt-get   install   system-config-samba
b) Instalar SAMBA4.
        apt-get install samba4
        apt-get install samba smbfs

Sistema de ficheros de samba smbfs

PASO 2: Instalar el servicio ssh
        apt-get   install   ssh

PASO 3: Instalar apache
        apt-get install   apache2
        apt-get install   libapache2-mod-php2

PASO 4: Instalar mysql
Instalar el servidor mySQL
        apt-get install   mysql-server
Instalar el cliente mySQL
        apt-get install   mysql-client

PASO 5: Instalar el php (Lenguaje de programación a nivel server)
        apt-get install php5
        apt-get install libapache2-mod-php5
        apt-get install php5-gd
        apt-get install php5-dom

PASO 6: Instalar ftp virtual
        apt-get install vsftpd

PRÁCTICA 40: Configurar SAMBA

DESCRIPCIÓN:
La ubicación samba se suele realizar en el siguiente directorio /etc/samba.
Hay que tener en cuenta que existen diferentes versiones de SAMBA, actualmente estamos en la versión CUATRO.
Accedemos al directorio y comprobamos los ficheros que lo forman.
    cd /etc/samba
    ls -l |more

PASO 1: Cambiar la configuración del samba
a) Visualizar, ficheros .conf.
    ls -l
b) Antes de modificar, hay que dejar una copia del original.
    cp smb.conf   smb.conf.old
c) Editar el fichero smb.conf.
    nano smb.conf

PASO 2: Modificar el contenido del fichero smb.conf
a) Hay que cambiar el grupo de trabajo: SMR.
    workgroup = SMR
b) Cambiar el mapeo de búsqueda.
    username map = /etc/samba/datos
c) Asignar el bloque a compartir.
    [datos]
    comment = Carpeta de usuarios de Windows, con acceso a UBUNTU
    path = /etc/samba/datos
    browsable = yes
    guest ok = yes
    read only = no
    create mask = 0755

PASO 3: Crear la carpeta datos
a) Crear la carpeta.
    mkdir datos
b) Ayuda.
    chown --help
c) Establecer los permisos, de propietario y grupo (cualquiera usuario y cualquier grupo): nobody.nogroup.
    chown nobody.nogroup /etc/samba/datos

PASO 4: Reiniciar samba
    /etc/samba
    cd /etc/init.d
    smbd -D
    nmbd -D

PRÁCTICA 41: Revisar configuración SAMBA y Servicios en Linux

DESCRIPCIÓN:
Samba es un software que permite a tu ordenador con por ejemplo con Ubuntu poder compartir archivos e impresoras con otras computadoras en una misma red local. Utiliza para ello un protocolo conocido como SMB/CIFS compatible con sistemas operativos UNIX o Linux, como Ubuntu, pero además con sistemas Windows (XP, NT, 98...), OS/2 o incluso DOS. También se puede conocer como Lan-Manager o NetBIOS.

PASO 1: Compartir directorio de trabajo en Linux y Windows
Acceder al directorio.
    # cd /etc/samba
    ls –l
    smb.conf-sample
Copiar el fichero de configuración.
    cp smb.conf smb.conf.old
    nano smb.conf
Modificar el WORDGROUP por GRUPO_TRABAJO
    workgroup=WORDGROUP
    workgroup=GRUPO_TRABAJO
Cambiar por el grupo SMR, o el grupo de trabajo de ese aula y agregamos security=user
    Workgroup=SMR
    security = user

> **GRUPO POR DEFECTO DE WINDOWS:**
> **WORDGROUP:** Defecto (americano)
> **GRUPO_TRABAJO**: Defecto en Español, para ser compatible, con Windows XP o versiones posteriores; Windows 7 ó Windows 8 y las versiones Server.

PASO 2: Definir un recurso compartido
[disco]
    path = /etc/samba/disco
    writable=yes

> NOTA: Cambiar los permisos del propietario y grupo de trabajo
>   mkdir /etc/samba/disco
>   chown nobody.nogroup /etc/samba/disco

PASO 3: Definir el usuario del S.O.
Definimos inicialmente una carpeta de trabajo con el mismo nombre del usuario /home/usuario
    mkdir /home/usuario
a) Dar de alta el usuario a nivel de seguridad de Linux, (-m, sino existe el directorio usuario lo crea, es equivalente a mkdir).
    useradd -m –d /home/usuario usuario
    passwd usuario
    :usuario
b) Utilizar el usuario dado de alta en Linux para que la seguridad de samba.
b.1.) Establecer el password de usuario definido en Linux, con el password de acceso a samba, -a agregar.
    smbpasswd –a usuario
b.2.) Activar el usuario agregado a samba.
    smbpasswd –e usuario

PASO 4: Arrancar los servicios
El fichero de configuración del servicio
    /etc/inetd.conf -- > nano /etc/inetd.conf
Agregamos las siguientes 2 líneas 2 líneas para arrancar el servicio.
    netbios-ssn stream tcp nowait root /usr/sbin/tcpd /usr/sbin/in.telnetd
    netbios-ns dgram udp wait   root /usr/sbin/tcpd /usr/sbin/Vd.
Reiniciar los servicios.
    inetd restart
Error no instalado la aplicación.
    apt-get install openbsd-inetd
Reiniciar samba.
    smbd -D
    nmbd –D
    ifconfig
Escritorio
    Inicio
        ejecutar
Navegador
    192.168.0.179

UNIDAD DE TRABAJO IX: Administración de otros sistemas operativos, Android.

PRÁCTICA 42: Manejar el sistema operativo Android 4.4.
PRÁCTICA 43: Backup y restore de la carpeta EFS - IMEI corrupt (ROM 4.0.4).

Contenidos
- **Estructura de Android.**
- **Arquitectura de Android.**
- **Acceso al sistema de ficheros Android.**
- **Directorios Android.**
- **Comandos Android.**
- **Copias de seguridad y restauración.**

Órdenes

alias
mount
df
free
ps
pstree
top

PRÁCTICA 42: Manejar el sistema operativo Android 4.4

DESCRIPCIÓN:

Android es un sistema operativo basado en el kernel de Linux diseñado principalmente para dispositivos móviles con pantalla táctil, como teléfonos inteligentes o tabletas, y también para relojes inteligentes, televisores y automóviles, inicialmente desarrollado por Android, Inc. Google respaldó económicamente y más tarde compró esta empresa en 2005.

Estructura Android

La estructura del sistema operativo Android se compone de aplicaciones que se ejecutan en un framework Java de aplicaciones orientadas a objetos sobre el núcleo de las bibliotecas de Java en una máquina virtual Dalvik con compilación en tiempo de ejecución.

Las bibliotecas están escritas en lenguaje C, e incluyen:
- Un administrador de interfaz gráfica (surface manager).
- Un framework OpenCore.
- Una base de datos relacional SQLite.
- Una Interfaz de programación de API gráfica OpenGL ES 2.0 3D.
- Un motor de renderizado WebKit.
- Un motor gráfico SGL.
- SSL.
- Una biblioteca estándar de C Bionic.

> El sistema operativo está compuesto por 12 millones de líneas de código, incluyendo 3 millones de líneas de XML, 2,8 millones de líneas de lenguaje C, 2,1 millones de líneas de Java y 1,75 millones de líneas de C++.

Historial de actualizaciones

Las actualizaciones al sistema operativo base típicamente arreglan bugs y agregan nuevas funciones. Generalmente cada actualización del sistema operativo Android es desarrollada bajo un nombre en código de un elemento relacionado con postres.

Android ha sido criticado muchas veces por la fragmentación que sufren sus terminales al no ser soportado con actualizaciones constantes por los distintos fabricantes.

Versión	Descripción
1.0	Liberado el 23 de septiembre de 2008
1.1	Liberado el 9 de febrero de 2009
1.5	(Cupcake) Basado en el kernel de Linux 2.6.27 El 30 de abril de 2009, la actualización 1.5 (Cupcake) para Android fue liberada. Hubo varias características nuevas y actualizaciones en la interfaz de usuario en la actualización 1.5
1.6	(Donut) Basado en el kernel de Linux 2.6.29 El 15 de septiembre de 2009, el SDK 1.6 (Donut) fue liberado. Se incluyó en esta actualización.
2.0 / 2.1	(Eclair) Basado en el kernel de Linux 2.6.29 El 26 de octubre de 2009, el SDK 2.0 (Eclair) fue liberado. 46 Los cambios incluyeron. El SDK 2.0.1 fue liberado el 3 de diciembre de 2009. El SDK 2.1' fue liberado el 12 de enero de 2010.
2.2	(Froyo) Basado en el kernel de Linux 2.6.32 El 20 de mayo de 2010, el SDK 2.2 (Froyo) fue liberado.
2.3	(Gingerbread) Basado en el kernel de Linux 2.6.35.7 Actual en smat El 6 de diciembre de 2010, el SDK 2.3 (Gingerbread) fue liberado.
3.0 / 3.1	(Honeycomb)
2.4/4.0	(¿?) (Ice Cream Sandwich)

Framework: "marco de trabajo", es un esquema (un esqueleto, un patrón) para el desarrollo y/o la implementación de una aplicación.
API: Interfaz de programación de aplicaciones (IPA) o API (del inglés Application Programming Interface) es el conjunto de funciones y procedimientos (o métodos, en POO) que ofrece cierta biblioteca para ser utilizado por otro software.
WebKit: Plataforma de aplicaciones, que funciona como base de navegadores, basado originalmente en el motor de renderizado KHTML.
WebKit2: diseñado desde cero para generar un modelo de procesos divididos, donde el contenido de la web (Javascript, HTML, diseño, etc) se ejecuta cada uno en proceso separado. Similar al Google Chrome.
SGL: Es un motor gráfico implementado en C++ y que puede correr en varios entornos y dispositivos como móviles y aparatos de TV.
SGL es la base de la tecnología de Google para gráficos en móviles.
SSL: Secure Sockets Layer («capa de conexión segura») y su sucesor Transport Layer Security (TLS; en español «seguridad de la capa de transporte») son protocolos criptográficos que proporcionan comunicaciones seguras por una red, comúnmente Internet. Desarrollado originalmente por Netscape.
POO: Programación Orientada a Objetos.
BRICK O BRICKEO: Es la palabra utilizada para describir la rotura total o parcial del teléfono. Proviene del Inglés.
Nandroid: Es el proceso realizado antes modificar algo de sistema, es una copia total de nuestro sistema como lo tenemos en el momento de realizarlo, para poder volver a ese momento en caso de necesitarlo (incluye los mensajes, aplicaciones, configuraciones. En fin, todo lo que tengamos en el en ese momento).

Arquitectura

Los componentes principales del sistema operativo de Android (cada sección se describe en detalle):

- **Aplicaciones:** las aplicaciones base incluyen un cliente de correo electrónico, programa de SMS, calendario, mapas, navegador, contactos y otros. Todas las aplicaciones están escritas en lenguaje de programación Java.
- **Marco de trabajo de aplicaciones**: los desarrolladores tienen acceso completo a los mismos APIs del framework usados por las aplicaciones base. La arquitectura está diseñada para simplificar la reutilización de componentes; cualquier aplicación puede publicar sus capacidades y cualquier otra aplicación puede luego hacer uso de esas capacidades (sujeto a reglas de seguridad del framework). Este mismo mecanismo permite que los componentes sean reemplazados por el usuario.
- **Bibliotecas:** Android incluye un conjunto de bibliotecas de C/C++ usadas por varios componentes del sistema. Estas características se exponen a los desarrolladores a través del marco de trabajo de aplicaciones de Android; algunas son: System C library (implementación biblioteca C estándar), bibliotecas de medios, bibliotecas de gráficos, 3D y SQLite, entre otras.

- **Runtime de Android:** Android incluye un set de bibliotecas base que proporcionan la mayor parte de las funciones disponibles en las bibliotecas base del lenguaje Java. Cada aplicación Android corre su propio proceso, con su propia instancia de la máquina virtual Dalvik. Dalvik ha sido escrito de forma que un dispositivo puede correr múltiples máquinas virtuales de forma eficiente. Dalvik ejecuta archivos en el formato Dalvik Executable (.dex), el cual está optimizado para memoria mínima. La Máquina Virtual está basada en registros y corre clases compiladas por el compilador de Java que han sido transformadas al formato .dex por la herramienta incluida "dx".
- **Núcleo Linux:** Android depende de Linux para los servicios base del sistema como seguridad, gestión de memoria, gestión de procesos, pila de red y modelo de controladores. El núcleo también actúa como una capa de abstracción entre el hardware y el resto de la pila de software.

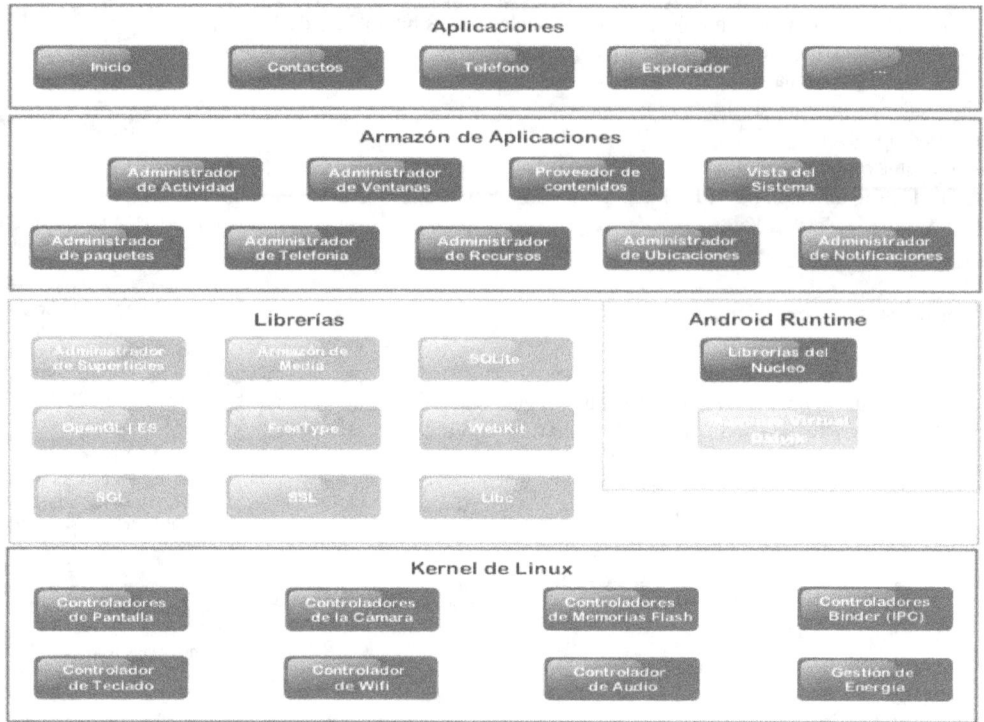

PASO 1: Acceso a la consola del Sistema Android 4.4

Se puede cambiar de entorno gráfico a entorno de texto, abriendo una consola de texto, para ello utilizamos la tecla ALT+[tecla de función].

        ALT + F1..F6: Abrir consolas de texto.
        ALT + F7: Retornar a la consola gráfica.

Estructura del directorio raíz

```
                A N D R O I D root@x86:/ # ls -l
drwxr-xr-x root    root                   2014-08-08 12:00 acct
drwxrwx--- system  cache                  2014-08-08 10:00 cache
dr-x------ root    root                   2014-08-08 12:00 config
lrwxrwxrwx root    root                   2014-08-08 12:00 d -> sys/kernel/debug
drwxrwx--x system  system                 2014-08-08 05:11 data
-rw-r--r-- root    root              148  2014-08-08 12:00 default.prop
drwxr-xr-x root    root                   2014-08-08 10:00 dev
lrwxrwxrwx root    root                   2014-08-08 12:00 etc -> system/etc
-rw-r--r-- root    root             8870  2014-08-08 12:00 file_contexts
-rwxr-x--- root    root           404900  2014-08-08 12:00 init
-rwxr-x--- root    root              935  2014-08-08 12:00 init.environ.rc
-rwxr-x--- root    root            19737  2014-08-08 12:00 init.rc
-rwxr-x--- root    root              301  2014-08-08 12:00 init.superuser.rc
-rwxr-x--- root    root             1795  2014-08-08 12:00 init.trace.rc
-rwxr-x--- root    root             3915  2014-08-08 12:00 init.usb.rc
-rwxr-x--- root    root             5273  2014-08-08 12:00 init.x86.rc
lrwxrwxrwx root    root                   2014-08-08 12:00 lib -> system/lib
drwxrwxr-x root    system                 2014-08-08 12:00 mnt
dr-xr-xr-x root    root                   2014-08-08 12:00 proc
-rw-r--r-- root    root             2161  2014-08-08 12:00 property_contexts
drwxr-x--- root    root                   2014-08-08 12:00 sbin
lrwxrwxrwx root    root                   2014-08-08 12:00 sdcard -> /storage/emulated/legacy
-rw-r--r-- root    root              656  2014-08-08 12:00 seapp_contexts
-rw-r--r-- root    root            74768  2014-08-08 12:00 sepolicy
drwxr-x--x root    sdcard_r               2014-08-08 12:00 storage
dr-xr-xr-x root    root                   2014-08-08 12:00 sys
drwxr-xr-x root    root                   2014-08-08 05:20 system
-rw-r--r-- root    root              382  2014-08-08 12:00 ueventd.android_x86.rc
-rw-r--r-- root    root             3874  2014-08-08 12:00 ueventd.rc
lrwxrwxrwx root    root                   2014-08-08 12:00 vendor -> system/vendor
-rw-r----- root    root               31  2014-08-08 12:00 x86.prop
root@x86:/ #
```

Directorios

Directorio	Descripción
/acct	Almacena los archivos ocultos.
/cache	Almacena memoria caché. (en Linux se utiliza /var/cache).
/config	Vacía en android.
/d	Existe como depuraciones de kernel, de los drivers del hardware del móvil.
/data	Guarda los datos de las aplicaciones. Podéis encontrar los de las aplicaciones en /data/data.
/dev	Este directorio contiene archivos de dispositivos que permiten la comunicación con los distintos elementos hardware que tengamos instalados en nuestro sistema. Entre ellos se encuentran el disco y particiones de los que nuestro dispositivo Android dispone.
/efs	Es una de las carpetas más importantes, y muy recomendable hacer un backup de ella si entras en el mundo de cambiar de ROM, Kernels y demás. En esta carpeta se encuentra los archivos que contienen datos muy importantes de nuestro terminal como por ejemplo IMEI o PRODUCT CODE.
/etc	Este directorio contiene todos los archivos de configuración de nuestro sistema. Enlace simbólico a /system/etc.
/factory	Es un enlace a EFS.Datos tan importantes como MAC Wifi, MAC Bluetooth, IMEI...
/lib	Contiene las bibliotecas (o librerías) del sistema que son necesarias durante el inicio del mismo. Estas bibliotecas son análogas a los archivos DLL de Windows. Su ventaja reside en que no es necesario integrar su código en los programas que las usan, ya que cuando un programa necesita alguna de sus funciones, se carga la biblioteca en la memoria y puede ser usada por cualquier otro programa que la necesite, sin necesidad de volver a cargarla en memoria. Un subdirectorio especial es /lib/modules, que contiene los módulos del núcleo (normalmente se trata de controladores de dispositivos) que se cargan únicamente en caso de que haga falta usar un determinado dispositivo, por lo que no estarán permanentemente ocupando memoria.
/mnt	Este directorio es típico de las distribuciones RedHat, aunque puede no estar presente en otras distribuciones. Su misión consiste en agrupar en un mismo lugar los puntos de montaje de diversas particiones externas, como por ejemplo: sdcard, extSdcard, usb,... Este directorio contiene un subdirectorio adicional para cada una de estas particiones (como /mnt/sdcard, /mnt/UsbDriveA...). Si accedemos a estos subdirectorios estaremos accediendo realmente a esas particiones.
/preload	Vacía en mi android.
/proc	Contiene los archivos del sistema de archivos de proceso. No son verdaderos archivos, sino una forma de acceder a las propiedades de los distintos procesos que se están ejecutando en nuestro sistema. Para cada proceso en marcha existe un subdirectorio /proc/<número de proceso> con información sobre él.
/root	Este es el directorio personal del usuario root o superusuario. Contiene básicamente la misma información que los directorios personales de los distintos usuarios del sistema, pero orientada única y exclusivamente al usuario root. En Android vacío.
/sbin	Contienen programas ejecutables (también llamados binarios) que forman parte del sistema operativo GNU/Linux. Estos comandos son relativos a los sistemas de archivos, particiones e inicio del sistema, y solo pueden ser usados por el administrador. En Android no me queda muy clara su función.
/sdcard	Tarjeta interna, enlace simbólico a /storage/sdcard.
/storage	Directorio donde se montan la tarjeta extern, interna y las conexiones usb como storage del dispositivo.
/sys	Contiene información sobre los dispositivos conectados a nuestro dispositivo.
/system	Si los directorios se valorarían en importancia, éste probablemente sería uno de los más importantes dentro de Android. Alberga los apk de todo el software del sistema en el subdirectorio APP, por ejemplo. Si queréis desinstalar algo de fábrica podéis hacerlo desde aquí (con cuidado). Luego contiene carpetas como bin, lib.
/vendor	Librerías, versión firmware.

Enlaces

    d -> sys/kernel/debug
    etc -> system/etc

lib -> system/lib
scard -> /storage/emulated/legacy
vendor -> system/vendor

Variables de ambiente

set

```
ANDROID_ASSETS=/system/app
ANDROID_BOOTLOGO=1
ANDROID_DATA=/data
ANDROID_PROPERTY_WORKSPACE=8,0
ANDROID_ROOT=/system
ANDROID_STORAGE=/storage
ASEC_MOUNTPOINT=/mnt/asec
BASHPID=1018
BOOTCLASSPATH=/system/framework/core.jar:/system/framework/conscrypt.jar:/system/framework/okhttp.ja
r:/system/framework/core-junit.jar:/system/framework/bouncycastle.jar:/system/framework/ext.jar:/sys
tem/framework/framework.jar:/system/framework/framework2.jar:/system/framework/telephony-common.jar:
/system/framework/voip-common.jar:/system/framework/mms-common.jar:/system/framework/android.policy.
jar:/system/framework/services.jar:/system/framework/apache-xml.jar:/system/framework/webviewchromiu
m.jar
COLUMNS
EMULATED_STORAGE_SOURCE=/mnt/shell/emulated
EMULATED_STORAGE_TARGET=/storage/emulated
EPOCHREALTIME=1407485218.204736
EXTERNAL_STORAGE=/storage/emulated/legacy
HOME=/data
HOSTNAME=x86
IFS=$' \t\n'
KSHEGID=1007
KSHGID=1007
KSHUID=0
KSH_VERSION='@(#)MIRBSD KSH R48 2013/08/14'
LD_LIBRARY_PATH=/vendor/lib:/system/lib:/system/lib/arm
LINES
LOOP_MOUNTPOINT=/mnt/obb
MKSH=/system/bin/sh
OPTIND=1
PATH=/sbin:/vendor/bin:/system/sbin:/system/bin:/system/xbin
PGRP=1018
PIPESTATUS[0]=0
PPID=1
PS1=$'$(|\n\tlocal e=$?\n\n\t(( e )) && REPLY+="$e|"\n\n\treturn $e\n)$USER@$HOSTNAME:${PWD:-?} #
PS2='> '
PS3='#? '
PS4='[$EPOCHREALTIME] '
PWD=/
RANDOM=6024
SECONDARY_STORAGE=/storage/usb0:/storage/usb1:/storage/usb2:/storage/usb3:/storage/sdcard1
SECONDS=372
SHELL=/system/bin/sh
TERM=vt100
TMOUT=0
USER=root
USER_ID=0
_=set
force_s3tc_enable=true
root@x86:/ #
```

Alias

alias

```
root@x86:/ # alias
autoload='typeset -fu'
functions='typeset -f'
hash='alias -t'
history='fc -l'
integer='typeset -i'
l=ls
la='l -a'
ll='l -l'
lo='l -a -l'
local=typeset
login='exec login'
nameref='typeset -n'
nohup='nohup '
r='fc -e -'
source='PATH=$PATH:. command .'
type='whence -v'
root@x86:/ #
```

Dispositivos montados

mount

```
root@x86:/ # mount
rootfs / rootfs rw 0 0
proc /proc proc rw,relatime 0 0
sys /sys sysfs rw,relatime 0 0
tmpfs / tmpfs ro,relatime 0 0
/dev/block/sda1 /mnt ext2 rw,relatime,errors=continue 0 0
/dev/block/sda1 /system ext2 rw,relatime,errors=continue 0 0
tmpfs /cache tmpfs rw,relatime 0 0
/dev/block/sda1 /data ext2 rw,relatime,errors=continue 0 0
tmpfs /dev tmpfs rw,nosuid,relatime,mode=755 0 0
devpts /dev/pts devpts rw,relatime,mode=600 0 0
proc /proc proc rw,relatime 0 0
sysfs /sys sysfs rw,relatime 0 0
debugfs /sys/kernel/debug debugfs rw,relatime 0 0
none /acct cgroup rw,relatime,cpuacct 0 0
none /sys/fs/cgroup tmpfs rw,relatime,mode=750,gid=1000 0 0
tmpfs /mnt/asec tmpfs rw,relatime,mode=755,gid=1000 0 0
tmpfs /mnt/obb tmpfs rw,relatime,mode=755,gid=1000 0 0
none /dev/cpuctl cgroup rw,relatime,cpu 0 0
/dev/fuse /mnt/shell/emulated fuse rw,nosuid,nodev,relatime,user_id=1023,group_id=1023,default_permi
ssions,allow_other 0 0
none /proc/sys/fs/binfmt_misc binfmt_misc rw,relatime 0 0
root@x86:/ #
```

df

Filesystem	Size	Used	Free	Blksize
	503.5M	1.1M	502.4M	4096
/	503.5M	1.1M	502.4M	4096
/mnt	503.5M	1.1M	502.4M	4096
/system	6.9G	803.6M	6.1G	4096
/cache	503.5M	0.0K	503.5M	4096
/data	6.9G	803.6M	6.1G	4096
/dev	503.5M	128.0K	503.4M	4096
/sys/fs/cgroup	503.5M	12.0K	503.5M	4096
/mnt/asec	503.5M	0.0K	503.5M	4096
/mnt/obb	503.5M	0.0K	503.5M	4096
/mnt/shell/emulated	6.9G	803.6M	6.1G	4096

free

	total	used	free	shared	buffers
Mem:	1031172	518588	512584	0	3140
-/+ buffers:		515448	515724		
Swap:	0	0	0		

PASO 2: Visualizar los procesos

ps

USER	PID	PPID	VSIZE	RSS	WCHAN	PC		NAME
root	1	0	800	508	c10ca767	08062dd6	S	/init
root	2	0	0	0	c1042f2f	00000000	S	kthreadd
root	3	2	0	0	c10480bd	00000000	S	ksoftirqd/0
root	5	2	0	0	c103f182	00000000	S	kworker/0:0H
root	6	2	0	0	c103f182	00000000	S	kworker/u2:0
root	7	2	0	0	c10480bd	00000000	S	migration/0

pstree

```
        |-ndroid.settings-+-{Binder_1}
        |                 |-{Binder_2}
        |                 |-{Compiler}
        |                 |-{FinalizerDaemo}
        |                 |-{FinalizerWatch}
        |                 |-{GC}
        |                 |-{JDWP}
        |                 |-{ReferenceQueue}
        |                 |-{Signal Catcher}
```

top

```
1005   0   0%  S    1    1572K      4K  fg root      /sbin/healthd
1006   0   0%  S    1    1468K    192K     system    /system/bin/servicemanager
1007   0   0%  S    3    5480K    836K     root      /system/bin/vold
1008   0   0%  S    8   11204K   1240K     root      /system/bin/netd
1009   0   0%  S    1    1664K    520K     root      /system/bin/debuggerd
1010   0   0%  S    1    2252K    776K     root      /system/bin/rild
1011   0   0%  S   10   43416K  13128K  fg root      /system/bin/surfaceflinger
1012   0   0%  S    4  921256K  69180K     root      zygote
1013   0   0%  S    2   10668K   2916K  fg drm       /system/bin/drmserver
1014   0   0%  S    8   48300K  18380K  fg media     /system/bin/mediaserver
1015   0   0%  S    1    1564K    496K     install   /system/bin/installd
1016   0   0%  S    1    4732K   1360K  fg keystore  /system/bin/keystore
1018   0   0%  S    1    1548K    720K     root      /system/bin/sh
1029   0   0%  S    1    1200K      4K     root      /system/xbin/su
1030   0   0%  S    2    1692K      4K     shell     /sbin/adbd
1275   0   0%  S   63  999104K  68796K  fg system    system_server
1386   0   0%  S   19  954016K  65788K  fg u0_a11    com.android.systemui
1460   0   0%  S   17  941672K  50728K  fg u0_a47    com.android.inputmethod.latin
1473   0   0%  S   22 1070084K  60440K  bg u0_a8     com.google.android.gms
1480   0   0%  S   25  949268K  51176K  fg radio     com.android.phone
1488   0   0%  S   12 1004416K  74892K  fg u0_a12    com.android.launcher3
1630   0   0%  S   29  970048K  57928K  fg u0_a8     com.google.process.location
1637   0   0%  S   18  966120K  57856K  bg u0_a8     com.google.process.gapps
1792   0   0%  S   10  930144K  46268K  bg u0_a1     com.android.providers.calendar
1893   0   0%  S   15  936480K  46304K  bg u0_a13    com.android.mms
1939   0   0%  S   28  955720K  50492K  bg u0_a16    com.android.vending
1985   0   0%  S   20  955160K  52584K  bg u0_a20    com.google.android.googlequicksearchbox:search
2020   0   0%  S   16  937592K  45520K  bg u0_a29    com.android.calendar
2056   0   0%  S   12  933240K  45616K  bg u0_a33    com.android.deskclock
2072   0   0%  S   15  942024K  49836K  bg u0_a37    com.android.email
2107   0   0%  S   16  941032K  48668K  bg u0_a43    com.google.android.gm
2136   0   0%  S   47  977716K  55172K  bg u0_a65    com.android.youtube
2184   0   0%  S   11  940856K  45212K  bg system    com.android.settings
2202   0   0%  S   21  950180K  54552K  bg u0_a53    com.google.android.music:main
 730   0   0%  S    1       0K      0K     root      kpsmoused
   2   0   0%  S    1       0K      0K     root      kthreadd
```

PRÁCTICA 43: Backup y restore de la carpeta EFS - IMEI corrupt (ROM 4.0.4)

DESCRIPCIÓN:

Esta práctica está realizada con un Galaxy III, es posible que la estructura de la carpeta EFS haya cambiado ya no sea efectivo.

En esta práctica se pretende ver la importancia de la carpeta EFS, como hacer un BackUp y también como restaurarlo, usando distintas herramientas.

¿Qué es la carpeta EFS?

En este tutorial vamos a ver cómo hacer un Backup a la carpeta EFS. En esta carpeta se encuentra los archivos que contienen datos muy importantes de nuestro terminal como por ejemplo IMEI o PRODUCT CODE. En muchas ocasiones, al flashear una nueva ROM el proceso sobre-escribe esta carpeta y la terminal perderá conexión, ya que no podrá registrar el IMEI en la red. Los datos de la carpeta EFS contienen información vital y única de la terminal. Para prevenir la perdida de los mismos, les enseñaremos a realizar copia de seguridad y a restaurarlos, aun cuando no haya una copia de la carpeta EFS.

Aclaramos que estos datos son intransferibles, es decir, no podemos restaurar a partir de una copia que no haya sido creada en nuestra terminal.

Contenido de la Carpeta EFS

- **nv_data.bak:** El más importante contiene información de IMEI, PRODUCTCODE, SIM UNLOCK.
- **nv_data.bak.md5:** Checksum del anterior Muy importante.
- **nv_ta.bin da:** Copia funcional de él .nv.data.bak debería ser igual al .bak en tamaño.
- **nv_data.bin.md5:** Checksum del fichero anterior, si lo borras, al arrancar de Nuevo te lo crea.
- **nv_sate t:** No se sabe para qué es solo que si lo borras al reiniciar se crea automáticamente.
- **nv2.bak:** SOLO FROYO Este archivo es el encargado en Froyo de gestionar todos estos datos.
- **nv2.bak.md5:** SOLO FROYO Checksum del anterior.

Carpeta ANDROID

Está Vacía

Carpeta IMEI

bt.txt: No se sabe para qué es.
mps_code.dat: Contiene la información referente al SALES CODE (Configuración regional).

Importancia de los archivos NV_DATA.BSK y NV_DATA.BAK.MD5

El archivo nv_data.bak contiene entre otra información el IMEI, PRODUCT CODE, CÓDIGOS DE DESBLOQUEO, etc,

El archivo nv_data.bak.md5 es el Cheksum del archivo anterior, en caso de modificar el primero, el Cheksum es incorrecto por lo que no hará su función.

Nuestro SGS2 siempre funciona con el nv_data.bin (Una copia que crea automáticamente del nv_data.bak.

Diferencias entre PRODUCT CODE y SALESCODE.

SALESCODE: Nos indica la configuración regional que tenemos seleccionada.
PRODUCTCODE: Nos indica para que País se ha fabricado y a que operadora está asociado.

PASO 1: Restaurar un IMEI corrupto sin backup previo

Elementos necesarios:

- Root Explorer o similar (ES Explorer).
- Carpeta EFS (no hace falta tener un backup de esta carpeta anterior a la desaparición del IMEI, pero sí tiene que existir esta carpeta en el teléfono.
- Terminal con acceso root.

Restaurar IMEI corrupto en 9 pasos:

1. Con el Root Explorer realizar una copia de la carpeta EFS a la tarjeta SD.
   Para más seguridad, se recomienda hacer una segunda copia de dicha carpeta a la PC, en el caso de que alguna vez formateen la tarjeta de memoria.
   Una vez hechas ambas copias proceder a borrar la carpeta EFS original en el teléfono usando root Explorer.
2. Reiniciar el celular, luego ir a la raíz del teléfono nuevamente y verán que la carpeta EFS nuevamente se ha creado, no es que hayan cometido algún error, simplemente el Sistema Operativo Android la ha creado nuevamente.
   Con el Root Explorer borrar los archivos nv_data.bin y nv_data.bin.md5 que se encuentran adentro de la nueva carpeta EFS.
3. Ir a la copia de seguridad de la carpeta EFS que hicimos en la SD Card.
4. Copiar la carpeta "IMEI" y pegarla en la carpeta "/EFS.
5. Ir a la copia de seguridad de la carpeta EFS que hicimos en la SD Card nuevamente.
6. Copiar " .nv_data " a la carpeta "/EFS" usando root explorer.
   Importante: "el punto" del archivo " .nv_data " no es un error, copiar el archivo " .nv_data".
7. Hacer otra copia del archivo ".nv_data" en la carpeta EFS del teléfono, así tendremos 2 copias del archivo ".nv_data" en la carpeta "/EFS"
8. Renombrar uno de los ".nv_data" a "nv_data.bin" y el otro a "nv_data.bin. Bak".

9. En la PC abrir CMD en el directorio de trabajo de ADB (Hay que tener instalado Android-SDK), o ejecutar Android Terminal Emulador en el teléfono e ingresar los siguientes comandos:
   adb shell   (Usar este comando solo si usan ADB desde la PC, Si usan Terminal Emulator lo pueden saltear)
   su   (Para dar acceso Super User)
   chown 1001:radio /efs/nv_data.bin

También se puede hacer con Root Explorer:
Con el Root Explorer cambiar el owner del archivo /efs/nv_data.bin para que sea 1001 – radio.

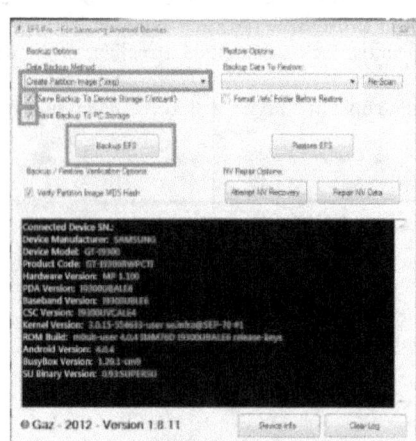
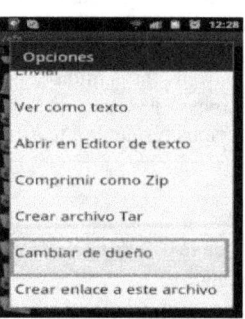

Reiniciar el teléfono.
Si todo salió bien el IMEI debería haberse recuperado, pueden chequear si se recuperó ingresando *#06# en el Dial Pad del teléfono.
Para más info y referencias pueden ver el hilo original sobre el tema en XDA (Gracias vaskodogamagmail!).
http://forum.xda-developers.com/showthread.php?t=1264021

PASO 2: Como hacer una copia de la Carpeta EFS

La copia de seguridad así como la restauración se puede hacer de 2 maneras, el método manual, y a través de una aplicación que lo realice en forma automática. Ambos métodos son muy confiables.

IMPORTANTE: Antes de flashear una ROM/Costo ROM por primera vez, debes hacer copia de la carpeta EFS Nuestros terminales tienen un "partición" /efs donde se guardan los datos encriptados relativos al IMEI, así como la Mac del WIFI y bluetooth, product code, etc.

El acceso a esa partición en un principio no está disponible fácilmente, pero dar por seguro que hay veces que se corrompe, ya sea al flashear sobretodo custom ROMs o manipular indebidamente ODIN. Incluso hay veces que ocurre de forma inexplicable, doy fe.

Una vez ocurre esto, se pierde el IMEI siendo imposible recuperarlo si no se cuenta con un backup.

Método 1: MANUAL
Para crear un Backup usaremos ROOTEXPLORER.
Comprimir carpeta en zip (recomendado).
Mantén pulsado encima de la carpeta /efs y le dan a "Zip this folder".
La copia estará en /sdcard/SpeedSoftware/Zip - Luego cópienla a la PC

> Mantén la pantalla de tu móvil encendida durante el proceso; es posible que te pida permisos de superusuario durante la copia y/o restauración.
> Asegúrate de que tú móvil está en modo MTP al conectarlo por USB al PC.

Método 2: Mediante una Aplicación - Recomendado
EFS Pro - Aplicación Recomendada.
Requisitos:
   Microsoft .NET Framework 4.0 instalado en PC.
   App Busybox instalada en tu móvil, después abre la app y dale a Install.
   Los drivers del teléfono correctamente instalados, por supuesto.
Descarga EFS PRO desde aquí.
   https://mega.co.nz/#!H9pmlYZC!lLAXayPAGxiqJjwOvU9ShQ5IyeeD6_CU3cAfQR9BdKg

PASO 3: Creando la copia

Descarga y descomprime la última.
Versión de EFS Pro en una carpeta.
Conecta el móvil al PC con el cable USB, recuerda tener Ajustes > Opciones de desarrollador > Depuración de USB activada.
Abre EFS Pro y espera a que cargue.

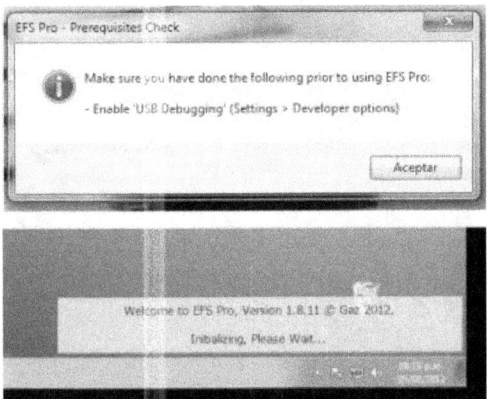

Backup Options > Data Backup Method: Create Partition Image (*.img).

Marca "Save Backup To Device Storage (/sdcard)" y "Save Backup To PC Storage" (la guardará en el móvil y en el PC, en la carpeta donde estés ejecutando EFSPro.
Marca "Verify Partition Image MD5 Hash"
Click Backup EFS y espera a que diga "Operation Finished!". FIN.
Aqui les dejo un Video que encontré en YouTube que les muestra todo lo anterior.
    link: http://www.youtube.com/watch?v=pifiDNB_0Bw

PASO 4: Restaurando la copia

Descarga y descomprime la última versión de EFS Pro en una carpeta.
Conecta el móvil al PC con el cable USB, recuerda tener:
    Ajustes
        Opciones de desarrollador
            Depuración de USB activada.
Abre EFS Pro y espera a que cargue. Darle a Device Info para verificar la conexión.

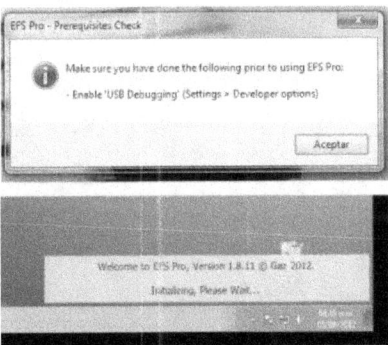

Restore Options
    Backup Data to restore
        Elegir la imagen (.img) a restaurar
Click Restore EFS y espera a que diga "Operation Finished!". FIN.

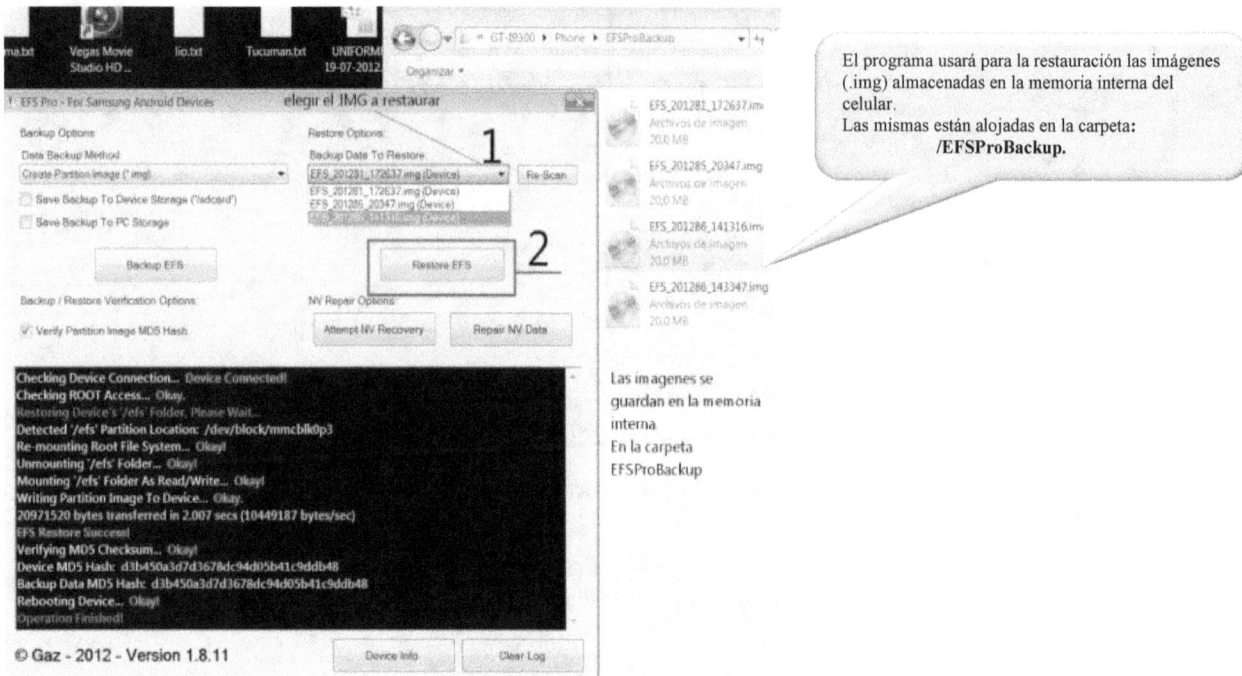

Otra OPCION puede ser:

GSII_Repair (de Helroz): Disponible GRATIS en el Android Market.

Es simple, pero una aplicación efectiva que permite hacer COPIA y RESTAURACION de la carpeta EFS. Vamos a Save/ Restore y elegimos SAVE.

Luego vamos a Save/ Restore y elegimos Restore, si es que necesitamos restaurar la carpeta EFS.

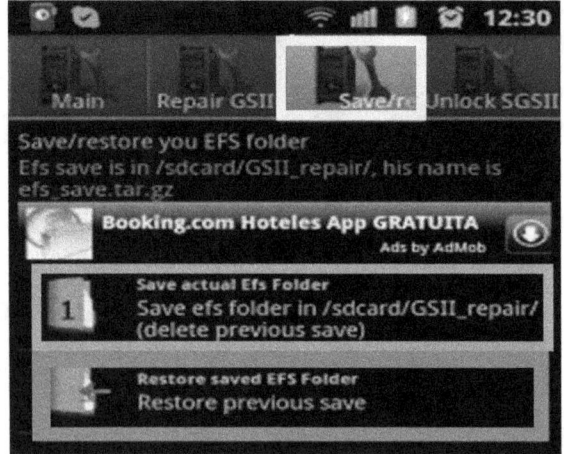

ANEXOS

- Resumen de comandos y archivos de administración de usuarios en Linux.
- El proceso de arranque en Linux.
- Prueba final de adquisición de conocimientos.
- BiblioWeb.
- Recopilación de algunos de los comandos Linux más usados.

Resumen de comandos y archivos de administración de usuarios en Linux.

DESCRIPCIÓN:

Existen varios comandos más que se usan muy poco en la administración de usuarios, que sin embargo permiten administrar aún más a detalle a tus usuarios de Linux. Algunos de estos comandos permiten hacer lo mismo que los comandos previamente vistos, solo que de otra manera, y otros como 'chpasswd' y 'newusers' resultan muy útiles y prácticos cuando de dar de alta a múltiples usuarios se trata.

A continuación te presento un resumen de los comandos y archivos vistos en este tutorial más otros que un poco de investigación.

Comandos de administración y control de usuarios	
adduser	Ver useradd
chage	Permite cambiar o establecer parámetros de las fechas de control de la contraseña.
chpasswd	Actualiza o establece contraseñas en modo batch, múltiples usuarios a la vez. (se usa junto con newusers)
id	Muestra la identidad del usuario (UID) y los grupos a los que pertenece.
gpasswd	Administra las contraseñas de grupos (/etc/group y /etc/gshadow).
groupadd	Añade grupos al sistema (/etc/group).
groupdel	Elimina grupos del sistema.
groupmod	Modifica grupos del sistema.
groups	Muestra los grupos a los que pertenece el usuario.
newusers	Actualiza o crea usuarios en modo batch, múltiples usuarios a la vez. (se usa junto chpasswd)
pwconv	Establece la protección shadow (/etc/shadow) al archivo /etc/passwd.
pwunconv	Elimina la protección shadow (/etc/shadow) al archivo /etc/passwd.
useradd	Añade usuarios al sistema (/etc/passwd).
userdel	Elimina usuarios del sistema.
usermod	Modifica usuarios.

Archivos de administración y control de usuarios	
.bash_logout	Se ejecuta cuando el usuario abandona la sesión.
.bash_profile	Se ejecuta cuando el usuario inicia la sesión.
.bashrc	Se ejecuta cuando el usuario inicia la sesión.
/etc/group	Usuarios y sus grupos.
/etc/gshadow	Contraseñas encriptadas de los grupos.
/etc/login.defs	Variables que controlan los aspectos de la creación de usuarios.
/etc/passwd	Usuarios del sistema.
/etc/shadow	Contraseñas encriptadas y control de fechas de usuarios del sistema.
/etc/inittab	Este archivo define estos puntos importantes para el proceso init
/etc/fstab	Lista de discos y particiones disponibles, se indica como montar cada dispositivo y qué configuración utilizar.
/etc/resolv.conf	Contiene las direcciones IP de los servidores de nombres (DNS name resolvers) que tratarán de traducir los nombres a direcciones para cualquier nodo disponible de la red.
/etc/newtworks/interfaces	Dar a su tarjeta de red una dirección IP (o usar dhcp), establecer la información de enrutamiento, configurar el enmascaramiento IP, poner las rutas por defecto.
/etc/hostname	Almacena el nombre principal de un equipo.
/etc/apt/sources.list	Listan las "fuentes" o "repositorios" disponibles de los paquetes de software candidatos a ser: actualizados, instalados, removidos, buscados, sujetos a comparación de versiones, etc.

El Proceso de Arranque en Linux

Una de las cosas que siempre me llamó la atención fue el cómo se da **el proceso de arranque del sistema operativo Linux**. Porque si te pones a observar, **Linux** en este sentido es muy transparente, puedes ver un montón de letras que se van sucediendo en la pantalla cuando arrancas el ordenador. A diferencia de **Linux**, el Windows esconde todo ese proceso y solamente vemos una imagen y nada más. Claro que hay distribuciones **Linux** que ocultan al usuario todo ese proceso y nos muestra solamente una barra que se va cargando, como es el caso de Ubuntu.

Veamos qué pasa cuando encendemos nuestro ordenador y arranca nuestro Linux:

Proceso de arranque de Linux
1. BIOS.
2. MBR.
3. Gestor de arranque (GRUB).
4. El kernel.
5. Programa init.
    a) Niveles de ejecución.
6. Servicios.

La BIOS.

Este proceso es común en todos los equipos, así que ya sea un arranque con Linux o con otro sistema operativo este **PASO** será común para todos ellos. El BIOS (Basic Input Output System) es el sistema básico de entrada/salida que manipula el proceso de arranque inicial de un ordenador. El código de este programa se encuentra almacenado en una memoria Flash (antiguamente se usaban memorias ROM) que se encuentra instalada en la placa base del ordenador, que puede ser reescrita, y esto permite que se puedan actualizar fácilmente. Además el BIOS se apoya de otra memoria, del tipo CMOS (Complementary Metal-Oxide Semiconductor – Semiconductor de óxido-metal complementario) en ella se cargan y guardan los valores que necesita y que son susceptible de ser modificados (Hora del Sistema, Número de discos duros, secuencia de arranque o inicialización de los dispositivos, configuración de puertos, …).

El proceso de arranque de un ordenador comienza al pulsar el botón de encendido de nuestro equipo otro caso sería utilizar el arranque mediante el sistema Wake On Lan (WOL) integrado en nuestra tarjeta Ethernet. Al activar el mecanismo del pulsador o el envío de una señal WOL se manda una señal eléctrica que indica a la placa base que comienza con el proceso de arranque. El primer **PASO** será enviar la señal (PS_ON#) para que arranque la fuente de alimentación, una vez se estabiliza la tensión de la fuente, se envía la señal de (PWR_OK) y posteriormente se realizara la carga del programa BIOS almacenado en nuestra placa base.

Antes de finalizar la secuencia POST se comprueba si se ha pulsado la tecla Supr o F2 (generalmente) para finalizar la carga del POST o en caso de que se haya pulsado para iniciar el programa de configuración de los parámetros del BIOS. Finalmente, se comprueba ordenadamente (según la secuencia de arranque) entre todos los dispositivos de almacenamiento, un registro de arranque valido conocido como Registro Maestro de Arranque MBR (Master Boot Record).

MBR (Master Boot Record).

El MBR es el primer sector de un dispositivo de almacenamiento (Discos duros, DVD,…) concretamente en el (cilindro 0, cabeza 0, sector 1), el tamaño de este sector es de 512 bytes. Se comprueba si existe un código firmado -valido- con 55H, AAH en los bytes 511 y 512. Se carga

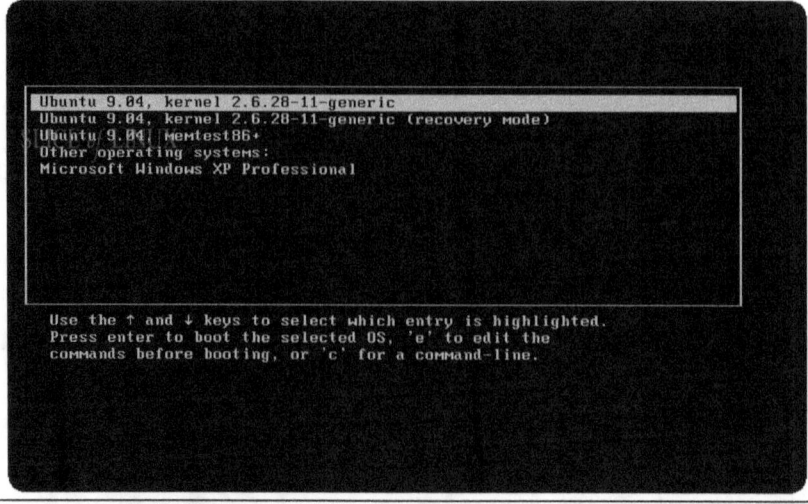

las instrucciones de código máquina para arrancar el equipo. En este caso se carga el código modificado por gestor de arranque en memoria, el cual toma el control del arranque y empieza la carga del sistema.

Gestor de arranque (GRUB).

Dependiendo de la arquitectura el proceso de carga del sistema operativo diferirá ligeramente. Las reseñas explicativas del presente documento están testadas sobre sistemas Debian.

Cargador de arranque básico.

Un cargador de arranque es un programa sencillo que realiza las funciones básicas para poder cargar el sistema operativo. En los ordenadores modernos, normalmente se subdividen en cargadores de varias etapas. El proceso de arranque comienza con la CPU ejecutando los programas contenidos en la memoria ROM en una dirección predefinida (se configura la CPU para ejecutar este programa, sin ayuda externa, al encender el ordenador). La primera etapa del gestor de arranque, (un código máquina pequeño) normalmente se encuentra alojada en el MBR, **y es ésta la que se encarga de cargar el resto del gestor de arranque en memoria.**

3.2. Cargador de arranque de segunda etapa.

Luego se le da **PASO** a los cargadores de segunda etapa, como ejemplo tenemos LILO (más antiguo), GRUB, SILO, NTLDR, SYSLINUX que son los más usados, entre los usuarios de sistemas operativos GNU/Linux. Son programadas que están limitados en cuanto a operatividad y diseñados exclusivamente para preparar todos los recursos que el sistema operativo necesita para poder funcionar correctamente.

El gestor de arranque por defecto suele ser GRUB, tiene la ventaja de leer particiones ext2 y ext3 y cargar su archivo de configuración (/boot/grub/grub.conf). Con LILO, la segunda etapa es usar la información del MBR para determinar cuáles son las opciones de arranque disponibles. Por lo que cuando se actualice el kernel de forma manual deberá de ejecutarse el comando /sbin/lilo -v -v para que la información del MBR sea actualizada.

Cuando la primera etapa del gestor de arranque ha conseguido cargar el resto del mismo en memoria, y ha leído del MBR cuáles son las particiones arrancables (o que contienen un sistema operativo) el gestor de arranque muestra en pantalla al usuario un menú con todos los sistemas operativos que ha encontrado. Puede tener definida, una partición (sistema operativo o Kernels) para arrancar en ella por defecto después de un cierto tiempo si el usuario no hace una elección. Puede también configurarse el tiempo de espera, así como un esquema de colores para el menú, opciones de protección por contraseña, etc. Todos estos parámetros se definen en el fichero /boot/grub/menu.lst (siempre que hablemos de un gestor de arranque GRUB).

En éste punto el sistema está preparado para la interacción con el usuario, pudiendo éste elegir el sistema operativo que desea arrancar con las flechas direccionales del teclado.

El kernel.

Después de que el usuario elija el sistema operativo, (para el caso en concreto de éste documento sería algún sistema Unix) se carga el kernel del sistema. El kernel del sistema se encarga de los principales procesos del sistema operativo, manejo de memoria, disco, hardware, planificación y comunicación entre procesos, etc. En el proceso del kernel hay dos etapas diferenciables: la carga y la ejecución. El kernel se encuentra comprimido en un archivo, que se descomprime y carga en memoria, así como los drivers necesarios para que pueda funcionar el hardware del equipo, los cuales se encuentran en el disco RAM (o initrd).

Una vez que todo se haya cargado en memoria, se procede a la ejecución. La ejecución empieza con la llamada a la función startup() mediante la cual se maneja toda la memoria (paginación, etc), luego detecta la CPU y sus funcionalidades y posteriormente cambia a funcionalidades independientes del hardware con la llamada a la función start_kernel().

Durante el proceso se monta el disco RAM (que se montó anteriormente como un sistema de archivos temporal, que posteriormente se desmonta durante la función pivot_root() y lo reemplaza por el sistema de archivos real quedando completamente disponible.

Cuando el manejo de memoria y la planificación de tareas están listo el sistema es completamente operacional a nivel de procesos, ejecutando a continuación el proceso init para configurar así el entorno de usuario.

Programa init.

El INIT procede consulta un fichero de configuración a nivel de ejecución del sistema, para lo que mira su fichero de configuración, el INITTAB que se encuentra en /etc.

Para ello utiliza los RunLevel's, y existen 6 posibles tipos que se identifican por un número:

Código RunLevel	Descripción
0	Apagado del sistema
1	Monousuario sin entorno gráfico, sin entorno de red
2	Multiusuario sin entorno gráfico, sin entorno de red
3	Multiusuario sin entorno gráfico pero con entorno de red
4	No se usa por razones históricas
5	Por defecto, Multiusuario, con entorno gráfico, con red
6	Reinicio del sistema

Por ejemplo, si nosotros introducimos en consola "init 0" el sistema se apagaría.
INIT ahora hace básicamente dos cosas:
1. Ejecuta scripts de configuración global del sistema rc.sysinit (se encuentra en /etc/rc.d):
    1) Crea las variables de entorno del sistema
    2) Activa la partición swap

3) Inicializa el reloj
4) Controla/chequea el sistema de ficheros ext2/3
5) …..

2. En función del número de RunLevel se va al directorio /etc/rc.d/rcn.d (para el runlevel 5 seria /etc/rc.d/rc5.d) y allí ejecuta
1) Todos los scripts que hay dentro:
2) kn nombre_proceso –> kill = parar o matar
3) sn nombre_proceso –> start = empezar
4) A los procesos llamados desde INIT (/etc/rc.d/rcn.d) con los scripts sn nombre_proceso se los llama demonios (estos procesos suelen estar en segundo plano ejecutándose de continuo).

Es también el encargado de la adopción de procesos huérfanos que son aquellos cuyo proceso padre murió; puesto que los procesos deben estar en un árbol individual.

Servicios extra.

Como ya señalamos en el apartado del INIT estos se ejecutan antes de que este Finalice se ve, la lista no es más que una serie de enlaces a los correspondientes scripts de control del servicio. Los enlaces que comienzan por K son los servicios que deben detenerse (Kill), y los que empiezan por S son los que deben arrancar (Start) como ya hemos señalado en el INIT. Los números indican el orden en que deben detenerse o arrancar.

Listado de dispositivos

El siguiente listado no tiene la intención de ser tan exhaustivo o detallado como pudiera. Muchos de estos archivos de dispositivo necesitan soporte compilado dentro del núcleo. Es posible obtener los detalles de cada archivo en particular en la documentación del núcleo.

Si el lector cree que existen otros archivos de dispositivo que deben estar en este listado, se ruega que lo comunique, para intentar incluirlos en la próxima revisión.

Dispositivo	Descripción
/dev/dsp	Procesador de Señal Digital. Básicamente constituye la interfaz entre el software que produce sonido y la tarjeta de sonido. Es un dispositivo de caracteres con nodo mayor 14 y menor 3.
/dev/fd0	La primera unidad de disquete. Si se tiene la suerte de contar con varias unidades, estas estarán numeradas secuencialmente. Este es un dispositivo de caracteres con nodo mayor 2 y menor 0.
/dev/fb0	El primer dispositivo framebuffer. El framebuffer es una capa de abstracción entre el software y el hardware de video. De esta manera las aplicaciones no necesitan conocer el tipo de hardware existente, aunque si es necesario que conozcan cómo comunicarse con la API (Interfaz de Programación de Aplicaciones) del controlador del framebuffer, que se encuentra bien definida y estandarizada. El framebuffer es un dispositivo de caracteres con nodo mayor 29 y nodo menor 0.
/dev/ha	/dev/ha es el dispositivo IDE maestro que se encuentra conectado a la controladora IDE primaria. /dev/hubo es el dispositivo IDE esclavo sobre la controladora primaria. /dev/hace y /dev/hdd son los dispositivos maestro y esclavo respectivamente sobre la controladora secundaria. Cada disco se encuentra dividido en particiones. Las particiones 1 a 4 son particiones primarias y las particiones 5 en adelante son particiones lógicas que se encuentran dentro de particiones extendidas. De esta manera los nombres de los archivos de dispositivo que referencian a cada una de las particiones están compuestos por varias partes. Por ejemplo, /dev/hdc9 es el archivo de dispositivo que referencia a la partición 9 (una partición lógica dentro de un tipo de partición extendida) sobre el dispositivo IDE maestro que se encuentra conectado a la controladora IDE secundaria. Los números de los nodos mayor y menor son algo más complejos. Para la primera controladora IDE todas las particiones son dispositivos de bloques con nodo mayor 3. El dispositivo maestro hda tiene número de nodo menor 0 y el dispositivo esclavo hdb tiene un valor para el nodo menor 64. Por cada partición dentro de la unidad el valor para el nodo menor se obtiene de sumar el valor del nodo menor para la unidad más el número de partición. Por ejemplo, /dev/hdb5 tiene un valor para el nodo mayor 3 y para el nodo menor 69 (64 + 5 = 69). Para las unidades conectadas a la controladora secundaria los valores para los nodos son obtenidos de la misma manera, pero con valor para el nodo mayor 22.
/dev/ht0	La primera unidad de cinta IDE. Las unidades subsiguientes son numeradas ht1, ht2, etc. Son dispositivos de caracteres con valor 27 para el nodo mayor y comienzan con valor 0 para el nodo menor de ht0 , nodo menor 1 para ht1, etc.
/dev/js0	El primer joystick analógico. Los joysticks subsiguientes se nombran js1, js2, etc. Los joysticks digitales se nombran djs0, djs1, etc. Son dispositivos de caracteres con valor 15 para el nodo mayor. Los valores para el nodo menor en los joysticks analógicos comienzan en 0 y llegan a 127 (más que suficiente hasta para el más fanático de los jugadores). Los valores para el nodo menor para joysticks digitales son del 128 en adelante.
/dev/lp0	El primer dispositivo para impresoras con puerto paralelo. Las impresoras subsiguientes tienen los nombres lp1, lp2, etc. Son dispositivos de caracteres con valor 6 para el nodo mayor y 0 para el nodo menor, numerados secuencialmente
/dev/loop0	El primer dispositivo loopback. Los dispositivos Loopback son utilizados para montar sistemas de archivos que no se encuentren localizados en dispositivos de bloques tales como los discos. Por ejemplo, si necesita montar una imagen CD ROM iso9660 sin "quemarla" en un CD, se debe utilizar un dispositivo loopback. Normalmente, este proceso es transparente para el usuario y es manejado por el comando mount. Se puede encontrar información adicional en las páginas de manual para mount y el setup. Los dispositivos loopback son dispositivos de bloques con valor 7 para el nodo mayor y valores para los nodos menores comenzando en 0 y numerados secuencialmente.
/dev/md0	Primer grupo de meta-discos. Los meta-discos están relacionados con los dispositivos RAID (en Inglés, Redundant

	Array of Independent Disks). Se pueden leer los COMOs (HOWTOs) relacionados con RAID existentes en LDP para conocer más detalles. Los dispositivos de meta-discos son dispositivos de bloques con valor 9 para el nodo mayor y valores para el nodo menor comenzando en 0 y numerados secuencialmente.
/dev/mixer	Este archivo de dispositivo es parte del controlador OSS (en Inglés, Open Sound System). Se pueden conocer más detalles en la documentación de OSS. /dev/mixer es un dispositivo de caracteres con valor 14 para el nodo mayor y 0 para el nodo menor.
/dev/null	El cubo de los bits. Un agujero negro a donde enviar datos que nunca más se volverán a ver. Todo lo que se envíe a /dev/null desaparece. Puede utilizarse, por ejemplo, para ejecutar un comando y no ver en la terminal la salida estándar (debe redirigirse la salida estándar a /dev/null). Es un dispositivo de caracteres con valor 1 para el nodo mayor y 3 para el nodo menor.
/dev/psaux	El puerto para el ratón PS/2. Este es un dispositivo de caracteres con valor 10 para el nodo mayor y 1 para el nodo menor.
/dev/pda	Discos IDE conectados al puerto paralelo. Los nombres para estos discos son similares a los utilizados para los discos internos conectados a las controladoras IDE (/dev/hd*). Son dispositivos de bloque con un valor de 45 para el nodo mayor. Los valores para los nodos menores necesitan un poco de explicación. El primer dispositivo /dev/pda tiene un valor de 0 para el nodo menor. Para cada partición dentro de la unidad, el valor del nodo menor se obtiene de sumar el valor del nodo menor para la unidad más el número de partición. Cada dispositivo tiene un límite de 15 particiones como máximo en vez de las 63 que tienen los discos IDE internos. /dev/pdb tiene un valor de 16 para el nodo menor, /dev/pdc 32 y /dev/pdd48. Por ejemplo, el valor del nodo menor para el dispositivo /dev/pdc6 debe ser 38 (32 + 6 = 38). Este esquema tiene un límite de 4 discos paralelos con 15 particiones cada uno como máximo.
/dev/pcd0	Unidades CD ROM conectadas al puerto paralelo. Los nombres para estos dispositivos están numerados secuencialmente /dev/pcd0, /dev/pcd1, etc. Son dispositivos de bloques con un valor de 16 para el nodo mayor. /dev/pcd0 tiene un valor de 0 para el nodo menor, las demás unidades tienen valores secuenciales para el nodo menor 1, 2, etc.
/dev/pt0	Dispositivos de cinta conectados al puerto paralelo. Las cintas no tienen particiones, por lo tanto los nombres para estos dispositivos están numerados secuencialmente /dev/pt0,/dev/pt1,etc. Son dispositivos de caracteres con un valor de 96 para el nodo mayor. Los valores para el nodo menor comienzan con 0 para /dev/pt0 , 1 para /dev/pt1, etc.
/dev/parport0	Los puertos paralelos. La mayoría de los dispositivos conectados a los puertos paralelos tienen sus propios controladores. Este es un dispositivo que permite acceder al puerto paralelo directamente. Es un dispositivo de caracteres con un valor de 99 para el nodo mayor y con un valor de 0 para el nodo menor. Los dispositivos subsiguientes tienen valores secuenciales obtenidos incrementando el valor del nodo menor.
/dev/random ó /dev/urandom	Estos dispositivos son generadores de números aleatorios para el núcleo. /dev/random es un generador no-determinístico, lo que significa que el valor del próximo número aleatorio no puede ser obtenido utilizando los números generados anteriormente. Para generar los números utiliza la entropía del hardware del sistema. Cuando esta se agota, debe esperar a conseguir más para generar un nuevo número. /dev/urandom trabaja de manera similar. Inicialmente utiliza la entropía del hardware del sistema, cuando esta se agota, continúa retornando números que se elaboran a partir de una fórmula generadora de números pseudo aleatorios. Utilizar este dispositivo es menos seguro para propósitos críticos como la generación de una clave criptográfica. Si la seguridad es el factor importante se debe utilizar /dev/random, en cambio si lo que se necesita es velocidad, el dispositivo /dev/urandom funciona mejor. Ambos son dispositivos de caracteres con un valor de 1 para el nodo mayor, los valores para el nodo menor son 8 y 9 para /dev/random y /dev/urandom respectivamente.
/dev/zero	Este es un dispositivo que se puede utilizar de manera simple para obtener ceros. Cada vez que se lee el dispositivo se obtiene como respuesta un cero. Puede ser útil, por ejemplo, para crear un archivo de tamaño fijo sin que importe su contenido. /dev/zero es un dispositivo de caracteres con un valor de 1 para el nodo mayor y 5 para el nodo menor.

PRUEBA FINAL DE ADQUISICIÓN DE CONOCIMIENTOS.

Todos los nombres de usuarios, grupos y carpetas se deben agregar la terminación del puesto que estás trabajando: ej. Puesto01, alumno101,...

1. Utilizando la aplicación PUTTY, conectarse a la dirección 192.168.4.180 puerto 22.
2. Cambiar la clave al superusuario → **Practica2014***
3. Configurar la ayuda en español.
4. Crear 3 usuarios cada uno debe tener una fecha de expiración que sea superior a 30 días y no supere los 45 días, y no deben existir 2 iguales. (**alumno1, alumno2, alumno3**), el directorio de trabajo o home se creará a partir **/examen** y el nombre de usuario, se debe crear con una línea de comentario y con un número de identificación, el shell debe ser **csh, bash y sh.**
5. Cada usuario debe poder manejar el equipo restringido, 8 días después de la expiración de su clave.
6. Se debe crear un usuario con los mismos permisos que el root: **baldo**
7. La clave de todos los usuarios debe ser : **Practica2014***
8. Cada usuario se le debe asignar un directorio de trabajo, a partir de **/examen**
9. Cada usuario creado en el punto a) se debe establecer la siguiente clave: **Practica2014***
10. Crear un fichero de texto que se llame: **aprobado** (y debe contener dos líneas explicando lo que no has entendido del curso).
11. Los usuarios deben pertenecer a los grupos: **personas, gente, alumnos, eso, bachiller,** todos los usuarios creados deben pertenecer a todos los grupos, pero cada usuario debe pertenecer a un grupo principal diferente.
12. Se debe copiar el fichero del usuario alumno1, contenido en su directorio, con el nombre de **suspenso**, y además otra copia con el nombre **corregir** y debe ser oculto.
13. Realizar una búsqueda en la estructura del sistema de ficheros (directorio raíz), buscando todos los ficheros que pertenecen al usuario alumno1.
14. Bloquear la cuenta del usuario "alumno3".
15. Desbloquear la cuenta del usuario "alumno3".
16. Visualizar el calendario del 2014 y el enero del 2015.
17. Establecer un alias para visualizar los ficheros, que contenga una pausa con tubería. El alias se debe de denominar: **dir**
18. Visualizar el fichero que contiene las claves de los usuarios, grupos y claves.
19. Visualizar: el tipo de terminal usado, quien soy, dónde estoy y que versión de Linux se está ejecutando.
20. Visualizar los permisos de todos los ficheros desde el root (/).
21. Visualizar la versión del sistema operativo.
22. Visualizar el nombre del equipo y después visualizar la IP y la máscara.
23. Cambiar los permisos de los ficheros: aprobado y suspendo (método simbólico).
24. Lanzar un proceso en segundo plano de 200 segundos.
25. Visualizar los procesos de este terminal.
26. Visualizar los trabajos de los procesos.
27. Matar el proceso con identificación 6789.
28. Lanzar un proceso en segundo plano, visualizarlo, matar el proceso.
29. Visualizar los procesos activos.
30. Visualizar los terminales.
31. Lanzar un proceso en segundo plano y después forzar a terminal el proceso.
32. Identificación del usuario activo.
33. Ver los grupos a que pertenece.
34. Visualizar los ficheros simbólicos a partir del directorio raíz.
35. Lanzar un proceso de 5000 segundos, el proceso debe prevalezca hasta que termine en background y además debe ser independiente al apagado de la máquina (aunque se apagará la máquina, al volver a encenderla debería seguir funcionado.
36. Comprobar las unidades que se encuentran montadas por defecto.
37. Crear el script: **mio.sh,** de formato libre y ejecutar y posteriormente ocultarlo.
38. Matar el proceso de 200 segundos si se encuentra en ejecución.
39. Comprobar o listar todos los ficheros que se encuentran en ese directorio, en formato amplio y explicar el contenido de cada una de las columnas que se visualizan.
40. Ejecutar tree / > salida
41. Si existen varias particiones como se crearía un fichero con el contenido de las particiones que tiene el disco. Crear la salida en: **/examen/midisco**
42. Compactar el contenido del directorio /examen en el directorio raíz con el nombre finalexamen.tar
43. Comprimir el fichero **finalexamen.tar**
44. Copiar el fichero **finalexamen.tar** al directorio raíz.
45. Cambiar el nombre al **ficheroexamen.tar termine.tar**
46. Cambiar el nombre del directorio **midisco** por **final**
47. Borrar el alias **dir.**
48. Visualizar las variables del sistema.
49. Redireccionar el contenido del histórico al fichero **termine.txt**
50. Visualizar el contenido **termine.txt,** el acceso debe ser página adelante y página atrás.
51. Crear un fichero (**valeya.txt**) desde la línea de teclado que contenga: **Creo que aprobe.**
52. Crear un fichero final: /examenActo.alumno direccionando el contenido del histórico a fichero anterior, (orden history).

REFENCIAS WEB

Sistema Operativo /Concepto	URLs
Lubuntu	https://help.ubuntu.com/community/Lubuntu/GetLubuntu/
Slackware	http://mirrors.slackware.com/slackware/
Ubuntu	http://www.ubuntu.com/download/desktop
Fedora	http://fedoraproject.org/get-fedora
Mint	http://www.linuxmint.com/download.php
Debian	https://www.debian.org/distrib/ http://www.debian.org/doc/manuals/apt-howto/index.es.html
Edubuntu	https://edubuntu.org/download
Suse	https://download.suse.com/index.jsp
Android para PC	http://www.android-x86.org/download http://developer.android.com/index.html
Controladores Gráficos	https://wiki.archlinux.org/index.php/Xorg_(Espa%C3%B1ol)
Ayudas	http://es.hscripts.com/tutoriales/linux-commands/head.html http://cmaverick.wordpress.com/comandos-linux/ http://es.kioskea.net/faq/3435-linux-comandos-para-monitorear-el-sistema
Putty	http://www.putty.org/

Recopilación de algunos de los comandos LINUX más usados.

A

alias	En ciertas ocasiones se suelen utilizar comandos que son difíciles de recordar o que son demasiado extensos, pero en UNIX existe la posibilidad de dar un nombre alternativo a un comando con el fin de que cada vez que se quiera ejecutar, sólo se use el nombre alternativo.
apt-cache search (texto)	Muestra una lista de todos los paquetes y una breve descripción relacionado con el texto que hemos buscado.
apt-get dist-upgrade	Función adicional de la opción anterior que modifica las dependencias por la de las nuevas versiones de los paquetes.
apt-get install (paquetes)	Instala paquetes.
apt-get remove (paquete)	Borra paquetes. Con la opción –purge borramos también la configuración de los paquetes instalados.
apt-get update	Actualiza la lista de paquetes disponibles para instalar.
apt-get upgrade	Instala las nuevas versiones de los diferentes paquetes disponibles.
at	Realiza una tarea programada una sola vez.
atop	Monitorizar la ejecución de procesos.

B

bash, sh	Existen varias shells para Unix, Korn-Shell (ksh), Bourne-Shell (sh), C-Shell (csh),bash.
bg	Manda un proceso a segundo plano.

C

cal, ncal	Muestra el calendario.
calendar	Muestra las efemérides de una fecha del calendario.
cat	Muestra el contenido del archivo en pantalla en forma continua, el prompt retornará una vez mostrado el contenido de todo el archivo. Permite concatenar uno o más archivos de texto.
cd	Cambia de directorio.
chattr	Cambiar atributos de un fichero.
chgrp	Cambia el grupo al que pertenece el archivo.
chmod	Utilizado para cambiar la protección o permisos de accesos a los archivos. r:lectura w:escritura x:ejecución +: añade permisos -:quita permisos u:usuario g:grupo del usuario o:otros
chown	Cambia el propietario de un archivo.
chroot	Nos permite cambiar el directorio raíz.
clear	Limpia la pantalla, y coloca el prompt al principio de la misma.
cmp, diff ,comm	Permite la comparación de dos archivos, línea por línea. Es utilizado para comparar archivos de datos.
cp	Copia archivos en el directorio indicado.
crontab	Realizar una tarea programada de forma regular.
ctop	Permite monitorizar procesos, ofrece una vista dinámica de la actividad del procesador en tiempo real.
cut	Tiene como uso principal mostrar una columna de una salida determinada. La opción -d va seguida del delimitador de los campos y la opción -f va seguida del número de campo a mostrar. El "delimitador" por defecto es el tabulador, nosotros lo cambiamos con la opción -d. Tiene algunas otras opciones útiles.

D

date	Retorna el día, fecha, hora (con minutos y segundos) y año.
df	Muestra los sistemas de ficheros montados.
dmesg	Muestra los mensajes del kernel durante el inicio del sistema.
dpkg-reconfigure (paquetes)	Volver a reconfigurar un paquete ya instalado.
du	Sirve para ver lo que me ocupa cada directorio dentro del directorio en el que me encuentro y el tamaño total.

E

echo	Muestra un mensaje por pantalla.
eject	Mediante la utilización de este comando se conseguirá la expulsión de la unidad de CD, siempre y cuando esta no esté en uso.
env	Para ver las variables globales.
exit	Cierra las ventanas o las conexiones remotas establecidas o las conchas abiertas. Antes de salir es recomendable eliminar todos los trabajos o procesos de la estación de trabajo.
egrep	Buscar y encontrar en uno o más archivos líneas que coincidan con la cadena o palabra dadas.

F

fdisk,cfdisk	Visualizar y establecer particiones, tipo sistemas de ficheros y todo lo referente al MBR.
fg	Manda un proceso a primer plano.
file	Determina el tipo del o los archivo(s) indicado(s).

find		Busca los archivos que satisfacen la condición en el directorio indicado.
finger		Permite encontrar información acerca de un usuario.
free		Muestra información sobre el estado de la memoria del sistema, tanto la swap como la memoria física. También muestra el buffer utilizado por el kernel.
fgrep		Buscar en uno o más archivos líneas que coincidan con la cadena o palabra dadas. fgrep es más rápido que la búsqueda grep, pero menos flexible: sólo puede encontrar texto, no expresiones regulares.
fsck		Para chequear si hay errores en nuestro disco duro.

G

gdisk, cgdisk	Visualizar y establecer particiones, tipo sistemas de ficheros y todo lo referente al MBR, GPT y otros.
gpasswd	Facilita la tarea de administrar un grupo de usuarios.
grep	Su funcionalidad es la de escribir en salida estándar aquellas líneas que concuerden con un patrón. Busca patrones en archivos.
gzip	Comprime solo archivo utilizando la extensión .gz.
groupadd	Crea un nuevo grupo de usuarios.
groupdel	Elimina un grupo de usuarios.
groupmod	Modifica un grupo de usuarios.
groups	Muestra los grupos a los que pertenece el usuario.

H

halt	Permite apagar, reiniciar el equipo y a su vez sincronizar.
head	Muestra las primeras líneas de un fichero.
history	Lista los más recientes comandos que se han introducido en la ventana. Es utilizado para repetir comandos ya tipeados, con el comando!
hostname	Muestra o establece el nombre del equipo o máquina.

I

id	Número id de un usuario.
ifconfig	Obtener información de la configuración de red.
info, infotext	Muestra la información sobre los comandos en una pantalla navegable equivalente a man.
init	Cambia el nivel de ejecución RUNLEVEL.

J

job	Lista los procesos que se están ejecutando en segundo plano.

K

kill	Permite interactuar con cualquier proceso mandando señales. Kill (pid) termina un proceso y Kill -9 (pid) fuerza a terminar un proceso en caso de que la anterior opción falle.
killall	Envía una señal a todos los procesos con el mismo nombre.

L

last	Este comando permite ver las últimas conexiones que han tenido lugar.
less	Muestra el archivo de la misma forma que more, pero puedes regresar a la página anterior presionando las teclas "u" o "b".
ln	Sirve para crear enlaces a archivos, es decir, crear un fichero que apunta a otro. Puede ser simbólico si usamos -s o enlace duro.
lock	Permite bloquear el terminal, para ello pide un password, dos veces.
locate	Localiza archivos consultando la base de datos updatedb.
logout	Las sesiones terminan con el comando logout.
logname	Muestra el login actual.
last	Lista los últimos usuarios conectados al sistema.
lastb	Muestra los accesos fallidos de la conexión(es) de un usuario.
lastlog	Mostrar la última hora de conexión de las cuentas del sistema. La información de acceso se lee del archivo /var/log/lastlog.
less	Visualizar los ficheros por páginas y permite el avance y el retroceso. Permite el acceso de filtros.
ls	Lista los archivos y directorios dentro del directorio de trabajo.
lsattr	Ver atributos de un fichero.
lsmod	Muestra los módulos cargados en memoria.
lsusb	Muestra todos los dispositivos USB conectados.
lwclock	Utilidad para acceder al reloj de Hardware.

M

man	Ofrece información acerca de los comandos o tópicos del sistema UNIX, así como de los programas y librerías existentes.

mesg	Activa o anula la emisión de mensajes con write
mkdir	Crea un nuevo directorio.
mknod	Crear ficheros especiales de dispositivos de caracteres/bloques
mv	Este comando sirve para renombrar un conjunto.
more	Muestra el archivo en pantalla. Presionando enter, se visualiza línea por línea. Presionando la barra espaciadora, pantalla por pantalla. Si desea salir, presiona q.
mount	En Linux no existen las unidades A: ni C: sino que todos los dispositivos "cuelgan" del directorio raíz /. Para acceder a un disco es necesario primero montarlo, esto es asignarle un lugar dentro del árbol de directorios del sistema.
mtop	Permite monitorizar la ejecución de los procesos en tiempo real, aplicación externa.
mv	Mueve archivos o subdirectorios de un directorio a otro, o cambiar el nombre del archivo o directorio.

N

nano	Editor de texto en la línea de orden, editor parecido al WordPerft (igual pico)
nice	Permite cambiar la prioridad de un proceso en nuestro sistema.
nohup	Permite que un proceso continúe su ejecución al reiniciar el equipo, si durante la ejecución ocurrió una caída del sistema, este retornará al punto de ejecución que se quedó antes de la caída.

O
No se trata ninguna orden con esta letra.

P

passwd	Se utiliza para establecer la contraseña a un usuario.
paster	Une lateralmente dos ficheros
pico	Editor de texto en la línea de orden igual que nano.
ping	El comando ping se utiliza generalmente para testear aspectos de la red, como comprobar que un sistema está encendido y conectado; esto se consigue enviando a dicha máquina paquetes ICMP. El ping es útil para verificar instalaciones TCP/IP. Este programa nos indica el tiempo exacto que tardan los paquetes de datos en ir y volver a través de la red desde nuestro PC a un determinado servidor remoto.
pg	Permite visualizar ficheros de texto plano en scroll, con desplazamiento de edición, idéntico a more.
pmap	Informe de mapa de memoria de un proceso(s).
poweroff	Apagar el ordenador.
ps	Muestra información acerca de los procesos activos. Sin opciones, muestra el número del proceso, terminal, tiempo acumulado de ejecución y el nombre del comando.
pstree	Muestra un árbol de procesos.
pwck	Verificar la integridad de los archivos de contraseñas.
pwd	Muestra el directorio actual de trabajo.

Q
Aun no se ha tratado ningún comando que comience con esta letra

R

reboot	Reiniciar el sistema se llama cuando el sistema no está en niveles 0 o 6, en condiciones normales.
reset	Si observamos que escribimos en pantalla y no aparece el texto pero al pulsar enter realmente se está escribiendo, o que los colores o los textos de la consola se corrompen, puede ser que alguna aplicación en modo texto haya finalizado bruscamente no restaurando los valores estándar de la consola al salir. Con esto forzamos unos valores por defecto, regenerando la pantalla.
rlogin	Conectan un host local con un host remoto.
rm	Remueve o elimina un archivo.
rmdir	Elimina el directorio indicado, el cual debe estar vacío.
rmmod	Descarga de memoria un módulo, pero sólo si no está siendo usado.
renice	Redefine la prioridad del usuario.
route	El comando route se utiliza para visualizar y modificar la tabla de enrutamiento.

S

sar	Muestra estadística de paginación.
set	Para ver las variables de entorno.
sleep	Lanzar un proceso durante un tiempo en milésimas de segundos.
shutdown	Apagado automático en Linux.
sort	Muestra el contenido de un fichero, pero mostrando sus líneas en orden alfabético.
ssh (Secure Shell Client)	Es un programa para conectarse en una máquina remota y ejecutar programas en ella. Utilizado para reemplazar el rlogin y rsh, además provee mayor seguridad en la comunicación entre dos hosts. El ssh se conecta al host indicado, donde el usuario de ingresar su identificación (login y password) en la máquina remota, la

		cual realiza una autentificación del usuario.
startx		Inicia el entorno gráfico (servidor X).
stop		Para un proceso
stty		Visualiza los terminales tty conectados en serie.
su		Con este comando accedemos al sistema como root.
symlink		Manipulación enlace simbólico.
sync		Sincronizar los datos en el disco con la memoria.

T	
tac	Permite visualizar el contenido de un fichero de texto plano en formato inverso, desde la última línea a la primera. Es el inverso a cat.
tail	Este comando es utilizado para examinar las últimas líneas de un fichero.
tar	Comprime archivos y directorios utilizando la extensión .tar.
telnet	Conecta el host local con un host remoto, usando la interfaz TELNET.
top	Muestra los procesos que se ejecutan en ese momento, sabiendo los recursos que se están consumiendo (Memoria,CPU,…).Es una mezcla del comando uptime,free y ps.
touch	Crea un archivo vacío.
tee	Permite redireccionar a múltiples ficheros, uso con filtros.
Telinit, init	Inicialización de control de procesos.
tty	Permite visualizar las consolas abiertas en tty o PTS0

U	
umask	Establece la máscara de permisos. Los permisos con los que se crean los directorios y los archivos por defecto.
umount	Establece la máscara de permisos. Los permisos con los que se crean los directorios y los archivos por defecto.
unalias	Borra un alias.
uname	Muestra la información del sistema.
uniq	Este comando lee un archivo de entrada y compara las líneas adyacentes escribiendo solo una copia de las líneas a la salida. La segunda y subsecuentes copias de las líneas de entrada adyacentes repetidas no serán escritas. Las líneas repetidas no se detectarán a menos que sean adyacentes. Si no se especifica algún archivo de entrada se asume la entrada estándar.
uptime	Nos indica el tiempo que ha estado corriendo la máquina.
useradd	Crea un nuevo usuario.
userdel	Borra usuario existente
usermod	Modifica un usuario existente.
users	Muestra los usuarios conectados.

V	
vi	Permite editar un archivo en el directorio actual de trabajo. Es uno de los editores de texto más usado en LINUX y antiguamente en UNIX.
view	Es similar al vi, solo que no permite guardar modificaciones en el archivo, es para leer el contenido del archivo.

W	
wathis	Breve descripción de un comando.
wc	Cuenta los caracteres, palabras y líneas del archivo de texto.
whereis	Devuelve la ubicación del archivo especificado, si existe.
which	Busca la ubicación del comando en los directorios del Path (whereis)
who, w	Lista de quienes están conectado al servidor, con nombre de usuario, tiempo de conexión y el computador remoto desde donde se conecta.
whoami	Escribe su nombre de usuario en pantalla.
write	Enviar un mensaje al terminal de otro usuario

X	
xinit, startx	Arrancar o lanzar el servido X Windows

Y	
yes	Escribe el carácter 'y' o el mensaje indefinidamente.

Z

zcat	Visualización el contenido de un fichero de texto, comprimido con formato zip
zdiff, zcmp	comparación de ficheros comprimidos,
zmore, zless	Visualizar el contenido de un fichero que se encuentra en formato zg

ACRÓNIMOS

AMD-V	AMD Virtualization.
API	Application Programming Interface. Interfaz programmable de aplicaciones.
APIC	Advanced Programmable Interrupt Controller, Control de interrupciones avanzado programable.
APM	Advanced Power Management, Administración Avanzada de Energía.
APT	Advanced Packaging Tool (Herramienta Avanzada de Empaquetado).
ARM	*Advanced RISC Machine.*
BIOS	Basic Input/Output System.
BSD	Berkeley Software Distribution o distribución de software Berkeley.
CIFS	Common Internet File System o sistema de archivos de Internet común.
CPU	Central Processing Unit.
EFS	Encrypting File System, sistema de ficheros encriptados.
ext3	Third extended filesystem o tercer sistema de archivos extendido.
ext4	Fourth extended filesystem o «cuarto sistema de archivos extendido.
FAT	File Allocation Table.
FTP	File Transfer Protocol. Protocolo de transferencia de archivos.
GID	Group Identifier.
GNOME	GNU Network Object Model Environment.
GPG	GNU Privacy Guard (GTnuPG o GPG) es una herramienta de cifrado y firmas.
GRUB	GNU GRand Unified Bootloader, es un gestor de arranque múltiple.
GUI	Globally Unique Identifier. Identificador Único global.
HTTP	The Hypertext Transfer Protocol.
IDE	Integrated Device Electronics.
IMEI	International Mobile Equipment Identity, Identidad Internacional de Equipo Móvil.
ISO	International Organization for Standardization.
KDE	K Desktop Environment o Entorno de Escritorio K.
LBA	Logical Block Addressing.
LILO	Linux Loader. Cargador de Linux.
LISP	LISt Processing.
LVM	Logical Volume Manager.
MFT	Master File Table. Tabla maestra de ficheros.
MS-DOS	MicroSoft Disk Operating System, Sistema operativo de disco de Microsoft.
NTFS	New Technology File System. Sistema de ficheros de nueva tecnología.
NX	*No eXecute*, Bit de Procesador, puede ser DX. Ayuda al procesador a proteger al equipo contra ataques de software malintencionado.
PAE	*Physical Address Extension.* Extensión de dirección física. Permite que los procesadores de 32 bits obtengan acceso a más de 4 GB de memoria física en versiones compatibles de Windows y es un requisito previo para NX.
RAID	Redundant Array of Independent Disks. Conjunto redundante de discos independientes.
RAM	Random Access Memory. Memoria de acceso aleatorio.
SAMBA	Server Message Block Protocol.
SATA	Serial Advanced Technology Attachment.
SGL	Es la base de la tecnología de Google para gráficos en móviles.
SSH	Secure Shell. Interprete de órdenes seguras.
SMB	*Server message block.* Bloque de mensajes de servidor.
SO	Sistema Operativo (OS Operating System).
SPARC	Scholarly Publishing and Academic Resources Coalition.
SQL	Structured Query Language.
SSL	Secure Sockets Layer.
UDI	Uniform Driver Interface.
UID	User ID.
VT-X	Enable Intel Virtualization Technology.

www.ingramcontent.com/pod-product-compliance
Lightning Source LLC
Chambersburg PA
CBHW080909170526
45158CB00008B/2056